RUTH CREMER

Die Höhle der Löwen – vom Pitch zum Deal

GOLDMANN
Lesen erleben

Buch

Wer keine Folge von »Die Höhle der Löwen« verpasst, der hat sie vielleicht selbst schon gehabt: die eine bahnbrechende Idee. Ein einmaliges Produkt oder eine Dienstleistung, und damit die eigene Leidenschaft zum Beruf machen und selbst ein Startup gründen. Doch was dann? Was tun, wenn es allein nicht mehr weitergeht und nicht nur Geldgeber, sondern am besten auch Menschen mit Netzwerk und Know-how gesucht werden, die einem zur Seite stehen?
Ruth Cremer beantwortet alle Fragen zum Gründen, und on top gibt sie uns Insiderwissen zu den Löwen, zur Sendung und der deutschen Startup-Szene.

Autorin

Ruth Cremer ist Coach, Speaker und Beraterin für Startups und InvestorInnen sowie Hochschuldozentin für Unternehmertum. Ihre Leidenschaft für Zahlen brachte sie vom Mathematikstudium zum Investment Management für Startups und schließlich zur selbstständigen Beraterin. Bei »Die Höhle der Löwen« berät sie die KandidatInnen, bevor sie in den Käfig steigen, und sorgt dafür, dass die Startups bestmöglich vorbereitet sind.

RUTH CREMER

DIE HÖHLE DER LÖWEN

VOM PITCH ZUM DEAL

Worauf es bei der Gründung ankommt und
wie du den perfekten Investor findest

GOLDMANN

Alle Ratschläge in diesem Buch wurden von der Autorin und vom Verlag sorgfältig erwogen und geprüft. Eine Garantie kann dennoch nicht übernommen werden. Eine Haftung der Autorin beziehungsweise des Verlags und seiner Beauftragten für Personen-, Sach- und Vermögensschäden ist daher ausgeschlossen.

MIX
Papier aus verantwortungsvollen Quellen
FSC® C083411
FSC www.fsc.org

Penguin Random House Verlagsgruppe FSC® N001967

1. Auflage
Originalausgabe April 2022

Umschlag: Uno Werbeagentur, München
Umschlagmotiv: Bernd-Michael Maurer
Redaktion: Antje Steinhäuser
Grafiken: Ruth Cremer
Fotos S. 165, 181, 199, 215, 231, 247 und Innenklappen: Boris Breuer
Foto S. 154: Toko
Satz: Satzwerk Huber, Germering
Druck und Bindung: CPI books GmbH, Leck
Printed in Germany
GS · IH
ISBN 978-3-442-17938-1

Besuchen Sie den Goldmann Verlag im Netz

Für Thomas.
Von niemandem sonst habe ich so viel
über Startups und Investoren gelernt.

Inhalt

Einleitung – Neue GründerInnen braucht das Land! 8

Kapitel 1 – »Die Höhle der Löwen« als Verhandlungstrainer? 15

Wie realistisch ist »Die Höhle der Löwen«? 19
Der Erstkontakt 19
Die Einladung 21
Zwischenziel Term Sheet und »geplatzte« Deals 22
Die Due Diligence 24
Die größten Unterschiede 26
Eine völlig neue Art von Pitch 27
Der Startup-Pitch 31
Eine kleine Pitch-Reise 33
Pitch-FAQ 43
Startups – die etwas anderen Unternehmen 46
Was ist denn eigentlich ein Startup? 46
Warum Startups immer »lean« sein wollen 49
Und was passiert eigentlich bei Erfolg? 54
Die Sache mit dem Geld 54
Die Kapitalerhöhung 57
Königsdisziplin Cap-Table-Berechnung 60
Noch lange nicht am Ende 62

Kapitel 2 – Die geheime Checkliste der Investoren 64

Die Frage nach der Unternehmensform 66
Die Frage nach Rechten 76
Die Frage nach der bisherigen Finanzierung 88

Die Frage nach der Anteilsverteilung 97
Wie Investoren die GründerInnen einschätzen 107
Wie Investoren das Geschäftsmodell checken 111

Kapitel 3 – Die Löwen 123

Die Bedeutung von Investorenprofilen 125
Investorentypen 133
Die Bedeutung des Sweet Spots 139
Weitere »weiche« Faktoren 146
Bereit für die Löwenhöhle? 151
Die Löwenprofile 152
Dagmar Wöhrl – Das unterschätzte Imperium 154
Nils Glagau – Der mutige moderne Firmenchef 165
Georg Kofler – Der leidenschaftliche Medienunternehmer 181
Carsten Maschmeyer – Der personifizierte Venture Capitalist 199
Nico Rosberg – Ein Sport-VIP wurde Nachhaltigkeitsunternehmer 215
Ralf Dümmel – »Mr. Regal« 231
Judith Williams – Viel mehr als eine Beauty Queen 247
Von den Löwen lernen 260

Kapitel 4 – Die Verhandlung 266

Die Rolle der Bewertung 271
Verhandlungsknigge 298

Kapitel 5 – Abschluss 305

Danksagung 310

Endnoten 314

Register 328

EINLEITUNG

Neue GründerInnen braucht das Land!

Hallo und herzlich willkommen, ich bin unglaublich stolz, dass du mein Buch liest! Ich hoffe, das Du ist okay, sowohl in der Startup- als auch in der Fernsehwelt siezt man sich praktisch überhaupt nicht mehr. Übrigens schreibe ich so etwas auch in meinem ersten Anschreiben an die GründerInnen, die ich für »Die Höhle der Löwen« vorbereite.

Seit Ende 2017 darf ich nun schon meinen Teil zur Entstehung der TV-Show »Die Höhle der Löwen« (kurz: DHDL) beitragen. Wer sie noch nicht kennt: Es handelt sich um die erfolgreichste Gründersendung im deutschen Fernsehen. Seit 2014 sitzen regelmäßig Millionen Menschen vor den Bildschirmen, wenn GründerInnen aller Art versuchen, von fünf professionellen GeldgeberInnen ein Investment zu bekommen. Sie stellen ihr Unternehmen vor, sagen, wie viel Geld sie brauchen und wie viele Anteile ihres Unternehmens sie dafür abzugeben bereit sind. Danach dürfen die InvestorInnen, die sogenannten »Löwen«, Fragen stellen, bis sie zu einer Entscheidung kommen. Sie signalisieren dann entweder mit dem Satz »Ich bin raus«, dass sie kein Interesse haben, oder sie machen ein Angebot. Dabei darf jedoch die von den GründerInnen angefragte Geldsumme nicht verringert werden. Wohl aber dürfen die InvestorInnen mehr Anteile für diese Summe verlangen. Es wird dann verhandelt, bis man sich mit einem »Deal« einig ist oder alle Löwen raus sind. Das war es im Groben.

Ich selbst wurde von Sony, der Produktionsgesellschaft von »Die Höhle der Löwen«, Ende 2017 in die Löwenfamilie berufen. Es wurde eine Person gesucht, die den Auswahlprozess der KandidatInnen begleitet und ihnen im Vorfeld zur Seite steht.

Ich erinnere mich, wie aufgeregt ich Anfang 2018 zum ersten Mal das Set betrat. Diese Aufregung setzte sich während der Drehtage fort. Als absolute Nachteule fand ich es überhaupt nicht schlimm, um 4:30 Uhr aufzustehen, um oft schon kurz nach 6 Uhr die ersten GründerInnen in den Studios zu begrüßen und mit ihnen in die Vorbesprechung zu gehen. Die Generalprobe für ihren großen Auftritt. Ein Auftritt, der für viele ihr Leben verändern sollte. Denn das Unternehmen, das eigene kleine Startup, ist für die meisten GründerInnen ihr Leben. Oder zumindest ein sehr großer und wichtiger Teil davon.

Doch bevor ich weiter von meiner Arbeit für DHDL schwärme (das tue ich oft und gerne), möchte ich mich, genau wie ich es bei den GründerInnen tue, kurz vorstellen: Ich bin Ruth, Unternehmerin und Beraterin für Geschäftsmodelle und Startup-Finanzierung. Ursprünglich habe ich Mathematik studiert und darf mich mit dem schönen Titel Diplom-Mathematikerin schmücken (für die Jüngeren: das ist so etwas wie ein Master). Aber bitte nicht erschrecken! Denn mit Mathematik hat meine Arbeit heute nur noch ausgesprochen wenig zu tun. Zumindest oberflächlich betrachtet.

Größtenteils helfe ich Startups, sich auf Investorenverhandlungen vorzubereiten. Manchmal helfe ich auch Investoren, ein Startup zu evaluieren, in das sie vielleicht investieren wollen, oder potenziellen Käufern bei der Analyse von kleineren Firmen in M&A-Prozessen.[1] Ich bin dann eine Art Investmentmanagerin oder auch Investmentanalystin zum Mieten. Das lag vor allem deswegen nahe, weil ich schon einmal als »richtige«, also angestellte Investmentmanagerin gearbeitet habe. Ich war also praktisch früher einmal selbst Investorin, sozusagen eine Art Löwe mit fremdem Geld.

Seit 2017 starte ich nun schon jeden Winter die Gespräche mit einer riesigen Bandbreite an GründerInnen jeder Branche, jeden Alters und mit jeder Art von Startup. Und da kommt etwas zusammen: Um die 150 Gespräche führe ich jedes Jahr zwischen November und Mai, und auch bei den Dreharbeiten darf ich immer dabei sein. Hier schaue ich gemeinsam mit den Sony-Kollegen den Pitch in einer Art Generalprobe an – wir nennen das Pre-Pitch – und stehe zur Verfügung, wenn die Kandidaten noch letzte Fragen haben. Oder einfach nur Zuspruch benötigen.

Falls sich der eine oder die andere das nun fragt: Ja, ich gebe auch Feedback zur Bewertung. Manche hören auf mich, manche nicht.

Natürlich habe ich auch noch immer Kunden außerhalb der Höhle, sonst hätte ich ja den Rest des Jahres nichts zu tun. Außerdem unterrichte ich als Dozentin an einer Hochschule. Was ich da der nächsten Generation beibringe? Natürlich Unternehmertum! Denn ich bin fest davon überzeugt, dass unser Land (und ganz Europa!) neue GründerInnen braucht! Das ist nicht für jede und jeden etwas. Aber die, für die es etwas sein könnte, sollen auch damit in Berührung kommen, Vorbilder haben, und Möglichkeiten, Hilfe auf diesem schweren Weg zu erhalten. Denn es ist nicht so einfach, wie es sich manchmal anhört. Trotzdem ist Unternehmertum oder Selbstständigkeit etwas, das für viele Menschen einen positiven Wandel in ihrem Leben bedeutet hat. In meinem übrigens auch.

Zu meiner großen Freude kam irgendwann alles zusammen: Die konzeptionelle Arbeit in der Lehre und die breiten Erfahrungen mit so vielen verschiedenen GründerInnen helfen mir bis heute, bessere Vorträge, Workshops und Lernprodukte zu entwickeln. Denn ich habe eine Mission. Ich will Menschen den Schrecken vor den Zahlen nehmen. Ganz konkret geht es bei mir natürlich um GründerInnen und um Zahlen, die essenziell für ihr Business sind. Ich arbeite zum Beispiel viel mit Kennzahlen, Anteilsverteilungen in Unternehmen und Finanzplanungen. Und es ist mir unglaublich wichtig, dass GründerInnen nicht nur besser damit umgehen lernen, weil es so wichtig und erfolgskritisch ist. Sondern ich will, dass es sie nicht mehr quält und sie am Ende sogar Spaß daran haben. Oh ja, das ist möglich.

Das ganz Besondere bei meiner Arbeit für DHDL ist für mich, dass ich die Wirkweise meiner Tipps und Hilfestellungen – insofern sie von den GründerInnen angewendet werden – fast unmittelbar überprüfen kann. Nämlich an der Reaktion der Löwen. Ich glaube, es gibt kaum andere Startup-BeraterInnen, denen sich die Möglichkeit bietet, die Resultate ihrer Arbeit so klar und ungefiltert zu verfolgen.

Und so ist über die Jahre eine große Sammlung an Erfahrungswerten, Methoden sowie Tipps und Tricks fürs Gründen und den Umgang mit Investoren entstanden. Doch immer wieder höre ich von GründerInnen – und ZuschauerInnen – auch so einige Fragen. Und das hat mich schließlich zu diesem Buch inspiriert.

Denn ich habe festgestellt, dass es vielen Menschen schwerfällt, das aus der Sendung herauszuziehen, was ich darin sehe: so viel wertvolles Wissen, so viele tolle Beispiele, wie Investoren ticken. Wie unterschiedlich sie sein können und was sie doch alle gemeinsam haben. Und so habe ich alles zusammengetragen, verdichtet, mit Investoren außerhalb der Höhle verglichen und immer deutlicher gemerkt, welch eine Bandbreite die aktuell sieben Löwen doch abdecken.

Denn die Löwen sind der Kern dieses Buches, ihre Investorenprofile werden nicht nur viel über sie selbst verraten. Sie werden auch viel darüber verraten, wie GründerInnen sich auf Investoren vorbereiten können, um ihre Erfolgswahrscheinlichkeiten zu steigern. Zum Glück haben mir die Löwen die Türen zu ihren Investmenthöhlen ein Stück geöffnet und mich an vielen ihrer Gedanken direkt teilhaben lassen.

Die Fragen, die man die Löwen oft stellen hört, verraten eine Menge über die Anforderungen von Investoren, die Fragen der GründerInnen eine Menge über deren Probleme, diese zu erfüllen, und allgemein über die Herausforderungen, denen sie sich stellen müssen. Ich möchte mit diesem Buch diese beiden Welten näher zusammenbringen und das notwendige Wissen vermitteln, um alles einordnen und besser verstehen zu können.

Bevor es losgeht, möchte ich aber noch ein paar Aspekte ansprechen. Wie du sicher schon bemerkt hast, gendere ich. Ich bin Millennial, zwar knapp, aber ich zähle dazu. Und als solche begreife ich Gendern als eine Art Statement. Mir ist es wichtig, durch meine Sprache klarzustellen, dass Frauen genauso gründen können wie Männer. Allerdings finde ich, kann man es auch übertreiben. Daher will ich kein stoisches Gendern betreiben, wenn es den Text schwerfällig und schlecht lesbar macht. Das generische Maskulinum setze ich deshalb immer wieder ganz pragmatisch ein; es schließt die weibliche Form für mich mit ein, was ich mit dieser Vorbemerkung umso deutlicher hervorheben möchte. Es wird dir vielleicht auch auffallen, dass ich Investoren fast nie gendere. Das tue ich deshalb nicht, weil ich Investoren als Institutionen begreife, nicht als Personen, und deswegen beschränke ich mich auf das grammatische männliche Geschlecht. Immer dann, wenn es mir explizit um einzelne Personen geht, die investieren, wird gegendert. Aus »Die Löwen« ist im Laufe der Zeit in der Sendung ein feststehender Begriff geworden, daher möchte ich ihn ebenfalls in diesem Buch unberührt lassen.

Du wirst merken, dass viele Herzen in meiner Brust schlagen: das der Mathematikerin, die immer alles erst sauber definieren und dann möglichst logisch aufbauen will, das des Nerds, der sich gerne in technischen Details verliert, das der Hochschuldozentin, die das übergeordnete Konzept verstanden wissen will, und schließlich das der Gründerin und Unternehmerin, die so unglaublich viel an den deutschen Rahmenbedingungen stört. Und natürlich das der Gründungsberaterin, die es liebt, GründerInnen beim Vorankommen zu helfen und am liebsten so ziemlich jede und jeden erfolgreich sehen will. Und ganz ab und an noch das der Idealistin, die von einer Welt der gleichen Chancen für alle träumt – unabhängig von Geschlecht, Hautfarbe, Geld und Ansehen der Familie und was es noch für einschränkende Faktoren geben mag.

Ich bin nun einmal davon überzeugt, dass gute GründerInnen viel verändern können, und gerade auch die großartigen Nachhaltigkeitsthemen der letzten Jahre haben das gezeigt. Aber auch jeder Gründer und jede Gründerin, die sich um ihre MitarbeiterInnen gut kümmern, sie fair bezahlen und eine gesunde Unternehmenskultur aufbauen, leisten einen positiven Beitrag zu unserer Gesellschaft. Jetzt könnte man sagen: Aber das tun doch längst nicht alle. Ja, das mag sein. Und auch mir sind tatsächlich nicht immer sämtliche GründerInnen sympathisch. Doch der allergrößte Teil von ihnen ist es, und das sogar sehr. Nirgendwo sonst habe ich so viele Menschen getroffen, für die Geld eben nicht das Wichtigste ist, die starke Werte haben und dafür einstehen. Und nirgendwo sonst treffe ich so viele Menschen mit einer so tollen Motivation, mit denen es sich so großartig arbeiten lässt. Vielleicht kann ich ja dem ein oder anderen Szenefremden auch etwas von diesem »Startup-Geist« mitgeben, es würde mich freuen.

Die etwas Startup-affineren LeserInnen mögen sich jedoch nicht daran stören, wenn ich die Szene ab und an auch mal kritisiere, denn dass das Arbeiten mit Startups meistens toll ist, heißt schließlich nicht, dass hier alles perfekt ist. Man muss schon etwas dafür tun, dass es auch so bleibt. Denn tatsächlich gibt es aus meiner Sicht ein paar eher unschöne Entwicklungen. Aber dazu komme ich noch.

Ich muss unbedingt klarstellen, dass alle meine Ratschläge und Erklärungen in diesem Buch auf meiner Einschätzung und Erfahrung beruhen. Für Rechtliches sollte man immer einen Rechtsbeistand hinzuziehen, für Steuerfragen eine Steuerberatung usw. Ich gebe die Dinge schlicht aus der Investoren- bzw. GründerInnen-Perspektive weiter.

Doch bevor es so richtig losgeht, möchte ich noch ein paar Hinweise zum Aufbau und den Inhalten dieses Buches loswerden.

Unter Startups verstehe ich nur Unternehmen im Sinne des »Lean Startup«[2], also die nach einem nachhaltig profitablen Geschäftsmodell streben. Spekulationsobjekte, Hype-Märkte und Investments in der Erwartung von Marktkonsolidierungen lasse ich ausdrücklich außen vor.

Die Geschehnisse in der Höhle müssen als zahlreiche Beispiele zur Illustration herhalten. Ich habe die jeweiligen Folgen angegeben, damit man sie leicht findet, wenn man sich das Original ansehen möchte.

Ein paar sehr tiefgehende Informationen habe ich optisch getrennt in Kästen eingefasst, die mit »Extra-Wissen« überschrieben sind. Hier kann jede und jeder selbst entscheiden, wie tief er oder sie beispielsweise in Themen des Gesellschaftsrechts oder der Beteiligungsverträge eintauchen möchte.

Denn ich wollte ein Buch für alle schreiben, die Interesse an »Die Höhle der Löwen« oder auch Startups und Gründen im Allgemeinen haben. Ich wollte ein Buch für interessierte ZuschauerInnen schreiben, die sich über einige Dinge schon häufiger gewundert haben und schon immer mal wissen wollten, was diese eigentlich bedeuten. Ich wollte ein Buch für GründerInnen schreiben, die sich gerade mit dem Thema Investoren beschäftigen. Oder für werdende GründerInnen, die gerade erst versuchen, in diese Welt und ihre Anforderungen hineinzuwachsen. Nicht zuletzt wollte ich ein Buch schreiben, das Investoren ein bisschen mehr Einblick gibt, wie GründerInnen sie sehen. Und vielleicht kann ich sogar dem ein oder anderen, der sich mit dem Gedanken an sein erstes Investment in ein Startup trägt, bei der Überlegung helfen, welche Art Investor er oder sie sein möchte.

Ich hoffe sehr, dass mir das gelungen ist, und wünsche allen LeserInnen aus tiefstem Herzen nun viel Spaß bei der Lektüre!

KAPITEL 1

»Die Höhle der Löwen« als Verhandlungstrainer?

Kann eine Fernsehsendung GründerInnen auf eine Investorenverhandlung vorbereiten? Kann sie trainieren, herausfordern, Situationen simulieren?

Im Idealfall sollte sie auch dabei helfen, im richtigen Moment die passende Antwort parat zu haben, gelassen auf kritische Fragen zu reagieren oder das Gegenüber gelegentlich freundlich, aber bestimmt in seine Schranken zu weisen.

Das mag etwas viel verlangt sein. Eine TV-Show kann dies sicherlich nicht so, wie ein Verhandlungstraining oder ein Seminar, in dem auch ein Sparringspartner zur Verfügung steht.

Aber die effektivste Vorbereitung auf eine Verhandlung besteht nicht aus Schlagfertigkeitstraining oder irgendwelchen Spezialtipps, sondern vor allem aus Fleißarbeit. Doch das lässt sich wohl marketingtechnisch eher weniger für die Bewerbung von Verhandlungsseminaren verwenden.

Und es klingt nicht so sexy wie spannende Übungen zum verbalen Schlagabtausch und Psychotricks, aber Fans dieser Kniffe vergessen oft, dass sie schon hinlänglich bekannt sind. Je wichtiger die Verhandlungsinhalte, je mehr Geld im Spiel ist, umso eher muss man davon ausgehen, dass die VerhandlungspartnerInnen ebenfalls mit allen Wassern gewaschen sind. Auch im Startup-Bereich sind die meisten Personen auf Investorenseite nicht von heute auf morgen auf ihre

Position gekommen, sondern haben bereits eine längere Wirtschaftskarriere hinter sich. Das heißt: Sie kennen die Tricks.

Zudem geht es gerade bei Startup-Investments nicht um eine Momentaufnahme, denn erst nach dem berühmten Deal geht es richtig los. Viele vergleichen eine Startup-Investoren-Beziehung mit einer Ehe. Das mag zwar etwas übertrieben sein, verdeutlicht aber recht gut, dass es sich um eine langfristige Zusammenarbeit handelt, in der man sich aufeinander verlassen können muss und starkes Vertrauen in die andere Seite braucht. Und genauso wie mit dem Lebenspartner kann diese Beziehung auf die Dauer einfach nicht funktionieren, wenn sie unehrlich begonnen hat.

Vertrauen spielt eine zentrale Rolle, und durch Manipulationstechniken in der Verhandlung kann dieses so wichtige Vertrauen oft schon einen Knacks bekommen, bevor eine Beziehung überhaupt entstehen konnte. Dann sind die Verhandlungen vorbei, bevor sie richtig begonnen haben. Außerdem sollte man sich überlegen, ob man mit jemandem längerfristig vertrauensvoll zusammenarbeiten kann, den man schon in den Verhandlungen zu manipulieren versucht hat.

Nach vielen Jahren im Bereich Startup-Investments kann ich eindeutig davon abraten, Investoren mit Tricks und Psychotechniken überzeugen zu wollen.

Im Endeffekt ist ein verdienter Erfolg nach harter Überzeugungsarbeit doch auch die weit wertvollere Belohnung, als zu »gewinnen« mit Trickserei. Und so wird die Vorbereitung dann hoffentlich doch ein bisschen sexy. Zumindest im Nachhinein, wenn man weiß, dass man mit Inhalten überzeugt und einen wirklich passenden Partner gefunden hat.

Doch wo fängt man an? Ich empfehle gerade für Startup-Investments eine Art Drei-Stufen-Plan: Verhandlungspartner, Verhandlungsgegenstand, Argumentations- und Einflussfaktoren.

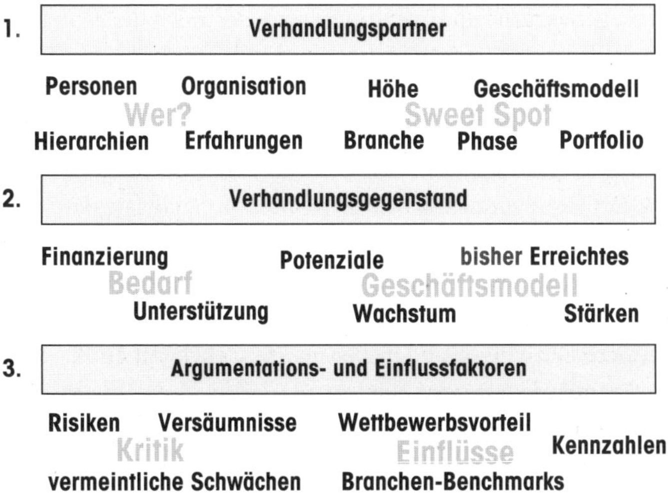

Abbildung 1: Recherchestufen mit Beispielthemen

Eine UnternehmerIn auf der Suche nach Investment will zunächst einmal wissen, mit wem man es zu tun hat. Hierbei sollten solche Fragen wie die Struktur des Investors geklärt werden – etwa ob es sich um eine Einzelperson handelt oder um eine komplette Firma und wie deren Hierarchien sind. Auch der sogenannte »Sweet Spot«, also in welche Kombination von zum Beispiel Branche, Technologien oder Geschäftsmodell vorrangig investiert wird, gehört dazu. Alle Details dazu erkläre ich in Kapitel 3.

In »Die Höhle der Löwen« gibt es aktuell sieben teilweise sehr unterschiedliche Investoren. Allein dadurch ergibt sich eine große Bandbreite von Investorenwissen, das auch bei den Vorbereitungen auf viele Investoren außerhalb der Höhle helfen kann.

Der Verhandlungsgegenstand in Stufe 2 ist praktisch das Startup selbst. Was braucht man, und was hat man anzubieten? Geht es zum Beispiel »nur« um ein reines Finanzinvestment? Also um Geld, das den Bau des Prototyps oder einen Wachstumsschub ermöglichen soll?

Oder braucht man auch Unterstützung im Vertrieb oder beim Produktionsaufbau, wie viele der Kandidaten in »Die Höhle der Löwen«? Entsprechend sollte die eigene Präsentation und Argumentation gestaltet werden. Sein eigenes Produkt und Wachstumsmodell sollte man absolut klar erklären können, bevor man sich vor Investoren traut.

Mit fast fünfzig Startup-Auftritten pro Staffel liefert die Sendung eine Vielzahl von Beispielen hierfür – gelungene und weniger gelungene. Es ist aber auch völlig in Ordnung, aus den Fehlern anderer zu lernen.

Je mehr man in Stufe 1 darüber in Erfahrung bringen konnte, was der Verhandlungspartner sucht, worauf er/sie normalerweise achtet etc., umso eher kann man absehen, ob das eigene Startup überhaupt passt. Und schließlich – in Stufe 3 der Recherche und Vorbereitung – entsprechende Gegenargumente und kritische Fragen im Vorfeld erahnen.

Diese, wie auch die Einflussfaktoren, sind häufig subjektiv beeinflusst. Hierbei handelt es sich um die Dinge, die für die Verhandlungsparteien den Wert des Verhandlungsgegenstands direkt beeinflussen – bei einem Unternehmen also etwa Kundenanzahl, Kopierbarkeit des Produkts, Innovationsfaktor und vieles andere. Hier spielen aber auch Erfahrungen des Investors mit früheren Investments eine große Rolle.

Dazu gab es schon viele Beispiele bei DHDL. Darüber nachzudenken, inwieweit diese auf den eigenen Fall übertragbar sind und wie man selbst in den entsprechenden Situationen reagieren würde, ist eine gute Übung.

Für jede Stufe der Vorbereitung bieten Löwen und GründerInnen in der Sendung also reichlich Lernmaterial. Auch viele wichtige Konzepte – von Schutzrechten über Onlinekennzahlen bis hin zu Zulassungsverfahren für Medizinprodukte – werden erklärt. GründerInnen-Basiswissen gibt es also gratis mit dazu.

Um diese Fülle von Informationen und Beispielen sinnvoll für die eigene Vorbereitung nutzen zu können, selbst ein besserer Investor zu werden – oder einfach nur die Zusammenhänge besser nachvollziehen zu können –, muss man zunächst gewisse Grundlagen von Startup-Investmentverhandlungen verstehen und wie sie sich auf »Die Höhle der Löwen« übertragen lassen. Ein paar »Geheimcodes« der Investoren gilt es auch zu entschlüsseln, der ein oder andere Spezialtipp kristallisiert sich sogar dabei heraus … und ganz nebenbei lässt sich schließlich sogar die eigene Schlagfertigkeit erhöhen. Ganz ohne Herumtrickserei oder dass Vertrauen aufs Spiel gesetzt würde. Aber mit jeder Menge Wissen aus Recht, Psychologie, Wirtschaft, Handel und vielem mehr. Ein ausgesprochen spannendes Verhandlungstraining der besonderen Art!

Wie realistisch ist »Die Höhle der Löwen«?

Um die Informationen aus »Die Höhle der Löwen« also überhaupt einordnen zu können, ist es wichtig zu wissen, wie ein Investmentprozess normalerweise abläuft. Denn nur, wenn man hier die Gemeinsamkeiten und Unterschiede kennt, lässt sich nicht nur das Verhalten der Löwen und der Kandidaten besser nachvollziehen, sondern man kann auch dann erst Gewinne für die eigene Verhandlungsstrategie daraus ziehen.

Der Erstkontakt

Wie also finden Startup und Investor außerhalb der Höhle zusammen? Häufig schickt das Startup erste Informationen – ähnlich einer Initiativbewerbung – einfach an den Investor, oft auch indirekt durch einen Fürsprecher, der dem Investor bereits bekannt ist. Marc Andreessen hat einmal den Spruch geprägt: »Wenn Startups nicht in der Lage sind, jemanden zu finden, der mir bekannt ist und sie mir empfehlen kann, schaue ich sie mir gar nicht erst an.«[3] Vor allem in Europa sind Investoren normalerweise etwas gnädiger, aber die Aussage allein gibt einen deutlichen Hinweis darauf, welchen Wert solch eine »Intro« genannte Empfehlung haben kann.

Als weitere Möglichkeit gibt es immer mehr Pitch-Events, auf denen sich Startups einem größeren Publikum präsentieren und die auch von sehr namhaften Investoren besucht werden. Auch DHDL hat mit seinen »Open Pitch Calls« etwas Ähnliches ins Leben gerufen, allerdings exklusiv für potenzielle KandidatInnen.

Auf den Events wird oft der erste entscheidende Kontakt geknüpft. Nun erwartet der Investor genauere Informationen, auch wenn er nur seine Karte übergibt und die verlangten Unterlagen gar nicht genau benennt. Also, was ist hier gefragt?

Am häufigsten verlangt wird in dieser Phase das sogenannte Pitch Deck und der Finanzplan – einen ausgeschriebenen Businessplan schaut sich kaum noch ein Investor gerne an (es gibt aber auch hier Ausnahmen, besonders ältere Privatinvestoren mögen ihn oft noch ganz gerne). Ein Pitch Deck bezeichnet hierbei im einfachsten Falle den Foliensatz zur Pitch-Präsentation, der normalerweise rund zehn Präsentationsfolien umfasst. Hier stellt das Startup seine Lösung vor und alles Wichtige darum herum. Das Geschäftsmodell, der Markt, der Wettbewerb und das Team dürfen beispielsweise nie fehlen. Ein paar Abschnitte weiter kümmere ich mich aber noch genau um die Pitch-Inhalte.

Ein gängiger Fehler vieler GründerInnen besteht darin, diesen Foliensatz unverändert und unkommentiert zum Investor zu schicken. Gute Pitch-Präsentationsfolien zeichnen sich aber vor allem dadurch aus, dass nicht allzu viel auf ihnen zu finden ist – vor allem nicht viel Text. Die oben genannten Informationen werden stark visualisiert. Ohne das gesprochene Wort fehlen dem Betrachter also meistens entscheidende Informationen.

In der Startup-Szene haben sich im Übrigen schon lange ein schlanker, wenig wortreicher Stil und klare Designs durchgesetzt – überfrachtete Folien mit viel Text hinter Stichpunkten überlassen wir den Beratern.

Die kurze Aufmerksamkeitsspanne vieler InvestorInnen ist berüchtigt – allerdings sollte man ihnen zugutehalten, dass sie häufig sehr viele Startups in kurzer Zeit anschauen und einschätzen müssen. Die wichtigsten Informationen auf den Punkt zu bringen ist daher eine Anforderung an GründerInnen, die immer wieder eine große Rolle spielen wird.

Doch zurück zum Pitch Deck – was soll das Startup denn nun an den Investor schicken? Eine gute Idee ist es immer, für die zu versendende Version oder »Leseversion« kleine Textfelder ins Design einzupassen und hier die wichtigsten Informationen, die sonst nur gesprochen werden, unterzubringen. Dann heißt es hoffen und warten.

Die Einladung

Das Startup hat also nun seine Unterlagen verschickt, der Investor sichtet sie – und lädt hoffentlich zum persönlichen Pitch ein. Diesem können auch ein oder mehrere schriftliche wie telefonische Rückfragen vorausgehen – schnelle, verbindliche Antworten ebnen hier oft den Weg.

Dann endlich steht man vor dem Investor – ähnlich wie in der Höhle vor den Löwen. Wenn auch all das bis hierhin Beschriebene dem Auftritt in der Höhle natürlich nicht vorausgeht – schließlich haben Kandidaten und Löwen vorher keinerlei Kontakt. Ist das also schon der erste große Unterschied? Nicht wirklich, denn bekanntermaßen gibt es auch hier einen Bewerbungs- und Auswahlprozess – nur führen die Löwen ihn eben nicht selbst durch. Aber auch bei großen, institutionellen Investoren kann die Arbeit ähnlich organisiert sein und man kommuniziert erst am Tag des persönlichen Pitchs zum ersten Mal mit einem der Entscheider (man erinnere sich an das Recherchethema Hierarchiestrukturen).

Beim Termin sitzt man oft entspannt zusammen an einem Tisch, manchmal stehen die Gründer auch in einem Konferenzraum zum Präsentieren vorne – der große Aufbau wie in »Die Höhle der Löwen« fehlt aber. Dafür kann das Startup nun die Vortragsversion seines Pitch Decks zeigen – was in der Höhle bekannterweise nicht möglich ist.

In beiden Fällen kann es schon ordentlich kritische Fragen regnen – beim Investorentermin hat man jedoch auch im Nachhinein noch die Möglichkeit, offene Fragen zu klären und Fakten nachzureichen. Die Höhle verzeiht solche Patzer nur in Ausnahmefällen.

Zwischenziel Term Sheet und »geplatzte« Deals

Jetzt geht es in beiden Fällen mit großen Schritten in Richtung der ersten wichtigen Entscheidung. Für »Die Höhle der Löwen« ist klar: Hat man es durch den Auswahlprozess geschafft, steht man vor Investoren, die direkt eine Entscheidung fällen können. Dies ist nicht selbstverständlich, denn viele große, institutionell organisierte Investoren haben ein oder sogar mehrere Gremien, die sich in verschiedenen Entscheidungs- und Diskussionsrunden über jedes potenzielle Investment abstimmen. Erst ganz am Ende fällt die Entscheidung, ob tatsächlich investiert wird oder nicht.

Aber wie ist das nun in der Höhle? Immer wieder liest man in den zahlreichen Medienberichten, die die Sendung begleiten, dass ein Deal aus der Sendung »geplatzt« wäre. Das hört sich oft sehr dramatisch an und wird teilweise so verkauft, als ob ein schon fest zugesagtes Investment einfach zurückgezogen worden wäre.

Etwas näher an der Wirklichkeit ist allerdings der Ausdruck, dass ein Deal »nicht zustande gekommen« ist. Um das zu verstehen, muss man sich ansehen, was normalerweise nach dem persönlichen Pitch noch alles passiert.

Denn konnte sich das Startup dort als spannende Investmentoption präsentieren, wird der Investor, falls nicht schon geschehen, detailliertere Unterlagen anfordern. Neben dem Finanzplan könnten hier ein Marketing- oder Vertriebsplan, eine Aufschlüsselung der bisherigen Kunden oder andere, meist auf Strategie und Wachstum ausgerichtete Zahlenwerke interessant werden. Je weniger Fragen beim Pitch offengeblieben sind, desto kürzer wird diese Phase andauern, an deren Ende oft das berühmte Term Sheet unterschrieben wird. Da die Beteiligung selbst gerne als Hochzeit bezeichnet wird, wird die

Unterzeichnung des Term Sheets gerne als die entsprechende Verlobung gesehen.

Für viele Startups ist der Erhalt des ersten Term Sheets ein ganz besonderer Moment: Es signalisiert das echte Interesse eines Investors an einem Investment in das Unternehmen. Denn hierin wird festgehalten, dass beide Parteien ein Investment anstreben. Doch nicht nur das, das Term Sheet regelt auch die Bedingungen, zu denen dies geschehen soll. Allem voran natürlich die Frage der Bewertung, wie viel Unternehmensanteile der Investor erhalten soll und wie viel Geld er dafür in das Startup investiert. Darüber hinaus werden hier oft weitere wichtige Bedingungen genannt, die später in den Beteiligungsvertrag übernommen werden. Sie unterscheiden sich von Investor zu Investor recht stark, ein Term Sheet kann gerade einmal eine DIN-A4-Seite füllen oder sich über weit mehr Papier erstrecken und eine Art gekürzter Beteiligungsvertrag sein.

Das ist in etwa so, als würden Lebenspartner zur Verlobung ebenfalls einen Vertrag unterzeichnen, in dem steht, dass sie fest vorhaben zu heiraten und was die wichtigsten Punkte im Ehevertrag sein werden.

Zu solchen Bedingungen später noch mehr, hier ist nur wichtig, dass das Term Sheet eine Willensbekundung darstellt, mit der beide Seiten erklären, dass sie zu den angegebenen Bedingungen ein Investment zustande kommen lassen wollen.

Warum so umständlich?, könnte man sich jetzt fragen. Kann man nicht gleich den Beteiligungsvertrag aufsetzen, wenn das Wichtigste sowieso schon geregelt ist? Nein, denn die entscheidende Phase beginnt ja gerade erst: Vor der tatsächlichen Umsetzung der Beteiligung finden noch zahlreiche Prüfungen, vor allem im rechtlichen Bereich, statt. Es müssen etliche Dinge erfüllt sein, damit ein Startup für einen Investor überhaupt »investierbar« ist. Eine Art »Background-Check« des zukünftigen Partners. Hier hinkt der Hochzeitsvergleich zum ersten Mal, denn zur Verlobung und vor der Hochzeit käme das wohl nicht so gut an.

Startup und Investor gehen mit dem Term Sheet also nun in die alles entscheidende Phase, in der alle wichtigen Prüfprozesse gebündelt sind und wirklich alles noch einmal auf den Kopf gestellt wird. Das ist die berühmte Due Diligence[4] – die in der Szene häufig nur mit DD abgekürzt wird.

Die Due Diligence

Der Begriff Due Diligence oder seine Abkürzung DD ist auch durchaus schon das ein oder andere Mal in »Die Höhle der Löwen« gefallen. Meistens in dem Zusammenhang, dass etwas während der DD noch besonders geprüft werden soll, wie es zum Beispiel im Fall von Curaluna[5] vorkam, als Carsten Maschmeyer ankündigte, das Investment von der tatsächlichen Patenterteilung abhängig zu machen.

In solchen Fällen ahnen die Löwen also schon, dass es Stolpersteine geben könnte, die einem Investment womöglich im Wege stehen. In der Sendung können sie jedoch keine weiteren Unterlagen erhalten, um diese kritischen Punkte abzuprüfen. Ihnen bleibt an dieser Stelle also nur, den Vorbehalt auszusprechen, um bei Gründern und Zuschauern die Erwartungshaltung etwas zu dämpfen.

Von »geplatzten« Deals zu sprechen ist also äußerst unfair, da die Löwen hier nicht einmal ansatzweise die Prüfungen einer »normalen« DD durchführen können. Trotzdem werden sie immer wieder hart in die Kritik genommen, wenn die in der Show vereinbarten Deals im Nachhinein nicht in einem Investment münden.

Und wenn man sich den Investmentprozess vom ersten Aufeinandertreffen bis zur Beteiligung des Investors am Startup einmal anschaut, wird schnell klar, was bei einem Deal in »Die Höhle der Löwen« eigentlich passiert: Investor und Startup bekunden gegenseitig den Willen, eine Beteiligung zu den gerade ausgehandelten Konditionen zustande kommen zu lassen, vorbehaltlich rechtlicher und weiterer Prüfungen, die den Löwen in der Höhle nicht möglich sind. Das beschriebene Vorgehen trifft exakt auf einen bestimmten Punkt im Standardinvestmentprozess zu: dem Unterzeichnen des Term Sheets.

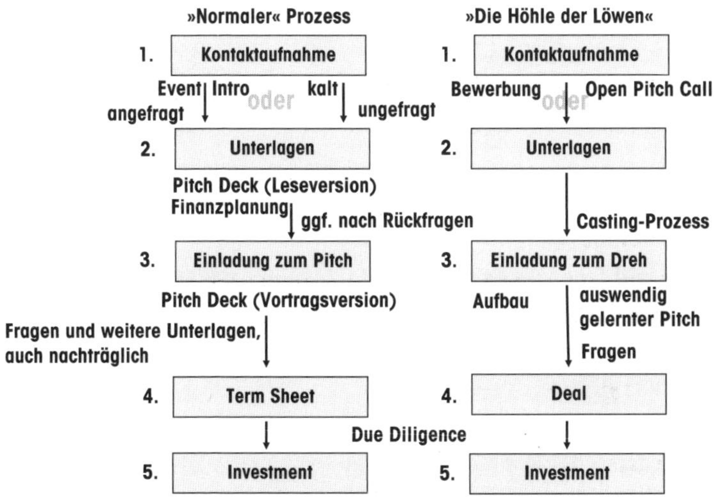

Abbildung 2: Vergleich der Investmentprozesse

Ein Deal in »Die Höhle der Löwen« kann also als eine Art mündliches Term Sheet bezeichnet werden. Diese Erkenntnis erklärt nicht nur viele Geschehnisse in der Sendung, sondern hilft auch, für die Vorbereitung auf die eigene Verhandlung alles besser einzuordnen.

Tatsächlich ist die viel zitierte »Dealabbruchquote« der Löwen sogar relativ gering. Doch um genauer zu sein, müsste man natürlich wissen, wie viele Term Sheets normalerweise wirklich in Investments münden. Denn die meisten Investoren verloben sich zwar recht häufig, heiraten aber wesentlich seltener.

Allerdings geben Investoren hierzu weder Zahlen heraus, noch wären diese gut vergleichbar, da es recht individuell ist, an welchem Stand der Prüfung des Startups ein Investor das Term Sheet herausgibt. Von einem knappen, einseitigen Term Sheet fast unmittelbar nach dem Pitch bis zu einem Umfang nahe am eigentlichen Beteiligungsvertrag zu einem wesentlich späteren Zeitpunkt und mit nur einer kurzen DD reicht hier die Bandbreite.

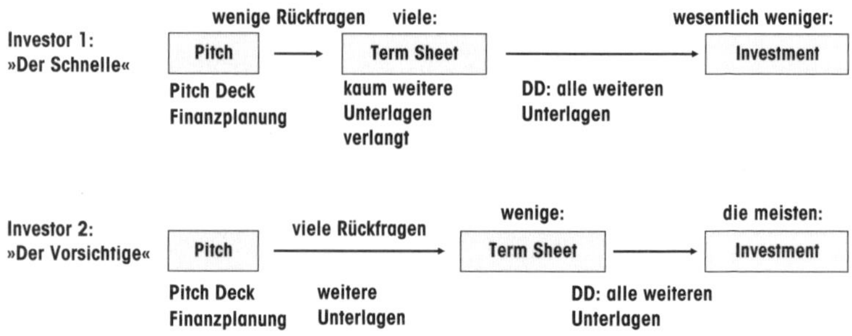

Abbildung 3: Vergleich zweier Investmentprozesse

Da in »Die Höhle der Löwen« jedoch kaum Möglichkeiten zu irgendwelchen Prüfungen für die Investoren bestehen, würde man eine Quote am unteren Ende von vielleicht 10 bis 20 Prozent erwarten. Sie liegen aber normalerweise mehr als deutlich darüber.

Das beruht sicherlich größtenteils auf ihrer Erfahrung, aber sicherlich auch auf ihrem Willen, die einmal gemachten Deals tatsächlich durchzuführen. Ich komme noch darauf, warum es manchmal trotzdem nicht geht.

Die größten Unterschiede

Nach den Gemeinsamkeiten nun zu den Unterschieden. Denn obwohl ein Pitch in »Die Höhle der Löwen« in einem mündlichen Term Sheet münden kann und ab da die Vorgänge praktisch identisch mit denen eines »normalen« Startup-Investmentprozesses sind, gibt es auch essenzielle Unterschiede, die in der Höhle eine völlig andere Situation kreieren.

Und diese Situation ist nicht nur außergewöhnlich für die GründerInnen, sondern auch für die InvestorInnen, die sich ebenfalls mit allerlei Herausforderungen konfrontiert sehen.

Eine völlig neue Art von Pitch

Man kennt vielleicht Startup-Pitchs von diversen Veranstaltungen, bei denen die GründerInnen ebenfalls auf einer Bühne stehen und sich einem größeren Publikum präsentieren. Bei Messen oder auf Tech- und Digital-Events wird bestimmt auch der ein oder andere Szenefremde bereits einem solchen Spektakel beigewohnt haben.

Ich nenne solche Präsentationen gerne Show-Pitchs oder auch Event-Pitchs, denn es gibt einige grundlegende Unterschiede zu Investoren-Pitchs. Zunächst ist hier normalerweise die Zeit des Vortrags begrenzt. Diese wird so knapp bemessen, dass man wirklich nur die Eckpunkte behandeln kann. Allerdings steht diese Vortragszeit immerhin ohne Unterbrechungen zur Verfügung. Im Anschluss gibt es dann noch einmal eine ebenfalls beschränkte Zeitspanne für Fragen des Publikums oder einer Jury.

Diese Struktur kommt wahrscheinlich vielen DHDL-Zuschauern bekannt vor und ähnelt grob dem Ablauf in der Show. Auch hier präsentieren die Gründer zunächst ohne Unterbrechung, danach ist Zeit für die Fragen der Löwen.

Investoren respektieren eine solche Aufteilung normalerweise nicht. Bei einem »richtigen« Termin mit einem Investor muss man damit rechnen, von Beginn an unterbrochen zu werden und Rückfragen beantworten zu müssen. Das kann darin resultieren, dass man ziemlich extrem zwischen den einzelnen Inhalten des eigentlich so gewissenhaft vorbereiteten Pitchs hin und her springt.

Kennt man vorher nur das Bühnenformat als Startup-Pitch, wird man nun eines anderen belehrt, sollte sich davon aber nicht aus der Ruhe bringen lassen. Die Investoren meinen es nicht böse, selbst noch so viele Zwischenfragen sind kein schlechtes Zeichen, sondern erst einmal nur Ausdruck von Interesse. Für die Löwen gilt übrigens das Gleiche.

Da bei einem Show- oder Event-Pitch maximal der erste Kontakt zwischen Startup und Investor geknüpft werden soll, muss man hier auch nicht mit so tiefgehenden Fragen rechnen. Besonders die gefürchteten Fragen zu den Zahlen werden meistens komplett ausgespart. Schließlich will man den jungen Unternehmen auch nicht zumuten, in aller Öffentlichkeit empfindliche Informationen wie die Marge ihrer Produkte preiszugeben. Daher nenne ich den Punkt, in dem normalerweise das Geschäftsmodell diskutiert wird, beim Show-Pitch auch »Geschäftsmodell light«. Leider schlagen viele solcher Pitchs dann aber ins andere Extrem um und verkommen zu reinen Produktpräsentationen. Aspekte zum Geschäftsmodell, Wettbewerb und anderen Themen fehlen hier oft komplett.

In »Die Höhle der Löwen« fällt aber direkt schon eine Entscheidung auf Term-Sheet-Niveau, wie im vorherigen Abschnitt beschrieben. Daher müssen die Investoren hier auch die Chance bekommen, das Geschäftsmodell vollständig zu bewerten. GründerInnen kann also nicht erspart werden, ihre Herstellungs- und Verkaufspreise, Marketingkosten oder Produktionskapazitäten vor einem Millionenpublikum zu nennen. Das macht dem ein oder anderen schon einmal Bauchschmerzen. Ein kleiner Trost, den ich den KandidatInnen gerne mitgebe: Durch die Zeitspanne, die zwischen Dreh und Ausstrahlung vergeht, sind die Zahlen dann oft ohnehin schon nicht mehr aktuell.

In einem Investoren-Pitch müssen alle wichtigen Punkte im Detail adressiert werden, die der Investor braucht, um für sich einschätzen zu können, ob es ein lohnendes Investment sein könnte oder nicht. Welche das genau sind, wird im nächsten Abschnitt erklärt. Auch in einem Show-Pitch sollten diese Punkte vorkommen, um zuschauende Investoren zumindest neugierig machen zu können. Hier reichen jedoch die jeweils wichtigsten Eckpunkte aus. Wie erwähnt wird dies aber leider häufig nicht besonders ernst genommen.

Die genauen Inhalte eines Investoren-Pitchs können – und sollten auch unbedingt – von Investor zu Investor variieren. Zwar gibt es Kerninformationen, die immer enthalten sein müssen. Doch deren genaue Ausgestaltung hängt stark von Investorentyp und -ansprüchen ab.

Ohne die Recherche aus Stufe 1 der Vorbereitung (siehe Abbildung 1) wird es also schon schwierig, überhaupt einen Erfolg versprechenden

Pitch zu kreieren. Ein Grund mehr, seine Hausaufgaben zu machen, auch wenn das nicht das hippe Startup-Leben ist, das so gerne porträtiert wird.

Sitzt man dann beim Investorentermin, spricht man auch nur selten mit einer einzelnen Person, sondern oft mit einem Team aus zwei bis drei Experten mit teils unterschiedlichen Schwerpunkten. Doch auch, wenn sie verschiedene Aspekte bewerten sollen, fließen ihre Urteile zum Schluss zusammen und sie fällen eine gemeinsame Entscheidung.

Abbildung 4: Vergleich der Pitch-Strukturen

Die Situation in der Höhle ist da grundlegend anders. Denn hier hat man fünf teils sehr unterschiedliche Investoren vor sich, die um die besten Deals auch konkurrieren können. Hier einen Pitch zu erstellen, der für alle sämtliche wichtigen Punkte abdeckt, gleichzeitig aber niemanden langweilt, ist praktisch unmöglich. Daher beschränkt sich die Präsentationszeit der GründerInnen auf die reine Produktvorstellung, alle anderen Punkte müssen von den Investoren selbst abgefragt werden. Keine einfache Aufgabe für die Löwen, und die teilweise unterschiedlichen Interessen kollidieren so immer mal in spannenden Wortgefechten sowie Konkurrenzangeboten – zur Freude der Zuschauer.

So haben wir in der Höhle also insgesamt eine Aufteilung in Präsentation und Frageteil wie bei einem Show-Pitch. Der Frageteil ist allerdings zeitlich unbeschränkt – von siebenundzwanzig Minuten bis weit über zwei Stunden war schon so ziemlich alles dabei. Im Fernsehen bekommt man dann die spannendsten Momente zu sehen. Sind alle oft detaillierten und auch kritischen Fragen beantwortet, kann es dann auch sofort in die Verhandlung gehen.

Die Konkurrenzsituation der Löwen sorgt zudem für ein Setting, das Gründer so wohl nirgendwo erleben können. Denn normalerweise könnten sie zwar auch mit mehreren Investoren sprechen, allerdings gäbe es immer separate Termine, ein direkter Schlagabtausch kommt in dieser Form nie vor. Die direkte, offene Konkurrenz mehrerer Investoren gleichzeitig, die innerhalb kürzester Zeit ohne weiteren Input von außen bis zum Term-Sheet-Status – dem Deal – führen kann, ist absolut einzigartig. Die InvestorInnen müssen daher auch darauf vorbereitet sein, ihre eigenen Vorteile bestmöglich darzustellen. Daher pitchen sie selbst oft auch um die Gründer, wie man vor allem bei mehreren Angeboten gut beobachten kann. So kann der Spieß also schnell einmal umgedreht werden.

Auch für die Gründer gibt es hier einiges zu bedenken, denn je mehr unterschiedlichen Parteien man zeitgleich gegenübersteht, umso mehr kann man jeweils auch falsch machen. So geht es auch auf deren Seite um ein möglichst schnelles Kennenlernen der potenziellen zukünftigen Partner und das Finden des richtigen Fokus.

Ralf Dümmel: »Da ihr pur online seid und wollt, wollt ihr mich anscheinend nicht und ich euch auch nicht.«[6]

Denn wenn ein Löwe etwa einen Multi-Channel-Ansatz für ein Produkt verfolgen würde, ein anderer aber einen Fokus auf den Onlinevertrieb legt, wird es schwer sein, beide für sich zu begeistern. Versucht man es trotzdem, könnte man als plan- und visionslos wahrgenommen werden, ein riesiger Minuspunkt. Ein bisschen so, als würde man mehrgleisig fahren bei der Partnersuche.

Der Frageteil bei DHDL bietet also nicht nur ein wenig zusätzliche Zeit für ein paar Nachfragen, wie man es vielleicht von einem Show-Pitch kennt. Sondern ist eine Mischung aus Frageteil, Kennenlernen und Verhandlung. Ein Zeitraffer vom ersten Pitch bis zum Term Sheet sozusagen. Und das mit mehreren Investoren parallel, dadurch mit komplett offenen Karten. Das verlangt allen Beteiligten höchste Konzentration und eine Menge Energie ab. Der Zuschauer bekommt dafür ein Aufeinandertreffen von Startups und Investoren, das nicht nur ein hohes Spannungs- und Unterhaltungsniveau aufweist, sondern auch eine beispielhaft hohe Informationsdichte bieten kann.

Der Startup-Pitch

Jetzt habe ich so viel von Pitchs erzählt, dass es höchste Zeit wird, ins Detail zu gehen. Wie realitätsnah ist nun ein Pitch aus »Die Höhle der Löwen«, und wie sieht der »perfekte« Pitch aus, von dem so viele selbst ernannte Pitch-Experten immer sprechen?

Das Thema liegt mir sehr am Herzen. Seit vielen Jahren halte ich Vorträge über die Kunst des Pitchens, gebe Workshops und Einzeltrainings. Und bin bei vielen der zuvor genannten Event-Pitchs immer wieder erschrocken, wie schlecht die Pitch-Qualität in Deutschland ist.

Da wir Deutschen als weniger humorvoll und begeisternd gelten, sollte das nicht weiter überraschen. Doch das ist tatsächlich gar nicht das Problem der meisten Pitchs. Es ist ganz im Gegenteil der Inhalt, der nicht überzeugt.

Nun hört man ja immer, dass bei einem Vortrag circa 90 Prozent nicht über den Inhalt transportiert werden, sondern vor allem über

Stimme, Tonfall, Mimik und Gestik.[7] Es ist also fast egal, was man sagt, solange die Art und Weise stimmt, wie man es sagt. Eine Tatsache, die für viele großartigen Denker und Wissenschaftler immer wieder sehr von Nachteil ist. Und auf der sich viele GründerInnen regelrecht auszuruhen scheinen.

Denn beim Startup-Pitch ist das anders: Investoren konzentrieren sich extrem auf den Inhalt. Nicht nur das, sie bohren ihn auf, suchen Schwachstellen, Informationen, die ihnen vielleicht vorenthalten werden. Der Grund ist denkbar simpel: Es geht um viel, viel Geld.

Doch ohne Emotionen kommt man auch hier nicht aus, nur muss man sie mit Bedacht einsetzen. GründerInnen sollten sich des Umstands bewusst sein, dass Investoren auch versuchen, ihren Charakter einzuschätzen. Stilmittel im Pitch sind also mit großem Bedacht zu wählen. Die beiden Brüder von richtiggutbewerben.de verschreckten so mit ihrem Drogenwitz zum Beispiel Nico Rosberg.[8]

Gute Investoren merken sofort, wenn inhaltliche Schwäche mit Stilmitteln überdeckt werden soll, daher gehen auch hier wieder gründliche Vorbereitung und durchdachter Inhalt vor Psychotricks. Abermals willkommen in der oft gar nicht so hippen Gründerwelt.

Doch was ich an Startup-Pitchs so faszinierend finde, hat natürlich nichts mit dem Aufwand ihrer Vorbereitung zu tun. Es ist diese unglaubliche Informationsdichte eines guten Pitchs, die nicht nur meine Aufmerksamkeit fesselt, sondern mich auch mit auf eine Reise vom Ausgangspunkt der Idee bis hin zum entstehenden oder wachsenden Unternehmen nimmt. Ein Weg, auf dem ich die GründerInnen und ihre Motivation, ihre Träume und Visionen, aber auch die nackte Realität kennenlerne.

Auf diese Reise möchte ich mich nun begeben, in Form einer Bootstour im Schnelldurchgang durch einen Pitch und gleichzeitig durch die Etappen der Entstehung eines neuen Unternehmens.

Eine kleine Pitch-Reise

Zu Beginn hat man noch nicht die geringste Ahnung, wo es hingeht. Die meisten Ideen für spätere Unternehmen kommen schließlich aus dem Nichts. Man munkelt, dass die Toilette ein beliebter Ort für kreative Ideen ist.

An der Ablegestelle zur Pitch-Reise steht ein kleiner Hinweis in Form von Logo und Slogan des jungen Unternehmens, das sich da vorstellt. Besonders auf Events gibt es oft einen kurzen ersten Satz, der die Neugier wecken soll – den sogenannten Teaser. Auch von DHDL kennt man das.

> »Hallo liebe Löwen, wir sind Jörg und Michael, und wir füllen Ihr Konto.«[9]

Der Teaser kommt meist direkt nach der Kurzvorstellung. Hier kann man die Namen der Vortragenden und des Startups nennen, mehr sollte es aber nicht sein. Die Löwen werden durch den Aufbau und die Dekoration allerdings schon vorher zusätzlich neugierig gemacht.

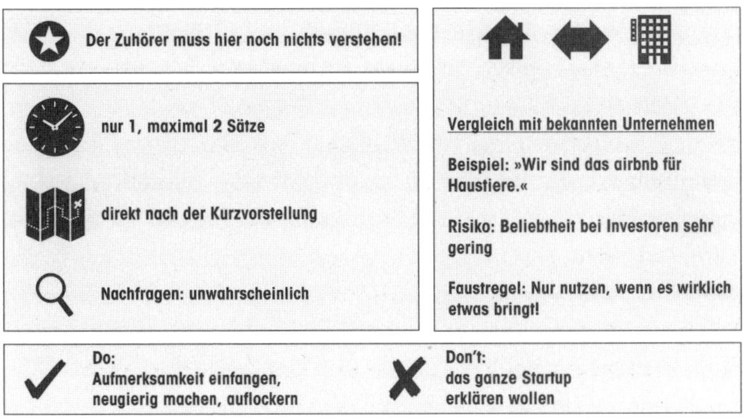

Abbildung 5: Teaser

Beim normalen Investoren-Pitch lässt man den Teaser dagegen eher weg, denn hier steht man eher nicht auf einer Bühne, sondern sitzt oft gemeinsam am Tisch. Ein Teaser-Satz könnte also irgendwie ein wenig unpassend oder sogar lächerlich wirken. Dafür stellt man sich oft erst einmal etwas ausführlicher vor – wie bei einem klassischen Meeting eben – und nennt nicht nur seinen Namen.

Nun weiß man also – zumindest ganz grob –, mit wem man auf diese Reise geht und hat vielleicht schon eine erste Richtungsangabe erhalten, ist jedoch noch nicht bereits fürs Ablegen.

Denn zu Beginn eines Pitchs befindet man sich erst einmal noch bei dem Problem, dass das Startup angehen will. Denn die meisten GründerInnen starten schließlich auch damit, dass sie ein Problem lösen wollen, etwas anders oder besser machen wollen. Selbst innerhalb der knappsten Zeitspanne sollte man hier drei wichtige Punkte erklären: 1. Worin genau besteht das Problem, 2. Wer hat das Problem und 3. Wie groß ist es?

Dies ist direkt die emotionalste Stelle des Pitchs, das Drama des Problems sollte unbedingt voll ausgeschöpft werden. Natürlich muss man immer bei der Wahrheit bleiben, aber die Nennung der richtigen Fakten kann den Zuhörer ideal auf die Präsentation der eigentlichen Lösung im nächsten Schritt vorbereiten. Ziel ist, den Gedanken hervorzurufen: Das ist ja wirklich schrecklich, da muss sich dringend mal jemand drum kümmern. Oder bei sachlicheren Themen: Das war mir gar nicht klar, dass das so ein Aufwand ist / so hohe Kosten verursacht; eine bessere Lösung hätte bestimmt Riesenchancen auf diesem Markt.

Im Fall von werksta.tt war ich regelrecht schockiert, als der Gründer Justus damit startete, dass jedes Jahr in Deutschland 1,7 Millionen Tonnen Backwaren einfach weggeworfen werden.[10] Diese Verschwendungsmenge ist so gewaltig, dass man sofort berührt ist.

Wichtig ist, sich hier nicht in endlosen Erzählungen zu verlieren, sondern die essenziellsten Fakten gut strukturiert auf den Punkt zu bringen. Das menschliche Gehirn kann sich dann die einzelnen

Inhalte viel besser merken. Zum Beispiel, indem man erst einmal das Hauptproblem nennt und dann in zwei bis drei Unterpunkten weiter spezifiziert. Oder beim sogenannten Storytelling anhand einer erfundenen Figur die einzelnen Schritte in einem die Problematik aufzeigenden Prozess durchläuft.

Christian von MyEy hat es vorgemacht, indem er, begleitet von Maskottchen »Superhenne Heidi«, in die Höhle kam und vom Leiden der Legehennen erzählte. Die perfekte Vorbereitung für seinen veganen Ei-Ersatz.[11]

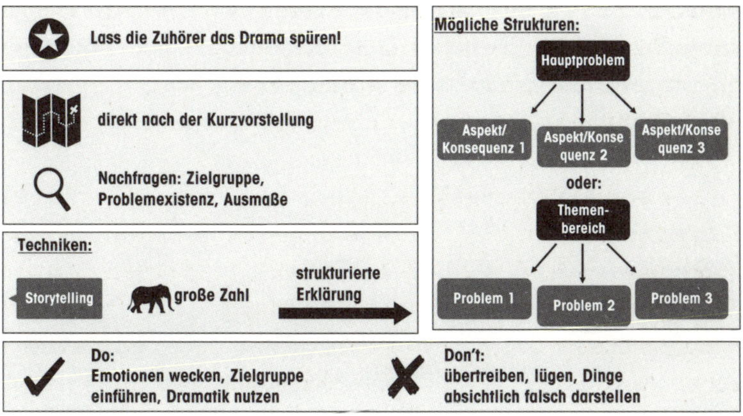

Abbildung 6: Problem

Hat man seine Zuhörer dann emotional da, wo man sie haben will, folgt die eigentliche Lösung, um die sich alles dreht. Da die Abenteuerreise Startup ja auch erst starten kann, wenn man für das erkannte Problem eine Lösung gefunden hat, kann man nun endlich ans Ablegen denken.

Leider verfahren sich hier die meisten GründerInnen sofort. Gefühlte Ewigkeiten schwadronieren sie über ihr Produkt, was es kann, welche Vorteile es hat und wie es funktioniert. Oft springen sie von einem Punkt zum anderen und dann wieder zurück.

Auch hier hilft es wieder, drei einfache Fragen zu beantworten: 1. Was genau ist die Lösung?, 2. Wie genau löst sie das Problem? und 3. Warum ist sie wirklich besser als bestehende Lösungen? Wobei man drittens oft gar nicht braucht, wenn Problem und Lösung wirklich gut ineinandergreifen.

Frage eins ist übrigens so relevant wie trivial, wird aber sehr gerne übersehen. GründerInnen sind oft so tief in ihrem Thema, dass sie vollkommen vergessen, zumindest einmal zu nennen, was sie da eigentlich gebaut haben. Ist es eine App, eine Plattform, ein softwaregestützter Service? Im ersten Satz zur Lösung sollte man das einmal unmissverständlich klarstellen. Denn zu diesem Zeitpunkt der Reise möchte man die Zuhörer bereits an Bord haben.

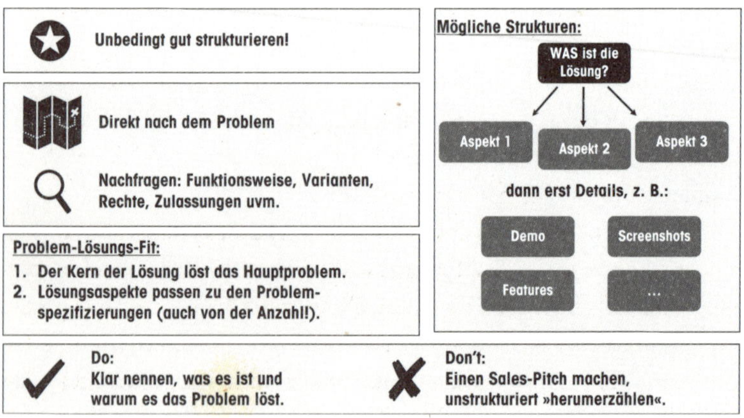

Abbildung 7: Lösung

Auch wenn der ursprüngliche Weg zum fertigen Produkt eher holprig war, will man das im Pitch natürlich so nicht darstellen, sondern Problem und Lösung klar und eingängig miteinander verbinden.

Ich empfehle immer ganz dringend, sich gerade diese beiden ersten Teile im Anschluss noch einmal genau anzusehen und zu schauen, ob sie wirklich wie Zahnräder perfekt ineinandergreifen. Nur allzu oft entsteht bei Pitchs der Eindruck, dass das Problem konstruiert ist und so gar nicht existiert. Diese Pitchs der Kategorie »Lösung sucht Problem« sind bei Investoren äußerst unbeliebt. Denn in solchen Fällen ist es schwer nachzuvollziehen, ob es überhaupt eine nennenswerte Zielgruppe gibt, die das Problem tatsächlich hat.

In »Die Höhle der Löwen« endet der Pitch-Vortrag der Startups hier, und die Löwen erfragen sich ab jetzt alle weiteren Punkte. Sie übernehmen also die Steuerung des Pitchs.

Damit lasse ich die Löwen vorerst auf meiner Pitch-Reise zurück und schaue auf die weiteren Punkte eines kompletten Startup-Pitchs, bevor die entsprechenden Löwen-Fragen in Kapitel 2 genauer erklärt werden.

Die nächste Frage stellt sich im Startup-Leben unmittelbar, sobald man endlich eine Lösung für das Problem gefunden hat: Ob und wie kann man damit Geld verdienen? Daher ist der nächste Halt der Pitch-Reise der Punkt »Geschäftsmodell«.

Für Investoren ist dies der kritischste Punkt des Pitchs. Hier wollen sie verstehen, ob das Startup grundsätzlich eines Tages Geld verdienen kann und wodurch dies beeinflusst wird. Dabei reicht es nicht, die geplanten Preise zu nennen, sondern auch Produktion und Kundengewinnung sind zentrale Punkte. Hier sollte man unbedingt eine gute Übersichtsgrafik erstellen, die die Wertströme verdeutlicht[12].

Die Darstellungen können hier so verschieden wie die Startups selbst sein, schließlich funktioniert zum Beispiel eine Marktplattform für Reiseerlebnisse völlig anders als eine Tütensuppe. Daher helfen hier auch keine Vorlagen (sich Inspirationen zu holen ist natürlich erlaubt), sondern nur eigene Gehirnleistung. Ich weiß, das ist wieder nicht cool. Aber die Grafik aus dem Pitch eines Startups, das damit Millionen eingesammelt hat, führt im eigenen Pitch vielleicht nur zu Stirnrunzeln bei den Investoren. Oder noch schlimmer: zu Lachern. Weil sie es wiedererkennen und damit wissen, sie haben schon wieder GründerInnen vor sich, die das eigene Geschäftsmodell nicht verstanden haben. Und das ist noch wesentlich uncooler.

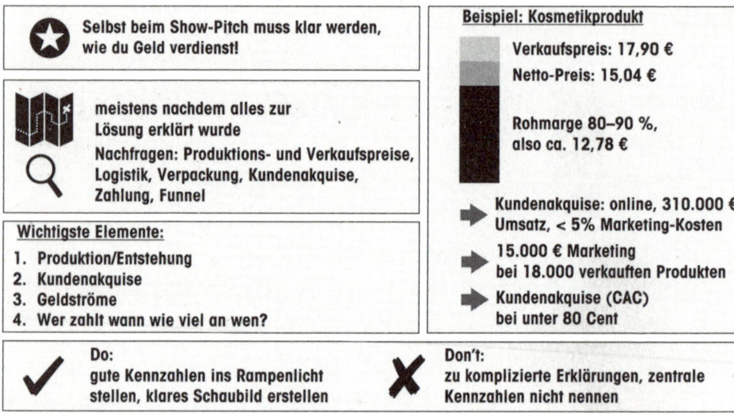

Abbildung 8: Geschäftsmodell

Okay, jetzt ist man auf der Reise schon recht weit gekommen: Es wird ein echtes Problem gelöst, mit der Lösung lässt sich Geld verdienen, was fehlt denn noch?

Die Emotionen, mit denen man im ersten Teil gearbeitet hat, muss man jetzt mit Fakten unterlegen. Zunächst sollte man daher zeigen, dass es genug potenzielle Kunden gibt, sodass das Unternehmen langfristig bestehen kann. Während man im Startup von Anfang an klären sollte, ob es den anvisierten Markt grundsätzlich gibt und er groß genug ist, kann man sich diesen Punkt im Pitch ein bisschen als Check-Box vorstellen: Kann man zeigen, dass der Markt eine gewisse

Mindestgröße hat, bestenfalls noch wächst, und dass ein neuer Player hier durchaus Chancen haben könnte, ist der Haken praktisch schon gesetzt.

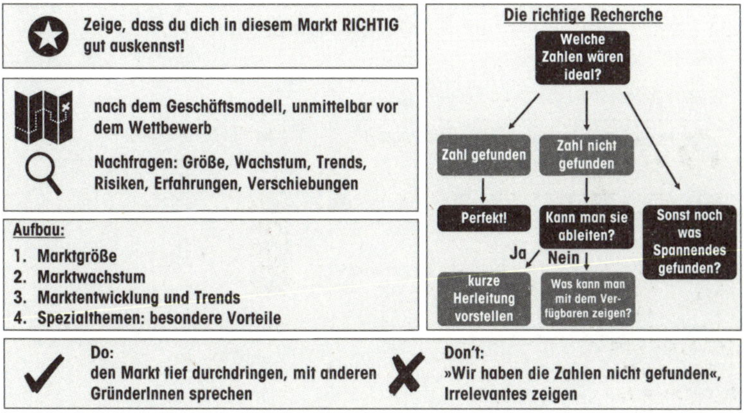

Abbildung 9: Markt

Damit kann die Reise weitergehen zum Punkt »Wettbewerb«. Auch hier verhält es sich ähnlich: Seinen Wettbewerb sollte man ständig im Blick haben, auf der Pitch-Reise ist es aber meist nur ein kurzer Halt, auf dem man zeigt, wie man sich gegenüber der Konkurrenz im Markt positioniert. Sobald eindeutig klar ist, dass man der Konkurrenz voraus ist, ist dieser Haken ebenfalls gesetzt.

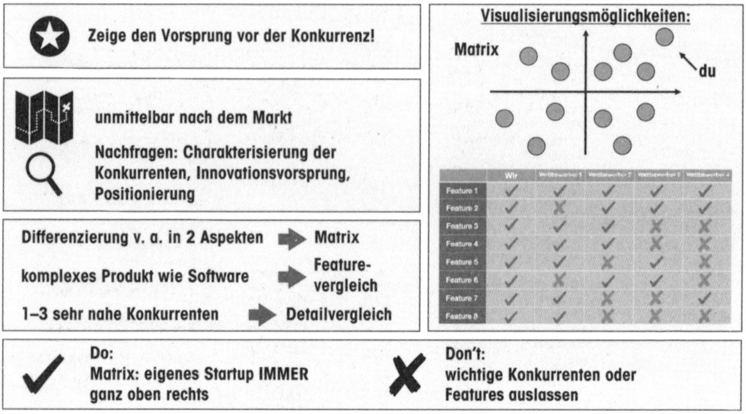

Abbildung 10: Wettbewerb

Natürlich muss man sich auf allerlei Nachfragen der Investoren einstellen, die wahrscheinlich jeden Aspekt ganz genau erklärt haben wollen. Hier kann und muss man zeigen, wie gut man sich auf seinem Markt wirklich auskennt.

Anschließend ist noch Platz für weitere wichtige Punkte, die je nach Branche, Phase und Geschäftsmodell des Startups variieren können. Die Marketingstrategie ist für ein E-Commerce-Unternehmen zum Beispiel essenziell, während im Softwarebereich eine Entwicklungs-Roadmap relevant sein könnte. Weitere Beispiele sind eine Finanzplanungsübersicht, ein Zeitplan oder bisher Erreichtes.

Hat man mehrere dieser individuellen Punkte, steht üblicherweise das, was man vom Investor will, ganz am Ende. Das kann die reine Geldsumme sein, aber natürlich auch die erhoffte zusätzliche Unterstützung. Auch bei »Die Höhle der Löwen« beobachtet man oft, dass GründerInnen ihren Pitch vor allem mit Letzterem abschließen, um die Investoren noch einmal direkt anzusprechen.

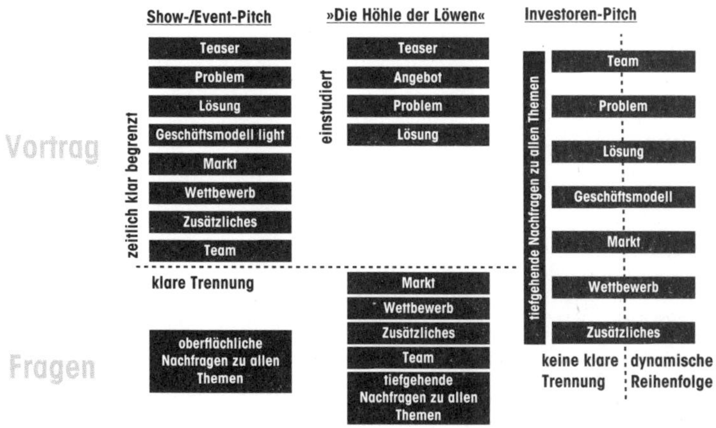

Abbildung 11: Themenverteilung in Pitches

Nun ist man angekommen, allerdings nur, wenn man am Anfang das Team schon ausführlich vorgestellt hat. Falls nicht, sollte man dies am Ende noch tun. Über die richtige Stelle hierfür gibt es unter Pitch-Experten oft Streit. Meiner Meinung nach muss man sich selbst damit wohlfühlen, Hauptsache, die Investoren verstehen, dass dies genau das richtige Team ist, das dieses Vorhaben groß machen kann.

EXTRA-TIPP:

Bei Show-Pitches empfehle ich oft, das Team erst ganz am Ende vorzustellen. Das ist dann auch die einzige Folie, auf der etwas mehr Text stehen darf. Denn: Wird die Zeit knapp, endet man einfach mit: »Und das ist unser großartiges Team, vielen Dank für Ihre Aufmerksamkeit!« Und das Publikum kann selbst die wichtigsten Details nachlesen. So hat man immer etwas Puffer, sollte man sich in der knappen vorgegebenen Zeitspanne verhaspelt haben.

Denn es geht nicht darum, ob der Markt nun zwei oder drei Milliarden groß ist und ob es fünf oder sechs direkte Konkurrenten gibt. Es geht immer nur um die Eignung der GründerInnen als UnternehmerInnen. Wurde ein echtes Problem erkannt und besser gelöst als jemals zuvor? Wurde erkannt, für welchen Markt es geeignet ist und wie man hier Geld verdienen kann? Ist sowohl Motivation als auch fachliches Können vorhanden, um den Wettbewerbsvorteil auch in Zukunft zu verteidigen? Also schlicht: Passt alles zusammen?

Und genau deshalb ist es auch völlig egal, was ich oder ein Investor oder jeder sonstige angebliche Pitch-Experte für den perfekten Pitch hält. Nur, wenn man selbst das Gefühl hat, dass man sich und sein Vorhaben damit richtig darstellt und die eigene Begeisterung auch auf andere übertragen kann, ist er richtig. Und wenn man dafür die Reihenfolge ändern muss, Inhalte austauschen oder die oft gescholtenen Videos einfügen muss, dann ist das eben so.

Auch wenn man sich verhaspelt oder den Faden verliert, wovor so viele DHDL-KandidatInnen Angst haben, ist das überhaupt nicht schlimm. Im Gegenteil, wenn dann ein Teammitglied einspringen kann, zeigt das, wie gut man zusammenarbeitet. Körpersprache, Stimme und all diese Dinge lassen sich zu einem gewissen Grad trainieren, erfahrene InvestorInnen erkennen aber, wenn man sich verstellt.

Wie der perfekte Pitch aussieht? Nach all den Jahren in der Startup-Vorbereitung bin ich ziemlich sicher, dass es ihn nicht gibt. Denn die spannendsten, die mitreißendsten, die überzeugendsten und die erfolgreichsten Pitches waren nie perfekt. Wenn auch häufig ziemlich nah dran. Doch gerade das Unperfekte hat hier oft die gewisse Würze gebracht. Ich glaube also nicht an den perfekten Pitch. Außerdem wäre das irgendwie langweilig.

Pitch-FAQ

Aber was ist denn mit … wird sich jetzt so mancher fragen. Ja, es gibt bestimmt noch viele kleine Unterschiede – und wahrscheinlich auch Gemeinsamkeiten – zwischen einem Pitch in »Die Höhle der Löwen« und einem normalen Investoren-Pitch.

Durch die andere Pitch-Struktur, die Rolle des Deals, das Setting mit den konkurrierenden InvestorInnen und das Bühnenbild statt Präsentationsfolien dürften die zentralen Punkte jedoch abgedeckt sein.

An dieser Stelle möchte ich aber noch auf ein paar Dinge eingehen, die ich immer wieder zu DHDL und zum Ablauf beim Pitch gefragt werde. So eine Art persönliche FAQ-Sammlung.

1. Wie ist der Ablauf vor dem Pitch?

Das ist tatsächlich noch einmal etwas ganz anderes als bei Investoren außerhalb der Höhle. Mit diesen hat man normalerweise einen festen Termin, zu dem man natürlich pünktlich erscheinen sollte. Für DHDL drehen wir meistens fünf Gründerteams pro Tag. Da kein Dreh abgebrochen wird, sondern jede Verhandlung so lange dauert, wie sie eben dauern muss, kann man schon ab dem zweiten Pitch nicht einmal mehr eine Schätzung abgeben, wann genau es losgeht.

2. Was ist, wenn etwas nicht funktioniert, zum Beispiel eine App-Demonstration auf dem großen Screen?

In meinen Pitch-Trainings empfehle ich immer ganz dringend, für alles, was kein PDF-Format hat, Back-ups bereitzuhalten. Das schließt dann diese Back-ups übrigens wieder mit ein, wenn sie nicht im PDF-Format vorliegen. Also im Zweifel ein Back-up vom Back-up vom Back-up. Denn Videos funktionieren zu ungefähr 90 Prozent nicht, wenn es darauf ankommt. Alles, was Internet braucht, zu 60 bis 70 Prozent. Das sind natürlich nur meine persönlichen Erfahrungswerte, aber man sollte es wirklich nicht darauf ankommen lassen. Schulterzuckend vor Investoren zu stehen und zu sagen: »Das funktioniert nicht, euer WLAN ist schlecht«, kommt nicht wirklich professionell rüber.

Anders in der Höhle. Da braucht man keine Back-ups. Da wird das Problem behoben, bis es irgendwann so läuft wie geplant. Wir sind schließlich beim Fernsehen, wir haben Profis dafür.

3. Warum sieht immer alles so perfekt aus bei euch?

Weil wir für alles Profis haben: Die GründerInnen werden beraten, was sie anziehen könnten, eine unglaublich kreative Requisiteurin baut mit ihrem Team nach Absprache mit den GründerInnen die Kulisse, erfahrene RedakteurInnen und Producer stehen mit Rat und Tat bei den Pitches zur Seite, ich darf meinen Senf dazugeben, wenn es um Verhandlung und Bewertung geht, usw.

Viele GründerInnen sagen hinterher, dass es sich allein für dieses ganze Wissen und die Tipps aus den verschiedenen Bereichen gelohnt hat, dabei zu sein. Ich denke, sie haben recht.

4. Die dargestellten Gründer sind so doch nicht wirklich repräsentativ, oder?

Statistisch wahrscheinlich nicht, auch wenn ich das nicht im Detail überprüft habe. Aber was wäre der Nutzen, würde die Sendung eins zu eins die deutsche Gründerszene abbilden? Was sie aber abbildet, ist die Bandbreite. Von sechzehn bis über achtzig Jahre, über alle Berufsgruppen, ob SchulfreundInnen, Paare, Zufallsbekannte, Geschwister, Eltern mit ihren Kindern oder EinzelkämpferInnen. Von selbst gekochten Soßen bis zur beheizbaren Tapete, vom neuartigen Sportgerät bis zur komplexen Software mit künstlicher Intelligenz. Das alles gibt es, und noch viel mehr.

Die Studienfreunde, die unbedingt etwas Eigenes machen wollten. Oder der langjährige Unternehmer, der wegen der Coronamaßnahmen nicht mehr wusste, wie er seine Familie über den Winter bringen sollte. Der Rentner, der seiner Frau nicht auf die Nerven gehen wollte, oder der Handwerkermeister, der mit den angebotenen Lösungen für seine Branche nie so wirklich zufrieden war. Die Hausfrau, die endlich anfängt, an sich zu glauben, als sie merkt, dass ihr Produkt ankommt. Sie alle streben nach Freiheit, nach Selbstverwirklichung, wollen die Welt verbessern, einfach eine Beschäftigung oder entwickeln eine Idee aus größter Not heraus.

Ich finde es unglaublich wertvoll, dass gezeigt wird: Jeder kann es schaffen. Großartige Ideen können überall entstehen. So ist zum Beispiel die Frauenquote unter den DHDL-Gründerteams wesentlich höher als im Allgemeinen.[13] Und jungen Frauen Vorbilder wie Jennifer von gitti, Denise von Summersaver und Swantje von NUI zu zeigen empfinde ich als unendlich wichtiger, als irgendwelche Statistiken abzubilden.

Also ja, unsere GründerInnen sind repräsentativ. Sie repräsentieren die ganze Bandbreite des Gründens.

5. Warum sind die Bewertungen in »Die Höhle der Löwen« so viel niedriger als auf dem freien Markt?

Sind sie nicht, da die meisten, die das behaupten, die Bewertungen aus DHDL mit denen reiner Finanzinvestoren vergleichen und den Mehrwert der Löwen nicht miteinbeziehen. An dieser Stelle möchte ich allerdings noch um etwas Geduld bitten, denn dieser Thematik widme ich mich ausführlich in Kapitel 4.

Startups – die etwas anderen Unternehmen

Herzlich willkommen beim »Startup versus Corporate«-Teil. Ich möchte vorweg eine kleine Warnung loswerden: Ich bin Team Startup. Ich war es schon immer und werde es ganz sicher immer sein. Dieser Teil erklärt also nicht nur die grundlegenden Unterschiede zwischen einem Startup und einem etablierten Unternehmen, sondern lässt auch immer wieder durchschimmern, warum mich diese Welt derart begeistert.

Denn ja, es ist eine andere Welt, Startups sind eben nicht nur kleine, junge Unternehmen. Sie streben nach völlig anderen Dingen, benutzen andere Begriffe, andere Kennzahlen und arbeiten nach anderen Prozessen.

Doch was mich von Anfang an in Bann gezogen hat, ist die besondere Atmosphäre, die Motivation, der manchmal schon fast naive Optimismus und der unbedingte Wille zum Erfolg. Erfolg, der sich nicht nur in Euro messen lässt, sondern noch so viel mehr bedeutet. Ich habe nirgendwo Menschen so begeistert, so leidenschaftlich und so voller Tatendrang erlebt wie in Startups.

Daher hoffe ich, nun auch Szenefremde dafür gewinnen zu können, mit mir einen beherzten Schritt hinein in diese andere, nicht sehr schillernde, aber immer spannende Welt zu machen. Aber Achtung, die Begeisterung kann ansteckend sein!

Was ist denn eigentlich ein Startup?

Dass ich schon ein halbes Kapitel über Startups geschrieben habe, ohne genau festzulegen, was ich eigentlich damit meine, lässt die Mathematikerin in mir aufschreien.

Bisher hat eine grobe Vorstellung, worum es sich bei einem Startup handelt, ausgereicht, um die Zusammenhänge zu verstehen. Doch jetzt wird es wirklich wichtig, den Begriff richtig zu definieren, denn im nächsten Kapitel nehme ich mir die speziellen Fragen der Löwen vor, und viele davon verlangen nach etwas mehr Hintergrund.

Ein Startup einfach nur als ein junges und kleines Unternehmen zu betrachten wäre hierfür viel zu einfach und wird nicht funktionieren. Selbst der so oft und gern in diesem Zusammenhang benutzte Begriff der Skalierbarkeit reißt es nicht raus. Da ich den Begriff jedoch in Kapitel 3 noch einmal gründlich beleuchte, möchte ich meine innere Mathematikerin nicht zu zügellos werden lassen, sie hatte ihren Auftritt.

Bei der Definition des Begriffs »Startup« folge ich am liebsten grob Erik Ries,[14] formuliere seine Definition hier nur ein klein wenig um, da mir ein Aspekt besonders wichtig ist:

Ein Startup ist eine Organisation auf der Suche nach einem nachhaltig funktionierenden Geschäftsmodell unter Bedingungen extremer Unsicherheit.

Und warum ist das jetzt so viel anders als ein junges, kleines und meinetwegen noch skalierbares Unternehmen? Im Umkehrschluss bedeutet die Definition, dass ein Unternehmen kein Startup mehr ist, sobald es ein funktionierendes Geschäftsmodell gefunden hat.

Und das ändert alles. Denn es bedeutet ja auch, dass die Größe und das Alter völlig egal sind. Ein fünf Monate altes Zwei-Personen-Unternehmen ist kein Startup, wenn das Geschäftsmodell schon klar ist. Aber ein fünf Jahre altes Unternehmen mit hundert Mitarbeitern kann durchaus noch ein Startup sein. Übrigens ist das zum Beispiel im Biotech- und Medizinbereich durch häufig mehrjährige Forschung und Zulassungsstudien gar nicht so selten. Und vor Markteintritt kann das Geschäftsmodell sich schließlich noch nicht bewiesen haben.

Doch was heißt das eigentlich, sein Geschäftsmodell gefunden zu haben? Manche scheinen zu meinen, es reicht, die Preise festzulegen. Doch ein Geschäftsmodell vereint alle wesentlichen Elemente des Unternehmens, vom Mehrwert des Produkts selbst über alle Elemente der Kundengewinnung bis hin zu allem, was man braucht, um das Produkt überhaupt entstehen zu lassen. Eine gute Übersicht hierüber bietet zum Beispiel das Business Model Canvas.

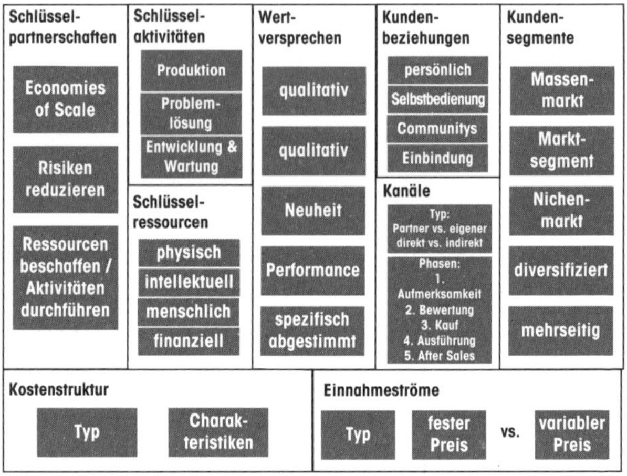

Abbildung 12: Das Business Model Canvas, nach Osterwalder & Pigneur.[15]

Das Geschäftsmodell besteht also grob gesagt in der Summe aller wichtigen Elemente und Prozesse des Unternehmens. Ein funktionierendes Geschäftsmodell bedeutet also auch, dass alle diese Bausteine hinreichend bestimmt sind und gemeinsam ein profitabel arbeitendes Unternehmen bilden. Natürlich kann man darüber streiten, ob Profitabilität die alleinige Messgröße für ein funktionierendes Unternehmen sein sollte. Doch da ich versprochen habe, meine innere Mathematikerin im Zaum zu halten und nicht zu viel herumzudefinieren, finde ich es schon in Ordnung. Und welcher Unternehmer möchte kein Geld verdienen?

Ein Startup ist also ein Unternehmen in der Findungsphase, bis es so weit klarkommt, dass es Geld verdient und das auch absehbar weiterhin tun wird.

Daher sind zum Beispiel Beratungen auch keine Startups – oder wenn, dann nur ganz kurz. Denn hierbei ist es meist ab dem ersten oder zweiten Kunden klar, ob und wie das Geschäftsmodell grundsätzlich funktionieren kann.

Aber was soll dann dieses »unter Bedingungen extremer Unsicherheit«? Nach meiner Auffassung ist das gar nicht so richtig Teil der Definition, sondern unterstreicht sie eher noch. Denn im Gegensatz zu etablierten Unternehmen kennen Startups ihre Kunden noch nicht, genauso wenig wie ihre Marketingkanäle und alle anderen Elemente.

Sie haben natürlich Annahmen dazu getroffen, aber sie *wissen* es noch nicht. Etablierte Unternehmen wissen eine ganze Menge und arbeiten mit diesen Fakten. Wenn sie zum Beispiel eine neue Version eines Produkts herausbringen, wissen sie oft schon vorher sehr genau, wie hoch ihr Marktanteil damit sein wird. Für ein Startup ist das unmöglich. GründerInnen können zum Beispiel nur mutmaßen, dass Facebook-Ads der ideale Marketingkanal sind. Dann müssen sie ausprobieren und überprüfen, ob es wirklich so gut funktioniert. Dieses Mutmaßen und Ausprobierenmüssen im Gegensatz zum sicheren Wissen ist die extreme Unsicherheit, die etablierte Unternehmen so nicht kennen.

Damit sind die wichtigen Definitionen auch schon abgehakt. Ab jetzt meine ich also immer ein Unternehmen in der Findungsphase seines Geschäftsmodells, wenn ich von einem Startup spreche. Ich finde diese Definition großartig, weil sie im Endeffekt alle wichtigen Unterschiede zu etablierten Unternehmen in sich vereint. Auch die extreme Unsicherheit bleibt noch eine Weile erhalten. Als GründerIn sollte man sie sowieso lieben lernen.

Warum Startups immer »lean« sein wollen

Tatsächlich führt uns diese Definition direkt zum Kern eines bahnbrechenden Konzepts, das damals wohl die Wahrnehmung von Startups, vor allem aber auch die Bildung und Lehre rund um das Unternehmertum, revolutionierte: die Lean-Startup-Methodologie.[16]

Denn das Verständnis eines Startups als Organisation auf der Suche nach dem eigenen Geschäftsmodell impliziert noch einiges mehr. Besonders wichtig ist der Aspekt, dass nur Annahmen getroffen werden können; Wissen muss erst durch Testen dieser Annahmen erlangt werden. Das Ziel eines Startups ist also das Lernen selbst, nicht die Maximierung von Kennzahlen wie dem Umsatz oder dem Gewinn. Denn Letztere können trügerisch sein, wenn das Geschäftsmodell selbst noch nicht steht.

Daraus wiederum folgt, dass man natürlich möglichst schnell lernen will, um seinem Ziel absehbar näher zu kommen. Hieraus ergibt sich einer der spannendsten Aspekte des Startup-Lebens: die Notwendigkeit zu scheitern. Denn Scheitern ist Lernen, ohne geht es einfach nicht. Wer Fehlschläge vermeidet, kommt nicht schnell genug weiter, und verbraucht zu viele Ressourcen.

»Scheitere schnell und dadurch billig« ist daher eine der Leitlinien der Methodologie.[17] Etablierte Unternehmen können sich ein Scheitern nicht erlauben, sie wollen auch kaum mehr lernen, sondern ihren Gewinn maximieren. Da Deutschland traditionell eher ein Land der mittelständischen und großen Unternehmen ist, ist Scheitern in unserer Wahrnehmung und Mentalität auch äußerst negativ behaftet.

Länder mit stärkeren Gründerkulturen, etwa die USA und Israel, können hierüber nur den Kopf schütteln. Und so sollten auch wir dringend einsehen, dass Scheitern eben nur bedeutet, dass sich eine Annahme als falsch erwiesen hat. Unseren GründerInnen zuliebe.

Carsten Maschmeyer: »Und da ist das alte Problem: In Deutschland hat man Angst, Fehler zu machen, Angst vor dem Scheitern. Im Silicon Valley hingegen ist Scheitern nichts Verwerfliches. Da sagt man sich, wenn man schon zwei Firmengründungen in den Sand gesetzt hat: ›Beim dritten Mal schaffe ich's, weil ich jetzt besser weiß, wie es geht!‹ Zu einer guten Erfindung gehören manchmal tausend Versuche – das wissen wir doch, seit Edison seine Glühlampe entwickelt hat.«[18]

Wer schon einmal den Begriff »Lean Startup« gehört hat, ist meistens auch mit den Konzepten des »Build-Measure-Learn-Circles« oder des »MVP (Minimum Viable Product)« in Kontakt gekommen. Leider werden diese wichtigen Konzepte oft aus dem Zusammenhang gerissen, und so wird Ries' Methodologie seiner Essenz beraubt. Statt seinen Methoden wirklich zu folgen, werden mit coolen bunten Post-its irgendwelche Strategien an die Wand gepinnt, wie man möglichst schnell mit seinem Produkt an den Markt kommt, um Kundenfeedback einzuholen.

Ich muss hier mal kurz aufräumen: Es geht nicht darum, unter allen Umständen schnell eine erste Version auf den Markt zu werfen. Sondern Annahmen gut durchdacht zu treffen, um dann eine Strategie aufzustellen, sie systematisch zu testen. Das klingt vielleicht ein wenig unromantisch, aber es handelt sich um viele kleine und große wissenschaftliche Experimente.

Das bedeutet: Man stellt zunächst eine These auf, also zum Beispiel, dass es substanziell viele Frauen gibt, die sich lieber abschminken möchten, ohne die Umwelt zu belasten. Dann baut (build) man eine Lösung, die diese Annahme testen soll. In diesem Waschies-Beispiel[19] ist das natürlich das waschbare Abschminkpad, das nur mit Wasser auskommt. Nun überlegt man, wie das Experiment aussehen könnte, an dessen Ende die These bewiesen ist. Man könnte die Pads über einen Onlineshop vorbestellen lassen, eine kleine Charge produzieren lassen und auf eine Messe gehen oder eine Schminkparty im Bekanntenkreis veranstalten. Egal wofür man sich entscheidet, es kann noch nicht losgehen.

Denn im nächsten Schritt muss man festlegen, was man misst und was das Resultat dieser Messung (measure) ist, damit man die These als wahr betrachten kann. Also zum Beispiel, dass man mindestens fünfhundert Stück auf der Messe verkauft oder mit fünfhundert Euro Werbebudget online mindestens zweihundertfünfzig Kunden gewinnen kann. Verfehlt man das Ziel, muss man natürlich auch in Ruhe auswerten, woran es gelegen haben kann. Denn auch wenn das Produkt perfekt ist, hat man zum Beispiel den falschen Kanal gewählt oder auf der Messe waren nicht die richtigen Kundengruppen (learn). Dann ändert man das Experiment (build) und startet von vorne, bis die These bewiesen ist oder man sich sicher ist, dass sie nicht stimmt und man grundlegend etwas ändern muss.

Okay, das klingt jetzt vielleicht nicht so schick wie »schnell was auf den Markt schmeißen und dann mal gucken«. Aber es funktioniert. Und bunte Zettel darf man schließlich trotzdem benutzen, wenn man will.

Man sollte also unbedingt Lust am Experimentieren haben, denn jede These, vom Produkt-Feature bis zur Farbe der Werbeanzeige, muss getestet werden. Die These aus unserem Beispiel spielt übrigens eine ganz besondere Rolle: Man nennt sie die Wert-Hypothese. Sie formuliert die grundsätzliche Annahme, die hinter dem eigenen Wertversprechen, also dem Produkt oder der Dienstleistung, steht. Das, womit man diese erste These testet, ist das MVP. Viele glauben, es ist eine Art vermarktbarer Prototyp. Doch es kann auch einfach nur eine Website mit »Kaufen«-Button sein, die das Interesse der Kunden abfragt. Eben das, was minimal notwendig ist, um die Wert-Hypothese zu testen, nicht mehr und nicht weniger. Wenn das jetzt zu konträr zu bisher Erfahrenem ist: Ich habe ja gesagt, ich räume auf.

So, das war mir wichtig: Lean Startup bedeutet wohlüberlegte Experimente machen, ein MVP ist kein Prototyp und einfach Sachen auf den Markt zu werfen hat mit Lernen nichts zu tun. Aber bunte Zettel helfen durchaus dabei, die Fülle der oft parallel laufenden oder ineinandergreifenden Experimente zu überblicken.

»Lean« bedeutet schließlich schlank. Und das ganze System ist darauf ausgerichtet, möglichst »schlank« zum funktionierenden Geschäftsmodell zu kommen. Schlank bedeutet hier, keine Ressourcen zu verschwenden und auf schnellstem und direktestem Weg zu lernen. Schnell scheitern, billig scheitern, lernen, Geld verdienen. So ungefähr.

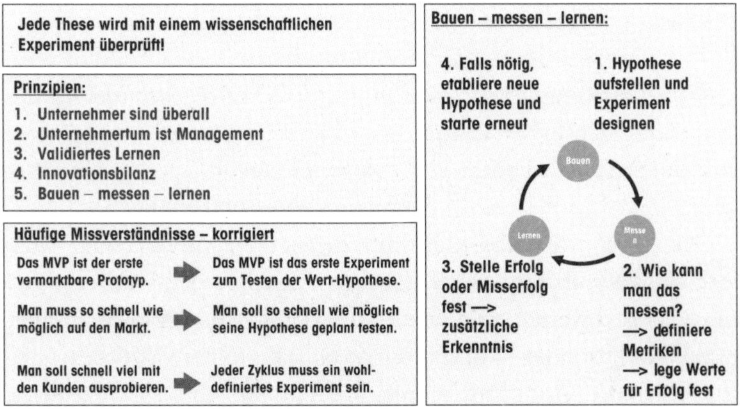

Abbildung 13: Lean Startup in der Nussschale[20]

So, ohne allzu starke Seitenhiebe auf die etablierten Unternehmen habe ich die grundlegendsten Unterschiede also schon durch. Startups streben gar nicht nach Umsatz- oder Gewinnmaximierung oder einer sonstigen Kennzahl. Ihr Ziel ist zu lernen, jede Reduktion der Unsicherheit ist ein Fortschritt. Da ihre Ressourcen endlich sind, müssen sie so schnell und »billig« wie möglich lernen.

Doch bei aller Liebe zur Andersartigkeit der Startups ist dies doch der leidige Punkt. Denn im Gegensatz zu etablierten Unternehmen verdienen sie noch kein Geld, um all diese zuvor erwähnten Experimente, ihr Lernen und das Leben ihrer Mitarbeiter zu finanzieren.

Es gibt GründerInnen, die haben geerbt, haben Erspartes oder großzügige Verwandte. Einige schaffen es so, sich so lange über Wasser zu halten, bis die ersten Umsätze erwirtschaftet werden oder sogar bis hin zur Profitabilität. Solange kein zusätzliches Geld von außen benötigt wird, nennt man diese Startups in der Szenesprache »bootstrapped«. Alle anderen benötigen eben Geldquellen von außen. Eine davon[21] können eben Investoren sein. Der nächste Abschnitt ist daher all den Vorgängen rund um ein Investment gewidmet.

Und was passiert eigentlich bei Erfolg?

Ich habe bereits erwähnt, dass es mit dem Deal eigentlich erst so richtig losgeht. Das, was bei einem Investment dann wirklich passiert, ist tatsächlich ein ganzes Stück komplexer, als nur Geld gegen Anteile zu tauschen, daher möchte ich darauf nun etwas näher eingehen.

Das ist natürlich vor allem interessant für GründerInnen, doch auch die DHDL-ZuschauerInnen werden hier das nötige Hintergrundwissen erlangen, um so manche Aussage der Löwen zu verstehen. Nun kommt vor allem ein wenig Gesellschaftsrecht. Nicht mein Lieblingsfach, aber schon ganz spannend, wenn man sich darauf einlässt.

Die Sache mit dem Geld

Investoren machen ihre Investments natürlich nicht (nur) zum Spaß, sie wollen damit ihr eingesetztes Geld vermehren. Denn Startup-Investments sind für sich selbst ein Geschäftsmodell.

Zunächst fließt das Investmentkapital also zum Startup. Dafür erhält der Investor einen Teil der Unternehmensanteile. Da Mathematiker faul sind, wenn es ums Rechnen geht, und ich da leider keine Ausnahme bin, nehme ich hier mal den schön anschaulichen Deal 100 000 Euro für 10 Prozent.

Dem Investor gehören dann also 10 Prozent des gesamten Unternehmens, dem Startup gehört dafür das Geld und es kann damit arbeiten. Bis es irgendwann selbst Gewinne erwirtschaftet. Das kann natürlich eine Weile dauern, und häufig gibt es zwischendurch noch einmal weitere Investments. Hier soll es aber erst einmal dabei bleiben.

Nun gibt es zwei grundlegende Möglichkeiten, wie der Investor sein Geld – und hoffentlich noch mehr – wieder zurückbekommt. Erwirtschaftet das junge Unternehmen Gewinn, kann es eine Gewinnausschüttung machen. Das heißt, ein gewisser Anteil des Gewinns wird an alle Anteilseigner ausgeschüttet. Wie hoch diese Summe ist, entscheiden die Gesellschafter in ihrer Gesellschafterversammlung.

Nehmen wir einmal an, unser erfolgreiches junges Unternehmen macht einen Gewinn von 30 000 Euro, will aber vorsichtig sein und auch einen Teil für weiteres Wachstum reinvestieren. Die Anteilseigner entscheiden sich, insgesamt 10 000 Euro Gewinn auszuschütten. Nun bekommt jeder entsprechend seiner Anteile etwas vom Kuchen ab. Da der Investor 10 Prozent der Anteile hält, bekommt er auch 10 Prozent der Ausschüttung, also 1000 Euro. Es müsste also hundert solcher Ausschüttungen geben, bis unser Investor in diesem Beispiel sein Geld vom Investment zurückhätte.

Da ihm dies zu lange erscheint, zieht er auch die zweite Möglichkeit in Betracht: einen Verkauf des Unternehmens, gerne auch Exit genannt. Ein großer Konzern ist dann auch interessiert an Produkten und Kunden und bietet 1,5 Millionen Euro als Kaufpreis. Entscheiden sich die Anteilseigner für einen Verkauf, erhält der Investor für seine 10 Prozent des Unternehmens also 150 000 Euro. Damit hat er sein Investment 1,5-mal zurückbekommen, was ihn nicht allzu unglücklich stimmen sollte.

Natürlich ist das immer noch stark vereinfacht, denn es kann verschiedene Klauseln und Nebenabreden im Beteiligungsvertrag geben, sodass die Ausschüttung nicht komplett analog zu den jeweiligen Anteilen passiert. Auch kann der Investor noch andere als finanzielle Ziele haben, was bei den verschiedenen Investorentypen in Kapitel 3 noch genauer zur Sprache kommt. Es gibt auch noch andere Investmentmodelle. Das, womit ich hier gerechnet habe, nennt sich »straight equity« und ist das häufigste und zudem so etwas wie eine Basis für alle. Ein ebenfalls häufig vertretenes Modell ist das Wandeldarlehen.

EXTRA-WISSEN:

Wandeldarlehen: Manchmal kann oder will man sich über die Bewertung für ein Startup nicht so richtig einig werden. Oder es wird schnell und unkompliziert Geld gebraucht, etwa um die Zeit bis zur nächsten »richtigen« Finanzierungsrunde noch etwas zu strecken. In solchen Fällen ist das Wandeldarlehen sehr beliebt, da man dafür nicht zum Notar muss. Der Investor gibt hier zunächst einen Kredit, an den jedoch auch die Vereinbarung geknüpft ist, dass zu einem bestimmten Punkt in der Zukunft für die dann verbleibende Kreditsumme Anteile an ihn gegeben werden. Das Geld wird vom Fremd- zum Eigenkapital des Startups gewandelt (daher der Name). So wird die Kapitalerhöhung praktisch »vertagt«. Auch hier gibt es wieder viele unterschiedliche Gestaltungsmöglichkeiten. Die üblichste ist, eine Wandlung bei der nächsten »Straight Equity«-Finanzierungsrunde zu ermöglichen. Da der »Alt«-Investor aber früher an das Startup geglaubt hat, bekommt er für die Wandlung etwas günstigere Konditionen als die der eigentlichen Finanzierungsrunde, also vor allem eine etwas niedrigere Bewertung. Als Startup gilt es, sich insgesamt die Bedingungen gut anzusehen und sich vorher schlauzumachen, was in dieser Branche und Phase üblich ist.

Als Basiswissen reicht das nun aus, um den nächsten Schritt zu gehen, und etwas tiefer einzusteigen in das, was bei einem Investment eigentlich genau passiert. Von da ist es nur noch ein kleiner Schritt bis zur Königsdisziplin bei Startup-Investments: dem Cap-Table-Rechnen.

Die Kapitalerhöhung

Viele haben die Vorstellung, die GründerInnen würden bei einem Investment praktisch einen Teil ihres Unternehmens an den neuen Investor verkaufen, also dass die Unternehmensanteile ihre Besitzer wechseln.

So vermeintlich einfach funktioniert es dann aber doch nicht. Denn wenn der Investor den GründerInnen die Anteile von ihrem Startup abkauft, müssten diese ja auch das Geld dafür erhalten. Das Geld fließt aber ja in das Unternehmen, damit es wachsen kann. Irgendetwas kann also hier nicht ganz stimmen.

Der Prozess kann daher kein Austausch sein, sondern es muss ein anderer Weg gefunden werden. Dieser nennt sich Kapitalerhöhung. Eine Kapitalgesellschaft, also eine UG, GmbH oder AG hat ein gewisses Stammkapital[22]. Das ist Geld, das auf jeden Fall eingelegt werden muss, das heißt von den Gesellschaftern aufgebracht werden muss. Es soll vor allem zur Sicherheit der Gläubiger dienen. Die klassische GmbH, die auch oft für Startups gewählt wird, hat zum Beispiel mindestens ein Stammkapital von 25 000 Euro, das auf ihr Konto eingezahlt werden muss. Jeder Unternehmensanteil entspricht genau 1 Euro, sodass es insgesamt 25 000 Anteile gibt.

Man kann auch ein höheres Stammkapital festlegen, in den meisten Fällen macht dies allerdings zunächst keinen Sinn. Aber man kann es auch nachträglich noch erhöhen, und genau das macht man sich bei einem Investment zunutze.

Hat man nun einem Investor – ich bleibe beim einfachsten Beispiel – 10 Prozent für 100 000 Euro versprochen, werden für diesen Investor neue Anteile generiert und an ihn ausgeschüttet. Und zwar so viele, wie man braucht, damit dieser genau 10 Prozent von der neuen Summe der Anteile hält. Das mag erst einmal kompliziert klingen, ist aber Schulmathematik. Denn gesucht ist ja die Anzahl der neu zu generierenden Anteile. Das ist hier das berühmte x. Und die neue Anzahl der gesamten Anteile ist auch schon klar, das ist 25 000 + x. Es sollen ja nur genau so viele Anteile neu generiert werden, wie auch wirklich für den neuen Investor gebraucht werden. x soll also 10 Prozent von der Summe 25 000 + x ausmachen. Die Formel x/(25 000 + x) = 10 Prozent kann man dann easy nach x auflösen.

Am Ende kommt heraus, dass man (gerundet) 2778 neue Anteile ausschütten muss. Es gibt dann insgesamt 27 778 Anteile und das Unternehmen hat nun ein Stammkapital von 27 778 Euro, denn die Anteile behalten immer ihren Wert. Die 25 000 Anteile der Gründer machen nun nur noch 90 Prozent des Unternehmens aus. Das nennt man Verwässerung.

Die 2778 Euro müssen dann natürlich auch vom Investor auf das Firmenkonto eingezahlt werden.

Aber was ist mit dem Rest?, werden jetzt einige aufschreien. Schließlich sollte der Investor doch 100 000 Euro für die 10 Prozent zahlen, nicht bloß knappe 3000? Das wird normalerweise so gelöst, dass der Investor eine sogenannte »freiwillige Zuzahlung« in Höhe der Differenz leistet, also in diesem Fall 97 222 Euro. Damit ist die Vereinbarung von beiden Seiten erfüllt.

Die Anteile sind also nicht mehr wert als vorher, es gibt nur mehr davon. Die Bewertung, die sich mit dem Dreisatz ergibt – also wenn 10 Prozent 100 000 Euro wert sind, ist das ganze Unternehmen 1 000 000 Euro wert –, ist streng genommen nichts weiter als eine Vereinbarung zwischen Investor und GründerInnen. Diese 1 000 000 Euro nennt man übrigens die »Post-Money-Bewertung«, also die Bewertung nach dem Geld. Denn die 100 000 Euro Investment werden ja miteinbezogen. Möchte man eine Bewertung zum Zeitpunkt vor dem Investment haben, muss man diese wieder abziehen. Das Unternehmen wäre vorher also rechnerisch 900 000 Euro wert – die sogenannte »Pre-Money-Bewertung«.

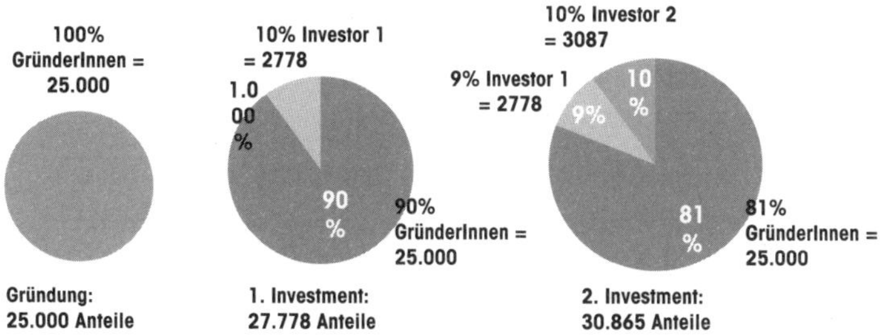

Abbildung 14: Kapitalerhöhung

In weiteren Investmentrunden kann das völlig neu verhandelt werden. So kann es also auch zu einer sogenannten »Downround« kommen – eine Bewertung, die unter der der vorherigen Runde liegt. Dem Stammkapital ist das erst einmal egal, solange die Bewertung noch höher ist als die neue Stammkapitalsumme.

Zur Veranschaulichung hat also das Startup von vorhin einen neuen Investor gewonnen, der bereit ist, 75 000 Euro für 10 Prozent zu bezahlen. Es werden nun wieder Anteile ausgeschüttet, bis 10 Prozent der neuen Anteilssumme für den neuen Investor zur Verfügung stehen. So erhält der neue Investor – nach dem gleichen Rechenweg wie vorhin – 3086 Anteile, und das Stammkapital beträgt nun 30 865 Euro – natürlich alles wieder gerundet, die ganze Sache ist so schon kompliziert genug.

Die Gründer wurden nun auf 81 Prozent verwässert, der erste Investor auf 9 Prozent. Das findet der natürlich gar nicht fair, denn bei der gleichen Bewertung hätte der neue Investor nur 7,5 Prozent für seine 75 000 Euro bekommen. Damit gäbe es nun nur 30 030 Anteile vom Unternehmen, und die Anteile des ersten Investors würden 9,25 Prozent entsprechen. Um sich vor diesem Effekt zu schützen, bestehen Investoren normalerweise auf einer Klausel im Beteiligungsvertrag, die sich »Downround Protection« nennt. Häufig müssen dann die GründerInnen die »unfaire« Differenz ausgleichen, das heißt, es werden noch einmal mehr Anteile ausgeschüttet, die dann der Altinvestor zu je 1 Euro nachkaufen darf, bis er zum Beispiel die eigentlichen 9,25 Prozent hält, der neue Investor wie geplant 10 Prozent und die Gründer dann den Rest.

Hier gibt es natürlich eine ganze Menge Details zu regeln. Etwa, wie lange dieser Schutz für den Altinvestor gilt, ob er wirklich bis zum vollen Ausgleich – oder sogar dem Neuinvestor gleichgestellt – nachkaufen darf oder nur einen Teil und noch vieles mehr.[23] Wenn man das Prinzip aber schon einmal grundlegend verstanden hat, weiß man als GründerIn zumindest, dass man bei dem Begriff »Downround Protection« genau aufpassen muss, was man da unterschreibt.

Und als Zuschauer erschließt sich viel besser, warum manche Gründer in »Die Höhle der Löwen« sich so schwertun, eine geringere Bewertung als die ihrer letzten Finanzierungsrunde zu akzeptieren, und damit auch argumentieren. In Kapitel 4 zeige ich, warum das auch häufig Erfolg hat.

Königsdisziplin Cap-Table-Berechnung

Wenn man sich nun vorstellt, dass es nicht nur einen Alt- und einen Neuinvestor gibt, sondern vielleicht mehrere Investoren in mehreren Runden, die alle zu unterschiedlichen Bewertungen investiert haben, kann man sich vorstellen, dass das schnell unübersichtlich wird. Erst recht, wenn dann noch Sonderkonstruktionen wie Wandeldarlehen oder der einfache Verwässerungsschutz der Altinvestoren hinzukommen. Denn dieser erlaubt ihnen, bei einer Kapitalerhöhung ebenfalls Anteile zur gleichen Bewertung hinzuzukaufen, um ihre Verwässerung abzumildern oder sogar ganz auszugleichen.

Viele GründerInnen und auch InvestorInnen tun sich schwer damit, alles sauber aufzustellen. Dabei ist es gar nicht so schwer, die Schulmathematik langt auch hierfür vollkommen. Am besten macht man eine Tabellenkalkulation auf, in der alle wichtigen Eckdaten festgehalten werden, in der aber auch automatisch Zahlen angepasst werden können.

Das ist dann der berühmte Cap Table. Hier sieht man, wer wie viele Anteile vor und nach der Kapitalerhöhung hält, und wenn es richtig gemacht wurde, kann man auch verschiedene Szenarien direkt ausprobieren.

		Gründung	Investment 1	Investment 2
Pre-Money-Bewertung			900.000 €	675.000 €
Post-Money-Bewertung			1.000.000 €	750.000 €
Anteile gesamt		25.000	27.778	30.864
GründerInnen	Investment	25.000 €		
	Anteile	25.000	25.000	25.000
	Anteile in %	100 %	90 %	81 %
Investor 1	Investment		100.000 €	
	Anteile		2778	2778
	Anteile in %		10 %	9 %
	freiw. Zuzahlung		97.222 €	
Investor 2	Investment			75.000 €
	Anteile			3.086
	Anteile in %			10 %
	freiw. Zuzahlung			71.914 €

Abbildung 15: Beispiel Cap Table

In meinem Entwurf bekommt jede Investmentrunde eine Spalte[24], darunter stehen dann die geplante Investmentsumme, die Post-Money-Bewertung sowie die Pre-Money-Bewertung. Auch die jeweilige Gesamtzahl der Anteile sollte festgehalten werden.

Für jeden Anteilseigner werden dann die jeweils investierten Summen und die erhaltenen Anteile festgehalten. Während für die Gründung noch alles von Hand ausgefüllt wird, kann man für die erste Investitionsrunde schon die Formeln festlegen. So muss man nicht jedes Mal neu rechnen, wenn sich etwas ändert. Und die Chancen, dass sich im Laufe der Verhandlungen etwas ändert, würde ich auf circa 95 Prozent schätzen. Obwohl … eher höher.

Warum ist der Cap Table denn so wichtig, ist das nicht nur eine etwas kompliziertere Gesellschafterliste? Ja, man kann es durchaus so sehen, allerdings enthält der Cap Table viel mehr Informationen und gibt einem in der Verhandlung auch mehr Überblick. Denn ändert sich etwas, kann man hier sofort die neuen Zahlen eingeben und sieht unmittelbar, ob man nun besser oder schlechter steht.

Je komplexer die Bedingungen der Runde, desto nötiger braucht man eine saubere Übersicht. Und da die Cap-Table-Berechnung für viele ein leidiges Thema ist, kann man mit der Hoheit darüber auch ein gutes Stück Kontrolle im Investmentprozess erlangen. Mindestens aber verdient man sich den Respekt der anderen Beteiligten, wie ich es selbst immer wieder erlebt habe. Der Aufwand ist es also definitiv wert!

Noch lange nicht am Ende

Das war schon eine ziemliche Reise durch die Startup-Welt und vor allem den Investmentprozess. Damit beginnt es aber erst so richtig, denn schließlich steht nur bei Märchen die Hochzeit am Ende.

Mit dem Investment verpflichten sich Startups natürlich auch zu Nachweisen, was sie damit machen und wie es bei ihnen läuft. Dies wird üblicherweise durch monatliche Reportings abgedeckt. Das sind meistens Dokumente, in denen die wichtigsten Kennzahlen dargestellt sind und die eventuell einen kurzen Text zum Stand der Dinge enthalten.

Zum Quartals-, Halbjahres- und Jahresende können dann noch einmal umfangreichere Reportings verlangt werden. Natürlich stimmt man sich auch regelmäßig mit seinen Anteilseignern ab. Das wichtigste Gremium dazu ist die Gesellschafterversammlung. Hier kommen alle Anteilseigner zusammen, und es werden wichtige Beschlüsse gefasst – allerdings nicht demokratisch mit einer Stimme für jeden, sondern proportional zu den Anteilen. In unserem Beispiel von vorhin haben dann die Gründer 25 000 Stimmen, der Altinvestor 2778 und der neue Investor 3087 (der Einfachheit halber hier ohne Downround Protection).

Natürlich gibt es hier auch wieder Ausnahmen und Sonderregelungen, aber das soll die kleine Reise durch die Welt der Startup-Investments erst einmal abschließen.

Denn so langsam fahren die Löwen wieder ihre Krallen aus, sie wollen wieder im Mittelpunkt stehen. Schließlich haben sie auch eine Menge zu sagen.

KAPITEL 2

Die geheime Checkliste der Investoren

Es wird jetzt langsam Zeit, wieder tiefer in »Die Höhle der Löwen« einzutauchen und zu sehen, was man von den Löwen alles lernen kann. Denn das ist wirklich eine Menge.

Aufmerksamen ZuschauerInnen wird schon längst aufgefallen sein, dass es Fragen gibt, die die Löwen immer wieder stellen. Manche davon erschließen sich vielleicht nicht gleich, manche Fragen erscheinen Szenefremden fast schon unverschämt. Denn warum müssen die GründerInnen beispielsweise in aller Öffentlichkeit sagen, ob sie ein Paar sind?

Doch hinter jeder Frage stecken wichtige Zusammenhänge, und viele der eher schlecht nachvollziehbaren Fragen zielen auf die Überprüfung der sogenannten »Investierbarkeit« ab.

Bei diesem wichtigen Begriff geht es noch gar nicht so sehr ums Geldverdienen, sondern darum, gewisse rechtliche oder organisatorische Rahmenbedingungen sicherzustellen.

Eigentlich ist das einigermaßen vergleichbar mit der Auswahl einer privaten Geldanlage: Hört man von einer guten Möglichkeit, schaut man sich erst einmal die Eckdaten an. Welches Risiko beinhaltet die Anlage, und welche Rendite kann man erwarten? Ist sie grundsätzlich interessant, schaut man sich die Rahmenbedingungen genauer an. Wie sind Laufzeit und Kündbarkeit? Gibt es steuerliche Vor- oder Nachteile, die die Attraktivität stark beeinflussen könnten? Findet man hier keine »roten Flaggen«, also inakzeptable Voraussetzungen und Bedingungen, geht es meistens an die finanzielle Beurteilung im Detail. Danach wird noch einmal alles »Kleingedruckte« aufmerksam gelesen und mit dem ersten Eindruck abgeglichen.

Ähnlich machen es Investoren: Finden sie ein Startup grundsätzlich interessant, checken sie die Rahmenbedingungen. Erst wenn alle Haken zumindest vorerst gesetzt sind, macht man sich an die aufwendige Detailbeurteilung des Geschäftsmodells. In der Due Diligence wird dann überprüft, ob die zuvor gesetzten Haken auch wirklich halten. Fällt einer von ihnen auf der Checkliste, fällt damit oft auch das ganze Investment. Da der DD-Prozess sehr aufwendig ist, wurde diese Checkliste schon weit vorher grob abgehakt.

Wer sich also schon einmal bei einer vielversprechenden Privatanlage geärgert hat, als ganz am Ende eine inakzeptable Bedingung aufgetaucht ist, sollte sich diese Vorgehensweise vielleicht auch zu eigen machen.

EXTRA-WISSEN:

Break-up Fee: Investoren wenden für die aufwendigen Prüfungen während der Due Diligence eine Menge Zeit auf. Zusätzlich werden oft noch einmal weitere Experten hinzugezogen, etwa für den jeweiligen Markt und die Branche, für technische Aspekte oder auch rechtliche Fragestellungen. Dies kostet eine Menge Geld, denn solche Experten sind meist sehr teuer. Wenn nun das Startup den Prozess plötzlich abbricht, zum Beispiel weil es ein besseres Angebot bekommen hat, waren diese Ausgaben sinnlos. Denn auch wenn in den meisten Term Sheets vereinbart wird, keine weiteren Investorengespräche mehr zu führen, halten sich manche GründerInnen nicht daran.

Deswegen ist in den meisten Term Sheets auch eine sogenannte »Break-up Fee« enthalten, eine Gebühr, die das Startup

> zahlen muss, wenn es den DD-Prozess von sich aus abbricht bzw. ein am Ende angebotenes Investment ablehnt. Beendet der Investor den Prozess, trifft dies natürlich nicht zu. Diese Gebühr beträgt meistens mehrere Tausend Euro, man sollte sich also die »Verlobung« schon gut überlegt haben.

Die Löwen haben eine besonders schwierige Aufgabe: Sie müssen zumindest die erste Checkliste zur Investierbarkeit mit ihren Fragen in der Sendung abhaken.

Professionellen Investoren bei diesen Checks zuhören zu können ist sonst praktisch unmöglich. Daher kann man durch diese Fragen nicht nur als GründerIn eine Menge lernen. Auch Zuschauer können die ein oder andere Extrainformation sozusagen zwischen den Zeilen heraushören. Im Folgenden habe ich mir daher die wichtigsten dieser »K.-o.-Kriterien« einmal vorgenommen. Lassen wir endlich die Löwen sprechen!

Die Frage nach der Unternehmensform

»Habt ihr schon gegründet?« oder »Was seid ihr, eine GmbH?«: Das sind die häufigsten DHDL-Fragen zur Klärung der Unternehmensform. Doch warum ist das so wichtig, schließlich gab es doch auch schon Deals, bei denen die Antwort darauf ein klares »Nein« war?

Das ist mal wieder eine Frage, die nicht so schnell und einfach zu beantworten ist. Tatsächlich ist dies auch eine der Fragen, die ich mit wirklich allen KandidatInnen, die wir in die Höhle schicken wollen, im Vorfeld kläre. Und wer zum Beispiel im Pitch vom Marder-Abschreckmittel Gomago genau aufgepasst hat, bekommt schon eine Ahnung, dass in dem Thema einiges an Relevanz steckt. Denn hier hat es die Unternehmensform sogar ins Eingangsstatement geschafft.

Zitat aus dem Pitch von Gomago-Gründer Klaus Skottki: »Für die Summe von 80 000 Euro bin ich bereit, 20 Prozent an einer noch zu gründenden GmbH abzugeben.«[25]

Es steht – man ahnt es schont – mal wieder ein Ausflug ins Gesellschaftsrecht an. Doch auch wenn bei dem ein oder der anderen nun der Impuls aufkommt, schnell weiterzublättern (mir ging es früher genauso): Das Thema ist höchst relevant für GründerInnen und Investoren. Eine Fehlentscheidung kann einem im schlimmsten Fall sogar das Leben versauen.

Ein bisschen weniger dramatisch will ich aber auch hier wieder ganz am Anfang beginnen. Denn viele ErfinderInnen tüfteln oft noch eine ganze Weile in den eigenen vier Wänden – oder der berüchtigten Garage – herum, ohne offiziell ein Unternehmen zu gründen. Wie eben auch der hier zitierte Gründer Klaus Skottki. Jahrelang bekam er einen Marder nicht los, erst ein Duftstoff vertrieb ihn. Doch der konnte nur aus toten Tieren gewonnen werden, was weder ethisch angemessen ist noch in größerer Menge produzierbar. Also entstand nach circa fünf Jahren Herumprobieren und der Unterstützung durch einen Parfümeur ein synthetischer Duftstoff, der das Gewünschte leistete. Bei einer solch aufwendigen Entwicklung konnte Klaus Skottki am Anfang noch nicht sicher sein, ob sie überhaupt zu einem vermarktbaren Produkt führen würde. In solchen Fällen ist eine Gründung auch nicht unbedingt vorher nötig, denn schließlich kostet sie Geld, vor allem bedeutet sie aber immer einen gehörigen Zeitaufwand aufgrund des bürokratischen Papierkriegs. Aber vielleicht kommt man ja auch in Deutschland bald im 21. Jahrhundert an und macht Unternehmensgründungen einfach und sogar digital möglich, wie das etwa in Estland[26] der Fall ist.

Spätestens dann, wenn der Markteintritt ansteht, braucht es aber zwingend ein ordentlich angemeldetes Unternehmen, denn schon ab einer kleinen Menge verkaufter Güter liegt gewerbliches Handeln vor und man ist steuerpflichtig.[27]

Welche Unternehmensform man wählen sollte, ist allerdings nicht pauschal zu beantworten. In die Entscheidung spielen Faktoren wie das Haftungsrisiko, Kosten und bürokratischer bzw. buchhalterischer Zeitaufwand mit hinein. Aber eben auch Pläne für die zukünftige Unternehmensfinanzierung. Das hört sich etwas trocken an, ist aber eine zentrale unternehmerische Entscheidung, und ein bisschen Amtsdeutsch sollte gute GründerInnen nicht davon abschrecken, über relevante Dinge gründlich nachzudenken.

Ich habe mich im Folgenden an einer – aus Juristensicht sicherlich stark vereinfachten – Übersetzung versucht. Damit können dann aber schon die wichtigsten Fragen beantwortet werden.

Den wenigsten Aufwand hat man als Solo-GründerIn mit einem **Einzelunternehmen**. Ein Gang zum Gewerbeamt, ein bisschen Papierkram und etwa 30 Euro – schon hat man den Grundstein gelegt. Steuerangelegenheiten sind hier noch verhältnismäßig unkompliziert, auch wenn man angesichts des kleinen Papierbergs zur steuerlichen Anmeldung schon einmal die Augen verdrehen kann. Für die Buchhaltung wird nur eine sogenannte »Einnahmenüberschussrechnung« verlangt.[28] Sprachlich ein Juwel deutscher Bürokratiewortschöpfung, verbirgt sich dahinter im Prinzip nur eine einfache tabellarische Auflistung aller Ein- und Ausgaben. Und dieses Wortmonster lässt sich mit EÜR auch passend und allseits bekannt abkürzen. Damit kann es dann erst einmal losgehen.

Mehrere Gründer brauchen zumindest eine GbR. Diese **Gesellschaft bürgerlichen Rechts** kann man auch mündlich gründen, man sollte aber trotzdem die wichtigsten Eckpunkte schriftlich festhalten.[29] Da daran keine formalen Anforderungen gestellt werden, ist sogar die sprichwörtliche Gründung auf dem Bierdeckel möglich. Die Anmeldung ist ähnlich dem Einzelunternehmen, nur dass hier jeder Mitgründer die 30 Euro zahlen muss.[30] Ein wenig unlogisch, zumal das Gewerbeamt nicht den mehrfachen Aufwand hat, aber das muss man wohl hinnehmen. Zumindest gibt sich Väterchen Staat für die Buchhaltung und Steuer auch hierbei mit der EÜR zufrieden.

Vor allem, wenn man im größeren Stil mit Waren handelt, muss man sich als **Kaufmann oder -frau ins Handelsregister eintragen** lassen.[31] Das ändert dann so einiges: Nun unterliegt man dem Handelsgesetzbuch (HGB) statt dem Bürgerlichen Gesetzbuch (BGB), was sich vor allem in der Buchführungspflicht gemäß des HGB[32] ausdrückt. Hier hat die einfache EÜR dann leider ausgedient, eine komplette Buchführung mit Gewinn-und-Verlust-Rechnung sowie Bilanz ist fällig. Mehrere dieser eingetragenen Kaufleute können sich zu einer **Offenen Handelsgesellschaft** – der sogenannten OHG – zusammenschließen.

Jetzt hat es sich aber erst einmal mit Abkürzungen, und komplizierter wird es auch nicht mehr. Eigentlich muss man sich bis hierhin nur merken, dass alle genannten Formen entweder Einzelunternehmen sind (= von einer Person gegründet) oder Personengesellschaften (= von mehreren Personen gegründet).

Bei allen diesen Formen sind die Unternehmensanteile direkt mit den Personen verknüpft, die sie halten. Geld muss – bis auf die Gebühren für die Gründung – keines bereitgestellt werden. Erst einmal.

Das hat allerdings den unangenehmen Nachteil, dass die Gesellschafter normalerweise mit ihrem Privatvermögen haften. Falls der ein oder die andere Gründungswillige nun einen Schreck bekommen hat, kann ich leider keine beruhigenden Worte hinterherschießen. Im Gegenteil: Kann das Unternehmen irgendwann seine Rechnungen aus Verbindlichkeiten wie Materiallieferungen[33] nicht mehr bezahlen, können die Gläubiger die Gesellschafter belangen, die dafür dann oft mit ihrem gesamten Privatvermögen einstehen müssen. Das kann bis zur Privatinsolvenz führen. Spätestens jetzt merkt man also, dass dieser vermeintlich langweilige »Gesellschaftsrechtskram« hoch relevant ist.

Trotzdem heißt das nicht, dass ein Einzelunternehmen oder eine Personengesellschaft grundsätzlich vermieden werden sollte. Denn die anderen Gesellschaftsformen haben vor allem in der Verwaltung Nachteile, die in frühen Phasen sehr aufhalten können. Auch dauert es bis zur Gründung oft eine Weile und braucht mehrere bürokratische Schritte und auch mehr Geld. Wenn man also noch sehr früh unterwegs ist und das Risiko überschaubar ist, macht eine Personengesellschaft oder ein Einzelunternehmen oft Sinn, um die Idee vorsichtig und in kleinem Rahmen zu testen.

Spätestens wenn ein Investor ins Spiel kommt, sind diese Unternehmensformen jedoch vollkommen ungeeignet. Denn die ganze Sache mit der Kapitalerhöhung aus dem letzten Kapitel funktioniert damit einfach nicht, denn hier gibt es ja gar kein Stammkapital.

Dies ist der entscheidende Unterschied zwischen den bisher vorgestellten Unternehmensformen und **Kapitalgesellschaften**: Letztere verknüpfen die Anteile mit dem Stammkapital, nicht mit den Personen. Zwar gehören die Anteile trotzdem Personen (oder anderen Unternehmen), repräsentieren aber immer das ursprünglich mit ihnen verknüpfte Stammkapital – 1 Euro pro Anteil normalerweise. So kann man neues Geld zum Stammkapital hinzufügen, dadurch mehr Anteile ausschütten und all die Sachen aus dem ersten Kapitel tun, und noch einiges mehr.

Das Schöne dabei ist außerdem, dass die Haftung der Gesellschaft auf das Stammkapital begrenzt ist. Kann eine Kapitalgesellschaft ihre Verbindlichkeiten nicht mehr bezahlen, haftet sie normalerweise genau mit der Höhe des Stammkapitals – das Privatvermögen der Gründer und anderer Anteilseigner bleibt ansonsten unberührt.

Nun wird also langsam klar, warum es für Investoren immer, aber wirklich immer eine Kapitalgesellschaft sein muss. Nicht nur wäre es ohne die Möglichkeit der Kapitalerhöhung extrem kompliziert, eine Neuverteilung der Anteile und einen Zufluss des Kapitals an das Unternehmen zu gewährleisten. Sondern es wären auch die Haftungsrisiken viel zu hoch. InvestorInnen nehmen zwar das Risiko in Kauf, ihre Investmentsumme komplett zu verlieren, aber mit ihrem Privatvermögen wollen sie ganz bestimmt nicht einstehen.

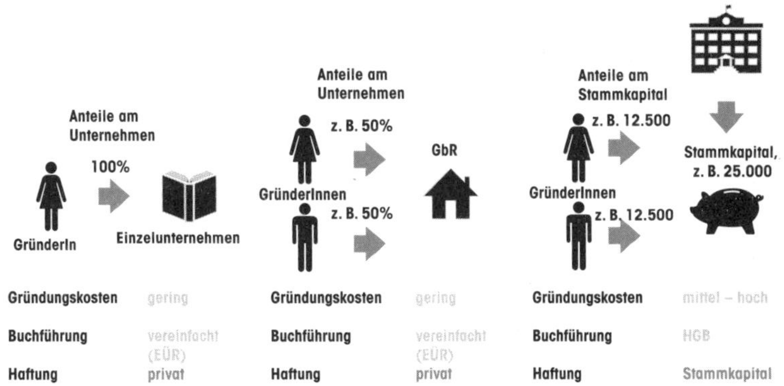

Abbildung 16: Unterschiede zwischen den Gesellschaftsformen[34]

Jetzt brauchen wir nur noch eine Unterscheidung der wichtigsten Kapitalgesellschafts-Arten, und alles grundsätzliche Wissen zu Unternehmensformen ist da. Wem das dann immer noch nicht genug war, für den gibt es danach einen Kasten mit weiteren Unternehmensformen.

Beginnen will ich mit dem oft zitierten Standard wie ihn auch Klaus von Gomago in Aussicht stellte: der GmbH. Die meisten wissen, dass diese Abkürzung für **Gesellschaft mit beschränkter Haftung** steht, und die Leser dieses Abschnitts wissen auch schon längst, warum. Das Stammkapital beträgt mindestens 25 000 Euro, wovon die Hälfte sofort von den Gründern auf das Firmenkonto eingezahlt werden muss. Das kann auch durch Sachwerte erfolgen, deren Wert nachvollziehbar ist.[35] Für die GmbH besteht wie für alle Kapitalgesellschaften die volle Buchführungspflicht, und eine Eintragung im Handelsregister ist notwendig. So kommen schnell circa 500 oder 1000 Euro an Gründungskosten zusammen, die man jedoch in gewissem Rahmen vom Stammkapital bezahlen darf.[36]

Irgendwann hat der deutsche Gesetzgeber gemerkt, dass nicht jeder Gründungswillige einfach so 12 500 Euro besitzt, die Gefahr der privaten Haftung aber viele GründerInnen auch abschrecken kann.

Da es schon längst internationale Vorbilder wie die englische Limited – abgekürzt Ltd. – gab, hat man großzügigerweise eine neue Unternehmensform erfunden. Die **Unternehmergesellschaft** oder kurz UG ist praktisch eine kleine GmbH – der größte Unterschied besteht darin, dass man sie schon mit einem einzigen Euro Stammkapital gründen kann. Es wird allerdings empfohlen, mindestens circa 500 Euro zu veranschlagen, um davon die Gründungskosten zu bezahlen. Denn – wer hätte es gedacht – vor allem der Staat greift für die UG fast die gleichen Gebühren ab wie für die GmbH.

An dieser Stelle muss ich jedoch noch etwas mehr über die Rahmenbedingungen in Deutschland schimpfen: Gründet man eine Kapitalgesellschaft, bekommt man eine Fülle von Zahlungsaufforderungen, die den Anschein erwecken sollen, dass es sich um offizielle Behördenbriefe handelt. Manche tragen sogar den Bundesadler. Schlussendlich soll man hohe drei- oder sogar vierstellige Summen bezahlen, um in irgendwelche Unternehmensregister eingetragen zu werden, die keinen weiteren Zweck haben und entgegen dem Anschein eben nicht verpflichtend sind. Leider fallen immer wieder GründerInnen darauf herein, und bis heute wurde es nicht geschafft, dieser zwielichtigen Geldmacherei einen Riegel vorzuschieben.[37]

Schließlich bleibt noch eine wichtige Unternehmensform, die **Aktiengesellschaft**, kurz AG. Dies ist allgemein auch die komplizierteste und teuerste Möglichkeit zu gründen. Satte 50 000 Euro muss man hier einbringen, die Gründungskosten allein belaufen sich schon auf circa 2500 Euro.

Das will also gut überlegt sein und kommt vor allem dann in Frage, wenn man in Zukunft die Anteile der Gesellschaft einfach und unkompliziert verkaufen oder übertragen will. Denn bei den anderen Kapitalgesellschaften braucht es hierfür immer einen Notartermin. Das Argument, dass man eine große Vision hat und irgendwann einmal an die Börse will, zieht hier nicht wirklich, denn eine Umwandlung ist auch später noch möglich. Schließlich haben das viele bekannte ehemalige Startups, die als GmbH gestartet sind, schon vorgemacht.[38] Auf die Schweiz trifft das so nicht zu, hier ist eine AG fast schon ein Standard auch für Startups[39].

EXTRA-WISSEN:

Natürlich gibt es noch mehr Unternehmensformen als die vorgestellten, sonst wäre es fast zu einfach. Erwähnenswert ist zum Beispiel die Kommanditgesellschaft oder kurz KG. Dies ist eine Personengesellschaft, die auch ins Handelsregister eingetragen wird, wobei sich ein »normaler« Gründer – Komplementär genannt – noch einen Kapitalgeber an Bord holen will. Dieser sogenannte Kommanditist haftet nur beschränkt, hat aber oft kein Mitspracherecht. Als eine Sonderform davon gibt es noch die GmbH und Co. KG. Hier ist der Komplementär keine Person, sondern eben eine GmbH[40], die entsprechend auch nur beschränkt haften kann. Die GmbH kann derselben Person gehören, die auch Kommanditist ist, sodass das ganze Konstrukt von einer einzelnen Person gegründet werden kann. Für die GmbH sind allerdings wiederum die 25 000 Euro Stammkapital nötig wie sonst auch. Ein etwas komplexes Konstrukt, das nur in bestimmten Fällen wirklich sinnvoll ist.

Eine Partnerschaftsgesellschaft (PartG) wiederum ist ein Zusammenschluss von Freiberuflern wie Rechtsanwälten oder Steuerberatern.[41] Hier werden oft noch zusätzliche Anmeldungen erforderlich, wie zum Beispiel bei den Standeskammern oder der Künstlersozialkasse.

Bei den Kapitalgesellschaften wurde die gGmbH noch nicht erwähnt. Dies ist eine Sonderform der GmbH für Unternehmen, die vor allem gemeinnützige Zwecke neben den wirtschaftlichen verfolgen wollen. Dafür ist man dann von Körperschaftssteuer und Gewerbesteuer befreit. Auch für die Unternehmergesellschaft gibt es die gUG als Sonderform.

Investoren wie die Löwen haben eine klare Präferenz für die Gesellschaftsform der GmbH. Eine Kapitalgesellschaft muss es unbedingt sein, das hat neben den vorgestellten Strukturen und Haftungsrisiken auch damit zu tun, dass der Gesetzgeber hier klare Vorschriften dazu gemacht hat, wie mögliche Entscheidungen zustande kommen dürfen.[42] Doch was ist mit den anderen Kapitalgesellschaftsformen?

Ich persönlich kenne keinen Investor, der prinzipiell nicht auch in eine AG investieren würde, allerdings tun sich einige mit den Haftungsrisiken, die durch einen Aufsichtsratsposten dort gegeben sind, etwas schwer. Noch ein Argument, die AG in frühen Phasen nicht unbedingt in die engere Auswahl zu nehmen. Die UG ist dagegen nicht so beliebt, viele Investoren verlangen schlichtweg die Gründung einer GmbH. Bei den meisten hat es mit dem berühmten Commitment, also praktisch dem Engagement der GründerInnen zu tun. Viele Investoren wollen einfach sehen, dass das Gründerteam die 25 000 Euro irgendwie aufbringt und eben stark genug an das eigene Vorhaben glaubt, um das auch zu tun.

Viele mögen nun denken: Okay, dann erst einmal eine UG, und später, wenn es um ein Investment geht, machen wir eine GmbH daraus. Leider ist diese Umwandlung jedoch mit erheblichem Aufwand und vor allem Kosten verbunden, im Laufe des Prozesses wird man schnell einmal rund 1000 Euro los.[43] Aus meiner Sicht eine weitere sehr gründerfeindliche Ausprägung des deutschen Gesellschaftsrechts, und das, obwohl es schon so lange gedauert hat, überhaupt die UG zu installieren.

Als GründerIn muss man also ganz genau überlegen, was man mit seinem Unternehmen vorhat und welche Entwicklungen man anpeilt, um die beste Entscheidung zu treffen. Will man ohne Investoren auskommen, aber vor Haftungsrisiken geschützt sein, wird oft eine UG bevorzugt.

Ist man noch in einer frühen Phase mit überschaubarem Haftungsrisiko und will ohne großes Zeit- und Geldinvestment ausprobieren, ob die Idee funktionieren könnte, macht vielleicht zunächst ein

Einzelunternehmen oder eine GbR Sinn. Rückt ein Investment näher, steht direkt die GmbH-Gründung an.

Also können GründerInnen, die den Löwen Anteile an ihrer noch zu gründenden GmbH anbieten, zum Beispiel ErfinderInnen eines Produkts sein, das den Markteintritt noch vor sich hat. Mit dem Statement »... an einer neu zu gründenden GmbH« zeigen sie dann, dass sie sich schon schlaugemacht haben und wissen, was da auf sie zukommt.

Bei Unklarheiten fragen Investoren oft nach, denn sie wollen für sich nicht nur klären, wo das Unternehmen gerade steht und was organisatorisch zu tun sein wird, sondern vor allem auch, ob die GründerInnen Bescheid wissen und ihre Hausaufgaben gemacht haben.

Selbstverständlich steht es den KandidatInnen frei, ob sie dieses Statement machen wollen oder nicht, es ist sicherlich auch ein wenig Geschmacksache, womit man sich letztlich wohler fühlt. Außerhalb der Höhle würde ich GründerInnen aber immer den Tipp geben, in ihrem Pitch unmissverständlich klarzumachen, dass man sich mit dem Thema Unternehmensform auseinandergesetzt hat. Das muss natürlich nicht im Eingangsstatement sein, sondern passt zum Beispiel auf eine Roadmap- oder Meilenstein-Folie. Denn auch Investoren außerhalb der Höhle sollte man seine Kompetenz auf diesem Gebiet nicht vorenthalten. Sie könnten es als Schwäche auslegen, wenn sie hier nachfragen müssten, besonders wenn man gerade noch nicht im »Idealzustand GmbH« ist.

Nun gibt es also doch eine kurze, vereinfachte Antwort auf die Frage, warum die Löwen beim Punkt Unternehmensform genau nachfragen, es aber eigentlich gar nicht so entscheidend ist, wie hier der momentane Stand ist: Sie wollen den organisatorischen Aufwand für ein Investment einschätzen und machen einen kleinen Hausaufgaben-Check mit den GründerInnen. Ich hätte natürlich gleich am Anfang sagen können, dass die kurze Antwort im letzten Absatz zu finden ist. Aber das wäre ja fast ein bisschen wie Abschreiben gewesen. Und warum eigenes Wissen und eigene Arbeit gerade für GründerInnen ein wichtiges Thema ist, wird im nächsten Abschnitt behandelt.

Die Frage nach Rechten

»Habt ihr eure Erfindung geschützt?« Das ist eine recht allgemeine Frage, die die Klärung der Schutzrechte einläutet. Investoren könnten aber auch sehr speziell fragen: »Habt ihr darauf ein Patent?« Oder das Ganze mit noch mehr thematischem Spielraum angehen: »Kann man daran etwas schützen?«

Bereits die Art der Fragestellung kann erste Hinweise geben, welche Erwartungen sie haben. Doch um das zu verstehen und einschätzen zu können, muss man natürlich erst einmal wissen, was Schutzrechte überhaupt sind und welche es gibt.

Ich hacke ja gern gelegentlich auf großen Unternehmen rum, die einem Startup den Erfolg mit seiner selbst entwickelten Innovation nicht gönnen. Ich finde, dass sie viel zu selten versuchen, es besser zu machen, sondern sich gerne entweder rechtlicher Mittel wie in Kapitel 1 beschrieben bedienen oder sich sogar an einer platten Kopie versuchen.

Wäre Letzteres immer einfach so möglich, hätte kaum ein junges Unternehmens überhaupt die Chance, seine Innovation am Markt zu platzieren. Denn sofort würde ein finanzstärkerer Konkurrent diese kopieren, und der Wettbewerb würde anschließend über das Marketingbudget entschieden. Man kann sich denken, wie das ausgehen würde. Ziemlich unfair, oder?

Damit es für unsere Startup-Davids also überhaupt eine Chance gegen die Konzern-Goliaths dieser Welt gibt, kann man seine Entwicklung schützen lassen. Macht ein Konkurrent dann einfach die eigene Erfindung oder Idee nach, hat man einen rechtlichen Anspruch auf Entschädigung. Den muss man natürlich erst einmal durchsetzen. Das ist immer noch sehr aufwendig, und große Konzerne mit hohen Budgets haben normalerweise auch gute Anwälte. Man muss sich seiner Sache also schon sehr sicher sein. Auch sind die Kosten für die Beantragung von Schutzrechten oft umso teurer, je umfassender der Schutz ist.

Startup-David hat also nur eine Chance, wenn die GründerInnen sorgfältig ihre Hausaufgaben machen, abwägen, eine möglichst gut überlegte Entscheidung trotz immer noch vieler Unsicherheiten treffen und die Verantwortung für die Folgen übernehmen. Abermals willkommen in der nicht so wirklich romantischen Welt der UnternehmerInnen!

Den Dschungel der Schutzrechte werde ich an dieser Stelle zwar nicht endgültig lichten können, ich will mich aber zumindest daran versuchen, eine Schneise zu schlagen:

Zunächst stellt sich die Frage, was es genau ist, das man schützen lassen möchte. Man kann nicht nur Erfindungen schützen lassen, sondern auch Marken oder Designs. Alle diese Dinge, die ja auf die eine oder andere Weise dem menschlichen Geist und seinem Erfindungsreichtum sowie seiner Kreativität entspringen, nennt man »Intellectual Property«, kurz IP, was man ungefähr mit »Intellektuelles Eigentum« oder auch »Geistiges Eigentum« übersetzen kann.

Wichtig ist hierbei zu verinnerlichen, dass IP etwas Abstraktes ist – ein Produkt ist nie die Erfindung, um die es geht, sondern beruht lediglich auf dieser. Das kann dann eine Wirkweise sein, eine Art, etwas herzustellen, eine Rezeptur, ein Algorithmus, ein Design oder auch nur ein Wort. Und die Früchte eines solchen geistigen Eigentums, das einen eben oft zahlreiche schlaflose Nächte, Schweiß und Tränen für seine Entwicklung gekostet hat, möchte man dann bitte auch selbst ernten. Ob nun ein Hersteller von Solarzellen eine Möglichkeit gefunden hat, diese um ein Vielfaches leistungsfähiger und haltbarer zu machen, oder ein Handyhersteller die Ecken seiner Geräte plötzlich stark abrundet: Das soll keiner einfach so nachmachen dürfen. Denn das Solarunternehmen hat die Entwicklung der neuartigen Zellen Jahre harter Arbeit und viel Geld gekostet. Der Handyhersteller kann das vielleicht nicht behaupten, fände es aber auch unfair, wenn die Konkurrenz plötzlich Geräte entwickeln würde, die seinen eigenen zum Verwechseln ähnlich sähen. Schließlich strengen sich für ein prägnantes Design auch viele kreative Köpfe gehörig an.

Kann man diese Entwicklung nun schützen lassen, darf niemand sie mehr für sein eigenes Produkt benutzen. So weit, so gut. David hat die erste Runde gewonnen.

Was aber, wenn Goliath kooperative Züge zeigt und bereit wäre, dafür zu zahlen, um die IP auch nutzen zu dürfen? Geschäftstechnisch könnte das durchaus lukrativ sein, zumal David vielleicht allein auch gar nicht die Power hätte, den ganzen Markt zu bedienen. Genau dafür gibt es das Konzept der Nutzungsrechte.[44]

Hierbei verkauft man praktisch jemand anderem die Erlaubnis, die eigene IP auf bestimmte Weise zu nutzen. Der Solarzellenhersteller könnte zum Beispiel einer anderen Firma erlauben, die Solarzellen ebenfalls zu produzieren, um zum Beispiel ausländische Märkte zu beliefern, was er selbst in den nächsten Jahren sowieso noch nicht schafft. Im Gegenzug würde er daran mitverdienen, meistens indem er eine kleine Abgabe für jede so produzierte und verkaufte Zelle erhält. Er würde eine Lizenz[45] für die Produktion und den Vertrieb vergeben, die eventuell auch noch weitere Einschränkungen enthält, je nach Verhandlungsgeschick des neuen Lizenznehmers. David packt also seine Steinschleuder weg und verdient stattdessen an dem mit, was Goliath auf Basis seiner Entwicklung umsetzt. Eine so gar nicht alttestamentarische Win-win-Situation.

In Kurzfassung: Hat das menschliche Gehirn irgendetwas Tolles zustande gebracht, das sich vermarkten lassen könnte, sollte man sich über die möglichen Schutzrechte hierzu informieren. Wenn dann der Großkonzern einfach mal kopiert, kann man ihn verklagen – oder man verhandelt schon vorher und räumt die Nutzungsrechte an dem geistigen Eigentum gegen Geld ein. Startup-David muss sich nur zu wehren wissen – und eben leider die Gebühren für den Schutz zunächst einmal investieren. Doch wie entscheidet man, welche Ausgaben wann sinnvoll sind? Es gibt ein paar Faustregeln, die aber auf keinen Fall eine fachliche Beratung ersetzen können und sollten!

Besonders, wenn man den privaten Endkunden anspricht, ist es oft sehr sinnvoll, die eigene Marke schon früh zu schützen. Denn wie ärgerlich wäre es, wenn das Unternehmen oder das Produkt gerade an Bekanntheit gewinnt und genau dann müsste man es umbenennen, weil jemand Ansprüche auf den Namen anmeldet? So wurde zum Beispiel Aspiraclip in aspUraclip umbenannt, um Problemen mit dem Markenschutz anderer aus dem Weg zu gehen.[46]

Das ist eine Anwendung des Markenrechts, doch man kann neben Wort- auch Bildmarken schützen wie zum Beispiel das Firmenlogo. Da im Markenrecht grundsätzlich eine Art »Wer zuerst kommt, mahlt zuerst«-Regel gilt, muss man hierüber trotz der mehreren Hundert Euro Kosten schon sehr früh nachdenken. Als Faustregel kann man sagen, dass, je wichtiger die Marke für den unternehmerischen Erfolg ist, desto eher und umfangreicher sollte man sie schützen.

Doch damit ist die Sache wie oben gesehen noch nicht erledigt. Denn selbst wenn man sich entscheidet, das Geld für eine Markenanmeldung vorerst zu sparen, kann es teuer werden, wenn man die Markenrechte eines anderen verletzt. Einfach mal schnell umbenennen, wenn man schon unter dem bereits besetzten Namen aufgetreten ist, rettet einen vor der Abmahnung des Konkurrenten und einer saftigen Strafzahlung dann nämlich nicht mehr[47]. Man muss also immer auch die bereits eingetragenen Markenrechte anderer im Blick haben.

Was viele Startups allerdings verwechseln: Nur weil man die Marke geschützt hat und dies gutes Geld gekostet hat, ist sie noch lange nichts wert. Auch in »Die Höhle der Löwen« kommen immer wieder Startups, die ihre überzogene Unternehmensbewertung mit dem Wert ihrer Marke argumentieren wollen.[48] Ein schönes Design von Logo und Verpackung ist jedoch maximal die Basis eines Markenwertes. Erst die Bekanntheit der Marke und der nachweisbare Bezug der Kunden zu ihr sind etwas wert. Das folgt jedoch meistens erst weit, weit nach den Designarbeiten und dem Markteintritt.

Vom etwas abstrakten Markenrecht nun aber zum konkreten Produkt: Wenn es um das äußere Erscheinungsbild geht, greift vor allem der sogenannte Designschutz, früher als Geschmacksmuster bezeichnet. Doch man kann nicht einfach einen grünen Fußball kreieren und sich das Design schützen lassen. Denn ein Designschutz kann nur dann greifen, wenn es um etwas Neuartiges geht, das außerdem eine Besonderheit aufweist.

Aber Achtung: Wir sprechen hier nach wie vor nur vom Design, vom Erscheinungsbild. Die Neuartigkeit muss sich beim Designschutz also auch genau hierauf beziehen und nicht etwa auf die Funktionalität des Produkts.[49] Wären die Fußbälle also zum Beispiel in einem ganz speziellen Grünmuster gestaltet, das auf einzigartige Weise die Farbe des Rasens nachahmt, hätte man vielleicht eine Chance. Ob das dann ein sinnvolles Produkt wäre, steht natürlich auf einem anderen Blatt.

Der Handyhersteller von vorhin wird wahrscheinlich eine ganze Armada von Experten beschäftigt haben, um seine runden Ecken als entsprechend neuartig zu argumentieren. Gute Beratung ist auch hier fast immer teuer, sodass ein solch umfassender Designschutz für ein Startup leider oft nicht realistisch ist.

Aber ein Startup will ja vor allem mit seiner Entwicklung selbst die Kunden überzeugen, daher geht es jetzt endlich ans Eingemachte. Denn am allerwichtigsten ist den meisten GründerInnen wohl ein Schutz, der den Kern ihres Vorhabens, ihrer Erfindung schützt. Das kann entweder ein Verfahren oder ein Erzeugnis sein. Ein Verfahren kann zum Beispiel eine Transport- oder Untersuchungsmethode beschreiben. Oder ein Verfahren, mit dem man einen Stoff länger haltbar oder besonders schön glänzend macht.

Bei einem Erzeugnis ist die geistige Leistung in einem Produkt verkörpert. Das hört sich jetzt hochgestochen an, verweist aber nur wieder darauf, dass es die geistige Leistung ist, die man schützen lassen kann, nicht das Produkt selbst. Denn dann würde man mit dem Verkauf des Produkts auch die Erlaubnis verkaufen, es zu kopieren. Und genau das will man ja nicht.

Als stärkster Schutz wird das Patent wahrgenommen. Bis zu zwanzig Jahre hat man dann Sicherheit, dass ohne die eigene Erlaubnis niemand die Erfindung für sich nutzen darf. Hierfür muss man vor allem die technische Neuartigkeit und Funktionsweise genau beschreiben.

Professionelle Patentanwälte unterstützen bei dem recht aufwendigen und bürokratischen Prozess, alles zusammen verschlingt aber auch locker ein paar Tausend Euro. Das Patentamt prüft dann die Neuartigkeit und ob wirklich noch niemand etwas Ähnliches gemacht hat, nimmt sich aber ordentlich Zeit dafür. Bis zur endgültigen Erteilung dauert es oft Jahre. Mal wieder eine wenig gründerfreundliche Ausprägung der Bürokratie.

Einen kleinen Lichtblick gibt es hierbei aber: Das Gebrauchsmuster ist so eine Art kleines Patent, nicht so teuer und aufwendig in der Beantragung, wird vor allem aber wesentlich schneller erteilt. Statt erst nach Jahren erhält man es mit etwas Glück schon nach wenigen Wochen, und es ist bis zu zehn Jahre lang gültig. Der größte Unterschied: Bei einem Gebrauchsmuster wird erst im Streitfall geprüft, ob die Voraussetzungen wie die Neuartigkeit auch wirklich erfüllt sind. Das ist definitiv besser, als nichts anzumelden, auch wenn man hier noch keine Gewissheit hat und schlimmstenfalls in einen teuren Prozess läuft, dessen Ausgang ungewiss ist. Ein Gebrauchsmuster kann allerdings innerhalb der ersten zwölf[50] Monate zu einem Patent ausgeweitet werden. Viele GründerInnen mit technischen Entwicklungen gehen daher so vor, zunächst ein Gebrauchsmuster anzumelden und dann später, oft mit der finanziellen Unterstützung eines Investors, das teurere Patent in Angriff zu nehmen, um den vollen Schutz zu erhalten.

Andersherum hat eine bereits fertig patentierte Erfindung für Investoren mehr Wert, denn schließlich bietet sie einen wirklich starken Kopierschutz gegen den Wettbewerb. Daher ist die Frage »Habt ihr ein Patent?« meistens auch ein Zeichen dafür, dass die technische Neuerung zwar als recht hoch eingeschätzt wird, die Gefahr durch den Wettbewerb aber eben auch. Lautet die Antwort Nein, ist es als Start-up durchaus zulässig, das mit dem Kostenfaktor zu begründen, grundsätzlich sollte man aber auch eine Strategie in diesem Bereich vorstellen und zeigen, dass man sich im Klaren darüber ist, was noch zu tun ist und wann das passieren soll.

Was man auch unbedingt beachten sollte: Hat man ein Patent angemeldet, aber wurde es noch nicht erteilt, muss man das auf jeden Fall auch so kommunizieren! Denn ein nur angemeldetes Patent – ein sogenanntes Patent Pending – hat einfach nicht den gleichen Wert, schließlich kann es noch abgelehnt werden. Daher hört man auch von den Löwen immer mal wieder die Frage: »Ist das Patent schon durch?«

Innerhalb des oft jahrelangen Prozesses gibt es manchmal Rückmeldungen und Nachfragen des Patentsamts, anhand derer ein erfahrener Patentanwalt die Erfolgsaussichten recht gut abschätzen kann. Daher bespreche ich mit GründerInnen im Vorbereitungsprozess den genauen Stand, um die Sachlage bestmöglich zu kommunizieren. Denn jeder nachweisbare Fortschritt im Patentprozess kann gegenüber Investoren wieder ein Argument mehr sein, den Deal zu machen.

Art	Schutz von Marke und Logo	Designschutz	Schutz der Erfindung	
Schutz	eingetragene Wort- und/oder Bildmarke	eingetragenes Design	Gebrauchsmuster	Patent
Gültigkeit	10 Jahre, kann dann um weitere 10 Jahre verlängert werden	max. 25 Jahre ab Anmeldetag	max. 10 Jahre	max. 20 Jahre
Kosten	circa 300 €	circa 60–70 € pro Design	circa 40 €	insgesamt bis zu circa 13.560 €

Abbildung 17: Übersicht IP-Schutz[51]

Je technischer das Thema ist, umso mehr muss man darauf vorbereitet sein, auch im Bereich IP-Rechte tiefergehende Fragen zu beantworten. Was genau ist patentiert? Was genau kann dadurch in Bezug auf die Konkurrenz verhindert werden? Könnte der Schutz auch für eventuelle weitere Produkte gelten? Ja, das ist eine Menge verlangt von den GründerInnen. Doch Investoren sind hier sehr hellhörig, denn die

Schutzmöglichkeiten haben oft großen Einfluss auf ihre Entscheidungen.

Halten die Schutzrechte während der Due-Diligence-Prüfungen dem Eindruck nicht Stand, den die Löwen beim Pitch gewonnen haben, ist es sehr wahrscheinlich, dass der Deal nicht zustande kommt. So wie im Beispiel des Kosmetik-Startups Cblash[52]. Denn hier verhinderte die Patentsituation wohl eine Vermarktung im größeren Stil.

Fragt ein Investor generell danach, ob es einen Schutz gibt, kann es sein, dass er selbst nicht sicher ist, was hier möglich ist. Oder einfach sehen möchte, ob das Gründerteam seine Hausaufgaben gemacht hat bzw. wie sensitiv man für das Thema ist und auch wie viel Aufwand man bisher dort hineininvestiert hat.

Ähnlich, nur noch etwas offener, ist die Frage, ob etwas an der Entwicklung schützbar ist. So kann man zum Beispiel bei einer Software einen besonderen Algorithmus zwar schützen lassen, doch kleinste Änderungen können diesen Schutz wieder unwirksam werden lassen. Da für ein Schutzrecht aber auch empfindliche Details offengelegt werden müssen und so für jeden zugänglich sind, könnten findige Konkurrenten eine solche Änderung recht leicht einbauen. Der Schutz ist in einem solchen Fall also ziemlich hinfällig.[53] Ähnlich verhält es sich bei Rezepten.[54]

In solchen Fällen ist also Geheimhaltung oft der größte und beste Schutz, den man bekommen kann. Auch bei anderen Produkten kann es durchaus ein Argument sein, die Geheimhaltung der Details dem rechtlichen Schutz vorzuziehen. Eine solche Antwort wird von Investoren auch akzeptiert – wenn das Argument sachlich nachvollziehbar ist. Die allgemeinste der IP-Fragen signalisiert aber zumindest auch, dass eine gewisse Neuartigkeit festgestellt wurde – ist also gar kein so schlechtes Zeichen.

Hat man nun schlussendlich geklärt, welche Schutzmöglichkeiten man hat und wie weit man hier schon ist, schließt sich meist direkt eine nicht weniger kritische Frage an: »Wer hält dieses Schutzrecht?« Oder manchmal auch: »Wer hat es entwickelt und wann?«

Denn geistiges Eigentum hat immer einen Urheber, und das kann nur eine natürliche Person sein, also ein Mensch, keine Firma.[55] Hier muss man dann zunächst zwischen Urheberrecht und Nutzungsrecht unterscheiden. Das sind jetzt sehr viele rechtliche Begriffe, aber bevor man sich schon als halber Jurist fühlt, sei gesagt, das ist für GründerInnen eigentlich nur das Minimalwissen.

Also Schritt für Schritt: Ein Mensch oder eine Gruppe von Menschen bringt ein geistiges Eigentum hervor und hat daran automatisch das Urheberrecht. Das bleibt auch so und kann nicht abgetreten werden. Ein Unternehmen kann aber die Nutzungsrechte daran erhalten, im strengsten Fall die uneingeschränkten und exklusiven Nutzungsrechte.

Da kann dann auch der Urheber nicht mehr viel machen, denn anderweitig nutzen darf er oder sie die erzeugte IP in einem solchen Fall in der Regel nicht mehr. Das ist oft automatisch dann der Fall, wenn ein Angestellter etwas für seine Firma entwickelt hat. Denn in den meisten Arbeitsverträgen ist es bereits so geregelt, schließlich bezahlt das Unternehmen genau für diese Arbeit.[56]

Ein Schutzrecht wie zum Beispiel ein Patent schließt die Nutzung der zugrunde liegenden IP durch alle anderen aus, wodurch eben auch Kopien verhindert werden. Jegliches Schutzrecht kann also auch von einem Unternehmen gehalten werden.[57]

Und genau das wollen Investoren grundsätzlich sicherstellen. Sie werden also so lange nachfragen, bis klar ist, wer welche Rechte hält und auch, wer eventuell noch irgendwelche Ansprüche anmelden kann.

In diesem Fall besonders kritisch: Ehemalige Mitgründer könnten durch ihr Urheberrecht gefährlich werden, wenn sie die Nutzungsrechte an ihrer IP nicht vollumfänglich übertragen haben. Hat das Startup dann plötzlich Erfolg, könnten sie sogar finanzielle Ansprüche geltend machen. Hier sollte man also immer sehr sensitiv sein und sich im Zweifel eine entsprechende Unterschrift der früheren Mitstreiter holen, Vorlagen findet man zur Genüge online.[58]

Doch auch aktuelle GründerInnen haben Ansprüche, wenn die Nutzungsrechte nicht vollumfänglich an das Startup übertragen wurden und alle Schutzrechte ihm gehören. Daher bestehen fast alle Investoren darauf, dass von der Marke bis zum Patent alles auf das Unternehmen übertragen wird, was einigen GründerInnen schwer fällt.

Ein Argument ist oft, dass die Rechte im Falle einer Insolvenz ja verloren wären. Die Angst ist hier, dass irgendein glücklicher Dritter diesen schlimmsten Fall abwartet und die wertvollen Schutzrechte dann einfach aus der Insolvenzmasse herauskauft. Tatsächlich kommt das jedoch sehr selten vor, zumal wohl kaum ein Investor einfach dabei zusieht, solange er noch Potenzial im Vorhaben sieht.[59]

Ein anderes Argument ist, dass GründerInnen die Schutzrechte gerne weiter persönlich halten wollen, um so die IP dann an das Unternehmen lizenzieren zu können. Also die Nutzungsrechte praktisch an das eigene Unternehmen veräußern wollen. Das hat in manchen Fällen steuerliche Vorteile gegenüber zum Beispiel einer Gehaltszahlung, ist aber genau das, was einem Investor normalerweise gar nicht gefällt. Denn auf diese Weise ist das Startup praktisch nur eine Vertriebsgesellschaft, da alles wirklich Relevante nicht zu ihm gehört. Außerdem fließt Geld ab, das die Geldgeber lieber für das Unternehmenswachstum einsetzen würden.

Investoren sind hier jedoch auch sehr unterschiedlich empfindsam, wie man auch schon in »Die Höhle der Löwen« beobachten konnte. Das liegt daran, dass es durchaus ein wenig Geschmackssache ist und wohl damit zu tun hat, welche guten oder schlechten Erfahrungen mit solchen Konstellationen schon gemacht wurden.

Werden die Nutzungsrechte an einer geschützten Erfindung zeitlich unbeschränkt, nicht durch den Lizenzgeber kündbar und auch noch exklusiv übertragen, kann man das zu einem gewissen Grad faktisch gleichsetzen mit einer Konstruktion, bei der das Patent der Firma gehört und nicht den GründerInnen. Manchen Investoren ist aber selbst das noch zu heikel, und es heißt: keine Patentübertragung, kein Deal. Darauf sollte man sich einstellen.

Vielleicht ist das auch für manche eine Prinzipienfrage. Sind die GründerInnen bereit, alles in ein Paket zu packen und mit dem Investor den Weg ohne Wenn und Aber gemeinsam zu gehen? Oder versuchen sie, sich irgendwelche »Hintertürchen« offen zu lassen? Das berühmte »Commitment«, die starke Bindung an das eigene Startup, ist für viele Geldgeber Grundvoraussetzung. Natürlich werden im Beteiligungsvertrag auch viele Regelungen für den schlimmsten Fall festgelegt, doch das ist etwas anderes. Denkt man noch einmal an den Ehevergleich aus Kapitel 1 zurück, würde man in einem Ehevertrag definitiv auch Regeln für den Trennungsfall festlegen, wie zum Beispiel in Bezug auf die Vermögensverteilung. Besteht aber einer der beiden Partner darauf, dass die Trauringe in seinem Besitz bleiben und auch nicht graviert werden, wäre die Hochzeit wohl ganz schnell in Gefahr.

Ein Traum-Setup für Investoren ist also, wenn alles Schützbare und Schützenswerte so stark wie möglich geschützt ist und alle Schutzrechte im Startup und nicht bei den GründerInnen (oder gar woanders) liegen. Für alle Abweichungen sollte man gute Gründe und Argumente vorbringen und wo nötig auch die Sachverhalte im Detail erklären können. Dafür muss man kein Jurist werden, sondern einfach nur Spezialist für sein eigenes Startup. Und das ist ohnehin Grundvoraussetzung für den Erfolg.

EXTRA-WISSEN:

Zulassungen: Ebenfalls ein rechtlich wichtiger Punkt bei vielen Startups ist das Thema Zulassungen. Viele Märkte sind gesetzlich geregelt, wie zum Beispiel der Markt für Medizinprodukte. Dazu zählten etwa der Stauschlauch zum Blutabnehmen DaisyGrip[60] oder das Babykissen Medibino[61]. Eine Zulassung als Medizinprodukt birgt viele Vorteile, insbesondere auch für die Deklaration und die Werbeaussagen, die man treffen kann.

Aber in erster Linie eben auch für die Übernahme der Kosten durch die Krankenkassen. Seit einer Weile gibt es auch die digitale Variante davon, es können so zum Beispiel Apps mit therapeutischer Wirkung als Medizinprodukt anerkannt werden. Dafür gibt es das Verzeichnis der DiGA[62] (Digitale Gesundheitsanwendung). Das war zum Beispiel bei der Kinder-Entspannungsapp aumio[63] ein Thema.

Ist eine App im Verzeichnis erstattungsfähiger DiGA eingetragen, übernimmt die Krankenkasse unter gewissen Voraussetzungen die Kosten wie zum Beispiel die Monatsbeiträge. So lassen sich wahrscheinlich leichter Neukunden gewinnen, da diese ja nicht selbst zahlen müssen. Doch bis dahin ist es ein weiter Weg, der einiges an Zeit und Geld verschlingen kann.

Andere Beispiele für zulassungsbeschränkte Märkte sind natürlich Arzneimittel oder auch Schädlingsbekämpfungsmittel. Will man in einen solchen Markt einsteigen, muss man sich schon sehr genau schlaumachen. Denn tritt man vor einen Investor, kann die entsprechende Zulassung schnell zur Voraussetzung für ein Investment werden.

Die Frage nach der bisherigen Finanzierung

Unter den Kategorien der Checkliste, die Investoren für sich abhaken, ist dies meine Lieblingskategorie. Das mag sich jetzt wie ein Scherz anhören, doch diese Serie von Fragen, die oft mit »Wie viel Geld ist bisher in das Unternehmen geflossen?« beginnt, hat es in sich und es gibt oft viel zu tun für mich.

Nicht nur kann es an dieser Stelle richtig heikel und sogar persönlich werden, auch gibt es hier meiner Erfahrung nach das größte Potenzial für dramatische Überraschungen und spektakuläre Wendungen. Da hat plötzlich das noch junge Startup bereits einen Investor, der dem interessierten Löwen so gar nicht gefällt. Oder der leidenschaftliche Gründer ist an die falschen Leute geraten und hat sich ungünstig verschuldet.

Im Folgenden will ich vor allem also einen Blick hinter die möglichen Problematiken werfen, die ein Investor mit seinen Fragen aufdecken will. Warum sind Kredite so unbeliebt, zu viele bisherige Investoren eher unerwünscht und wie ist das mit öffentlichen Fördermitteln?

Es wird deutlich werden, dass einem die Entscheidungen, die man hier trifft, leicht auf die Füße fallen können, sobald man sich um Investoren für sein Startup bemüht.

Diese Kategorie ist enorm vielfältig, doch man kann sie sich als eine Art Baum vorstellen, dessen Äste nacheinander erklettert werden müssen, bis man überall die Spitze erreicht hat. Je nach Antwort spaltet sich der jeweilige Ast jedoch weiter auf oder wird um einen Zweig länger.

Also beginnen wir mit dem Stamm, der Anfangsfrage nach der Geldsumme, die bisher in das Unternehmen geflossen ist. Das ist einfach, denn es gilt wie immer: Gnadenlos ehrlich sein. Vor allem GründerInnen mit einiger Berufserfahrung neigen hier dazu, die Summe durch einen – man muss es leider so sagen – fiktiven Gegenwert der eigenen bisher eingebrachten Arbeitsleistung zu ergänzen. So kommen nach einigen Monaten oder Jahren natürlich schnell einige

Hunderttausend Euro zusammen. Eine derart »aufgepumpte« Investitionssumme kommt bei Investoren allerdings gar nicht gut an. Allein die Einstellung gegenzurechnen, wie viel man in einem festen Arbeitsverhältnis in dieser Zeit eigentlich hätte verdienen können, stößt bei ihnen auf wenig Gegenliebe.

Mit dem Wert auf dem Arbeitsmarkt kann man hier schlicht nicht argumentieren. Da diese Summen auch nur ein Vergleichswert sind und nie wirklich geflossen sind, sollte man sie lieber gleich weglassen. Durchaus erlaubt ist aber zu betonen, wie lange und intensiv man bereits am Vorhaben gearbeitet hat, denn das wird ganz ohne künstliche Umrechnung von den potenziellen Geldgebern durchaus honoriert.

Wenn Investoren nach der bisherigen Investitionssumme fragen, wollen sie die Summe aller Gelder wissen, die bisher tatsächlich ausgegeben wurden. Gewisse Sachwerte können hier durchaus zählen, wie zum Beispiel das ursprünglich private Gefährt, das nun zum Foodtruck umgebaut wurde. Den fünf Jahre alten Laptop, der jetzt überwiegend im Dienste des Startups genutzt wird, sollte man aber nicht unbedingt mit 2000 Euro einpreisen.

Andererseits ist hier aber der Zeitpunkt der tatsächlichen Gründung nicht relevant. Hat man also aus privater Tasche bereits vor Anmeldung des Gewerbes Materialien gekauft und Reisekosten für den Besuch der zukünftigen potenziellen Produzenten ausgegeben, gehört dies definitiv dazu. Denn dies ist keine buchhalterische Frage, es geht auch darum einzuschätzen, welche Werte bisher aufgebracht wurden, um den Status quo überhaupt erst zu erreichen.

Grundfrage: Was hat mich wirklich etwas gekostet?

✓ DOs	✗ DON'Ts
alle direkten Geldmittel, auch Kredite, Investments etc.	eigene Arbeitsleistung, umgerechnet als Gehalt
Kosten von Reisen, Material, Dienstleistungen vor Gründung	eigene Sachmittel, die schon länger in Gebrauch sind (Auto, Laptop)
extra angeschaffte oder angepasste sowie kommerzielle Sachmittel mit Restwert (z. B. Lieferwagen, Maschinen)	Beratung gegen Anteile nach fiktiver Bewertung

Abbildung 18: Dos und Don'ts zur Berechnung der Investitionssumme

Hat man die Frage – und eventuelle Nachfragen zur Summenbildung – also wahrheitsgemäß beantwortet, ist man am oberen Ende des Stamms angekommen, was man an der Anschlussfrage nach dem Ursprung dieses Geldes erkennt.

Besonders wenn die Summe relativ gering ist, kann es sein, dass es überhaupt keine Verzweigung gibt, und die Investoren die Kategorie mit der Frage »Und das waren eure Ersparnisse, oder woher kam das Geld?« beenden. Aber auch nur wenn die Antwort darauf ein klares »Ja, unsere Ersparnisse« ist. Das eigene Geld der GründerInnen ist bei Investoren als frühes Kapital besonders beliebt. Doch warum ist das so? Es liegt auf der Hand, dass jemand, der eigenes Geld in seine Geschäftsidee investiert, auch besonders stark daran glaubt. Andererseits ist diese Finanzierungsform aber auch schlicht die unproblematischste für das Startup und die Investoren, wie sich noch herausstellen wird. Gerade bei jüngeren GründerInnen wird Geld aus der engsten Familie, wie das der Eltern und Großeltern, übrigens fast gleichgesetzt.

Ist die Finanzierungssumme etwas höher, kann es auch sein, dass Investoren ihre Nachfrage direkt spezifizieren. »Und das habt ihr selbst aufgebracht? Sind das Ersparnisse oder ein Kredit?«, zeigt zum Beispiel deutlich, was sie hier vermuten. Manche GründerInnen haben recht große Summen in ihre Vision gesteckt: Das zeigt natürlich noch einmal zusätzliches Commitment und beeindruckt. Andererseits kann es auch zu denken geben, wenn das Ganze zu extrem wird. Jemand, der wie besessen seinen kompletten Besitz zu Startup-Kapital gemacht hat, könnte auch mit fremdem Kapital ein bisschen zu risikofreudig umgehen. Auch selbst aufgebrachtes Geld kann also einiges aussagen – Gutes wie Schlechtes. Daher müssen Investoren hier auch teils recht unangenehme und private Fragen stellen.

Bei einem Kredit begibt man sich dann in die zweite Abzweigung. Hier muss man wiederum unbedingt unterscheiden, ob man ihn privat aufgenommen und das Geld dann in das Unternehmen gesteckt hat oder ob das Unternehmen selbst der Kreditnehmer ist. Das ist bei Startups eher unwahrscheinlich, da sie von Banken selten als kreditwürdig eingestuft werden. Es gibt allerdings bestimmte Fördermittel, die meistens so funktionieren, dass die Banken von einer staatlichen Institution abgesichert werden. Das bedeutet, dass, sollte der Kredit nicht zurückbezahlt werden können, der Ausfall ganz oder teilweise von dieser Institution kompensiert wird. Doch Vorsicht: Was dazu gedacht war, Banken endlich auch einmal zur Unterstützung von Startups zu bewegen, wird von diesen oft kräftig ausgenutzt. Denn mitunter verlangen sie trotzdem von den GründerInnen die volle Bürgschaft als Privatperson, kommt es zur Insolvenz, müssen diese mit ihrem Privatvermögen einstehen und den Kredit abbezahlen.

Der Sinn der staatlichen Bürgschaft wird damit zu einem großen Teil ad absurdum geführt, zumal in einem solchen Fall Unterlagen für das Unternehmen, wie zum Beispiel ein umfangreicher Businessplan, beigebracht werden müssen, gleichzeitig müssen sich aber auch die GründerInnen finanziell komplett »ausziehen« und haben so praktisch noch mehr Aufwand als bei einem reinen Privatkredit. Trotzdem sind diese Kredite manchmal vorteilhaft, da sie zum Beispiel Extras wie eine Stundung der Zinsen oder einen um Jahre verschobenen Start der Rückzahlung beinhalten können.

Für Investoren sind diese Förderkredite daher meistens akzeptabel, je nach Höhe, Zinsen und Rückzahlungsmodalitäten. Doch Rückzahlungspflichten bedeuten aus Investorensicht wiederum auch immer, dass ab einem bestimmten Zeitpunkt eine gewisse Summe des Umsatzes monatlich an den Kreditgeber abfließt. Dieses Geld kann also nicht für das weitere Wachstum verwendet werden.

Wer im letzten Kapitel aufgepasst hat, erkennt vielleicht schon ein Muster: Hier gab es die Lizenzzahlungen an eventuelle Inhaber von Schutzrechten. Allgemein kann man sich also merken: Wenn zu erwarten ist, dass Geld in irgendeiner Form abfließt, ohne dass es zum Wachstum beiträgt, ist das schon einmal ein Minuspunkt aus Investorensicht. Im Idealfall können sämtliche Einnahmen, die nicht zur Deckung der direkten operativen Kosten wie Produktion oder Personal benötigt werden, sofort wieder für das weitere Wachstum reinvestiert werden. Alles, was vorher abfließt, bremst also das Wachstum und ist daher unerwünscht. Dass es gerade aus Finanzierungsgründen manchmal nicht anders geht, verstehen Investoren natürlich. Sie wollen dann aber genau erklärt bekommen, warum ein Kredit in diesem Fall die beste Lösung war.

Eine weitere Abzweigung vom Ast der Kreditarten ist der rein private Kredit. Das heißt, ein oder mehrere GründerInnen haben privat einen Kredit aufgenommen, das Geld aber in das Gründungsvorhaben gesteckt. Zwar ist das einerseits von Vorteil, weil es aus Unternehmenssicht eben Eigen- und kein Fremdkapital ist, das irgendwann wieder abfließt. Ein zu hoher Privatkredit kann aber auch beträchtliche Nachteile haben.

Finanziell belastete GründerInnen können eventuell nicht ihre volle Energie für ihr Startup aufbringen. Sei es, weil sie die private finanzielle Situation psychisch bedrückt, oder einfach, weil sie die Raten ja irgendwie zurückzahlen und dafür noch einer anderen Beschäftigung nachgehen müssen. Beides hat natürlich einen nachteiligen Einfluss auf die gesamten Erfolgschancen, daher führt auch dies nur zu einem eingeschränkten Haken auf der Investoren-Checkliste.

Noch ein bisschen problematischer wird es, wenn der aufgenommene Privatkredit nicht als Eigenkapital, sondern also sogenanntes Gesellschafterdarlehen in das Unternehmen gegeben wird. Wie der Name schon sagt, bedeutet dies einfach nur, dass eine an dem Unternehmen beteiligte Person diesem einen Kredit gibt. Oft ist dieser fast zinslos und natürlich auch ohne Sicherheiten, trotzdem besteht auch hier wieder das Problem, dass irgendwann wieder Geld abfließen wird.

Auch bei den zuvor erwähnten Gründerkrediten hat man eine Art doppelte Belastung: Die private Bürgschaft kann die GründerInnen zumindest psychisch in Mitleidenschaft ziehen. Da die Raten jedoch vom Unternehmen abbezahlt werden müssen, fließt hier wiederum Geld ab.

Doch es gibt auch andere öffentliche Fördermittel als Kredite. Damit ist man auf einem neuen Zweig der Kapitalarten. Da ich lange Jahre in diesem Bereich gearbeitet habe, muss ich jedoch sagen, dass nicht allzu viele davon für frühe Startup-Phasen geeignet sind.[64] Aber mehr und mehr gibt es zum Beispiel Gründerstipendien oder Gelder für die Ausgründung aus Hochschulprojekten.[65] Solche Fördermittel sind überwiegend keine Kredite, sondern tatsächlich Zuschüsse, die man nicht zurückzahlen muss. Ganz ohne Gegenleistung kommt man hier jedoch auch nicht aus: Nicht nur ist die Beantragung oft kompliziert und langwierig, auch muss man die Verwendung der Gelder meistens detailliert nachweisen und verschiedene Dokumentationen abliefern. Das kann sehr zeitintensiv sein, und in vielen Fördertöpfen gab es schon Probleme mit sehr langwierigen Auszahlungsprozessen.

Auch hier gilt also: Gut informieren, auch das »Kleingedruckte« sorgfältig lesen! Bei Investoren kommen solche Fördermittel jedoch meistens gut an: Es zeigt, dass die GründerInnen sich informieren, alle Möglichkeiten ausschöpfen und zudem in der Lage sind, mit bürokratischen Hindernissen klarzukommen. Zusätzliches Kapital, das nicht zurückgezahlt werden muss, ist prinzipiell immer gut.

Die letzte Abzweigung zur Herkunft des Geldes wird uns auch im nächsten Abschnitt weiter begleiten: frühere Investoren. Dieser Ast ist am stärksten verzweigt, denn hier sind gleich mehrere Dinge interessant. Zunächst einmal das Modell des Investments. Handelt es sich um das klassische »Straight Equity«-Modell, um eine Kreditform wie das Wandeldarlehen oder ein Crowdinvesting über eine entsprechende Plattform? Bei Letzterem gibt es so viele Formen, dass man darüber ein eigenes Buch schreiben müsste. Und da es in dieser Richtung schon reichlich Literatur gibt, möchte ich an dieser Stelle einfach nur darauf verweisen.[66]

Nur eine Sache noch: Crowdfunding über Vorbestellungen ist hier nicht gemeint. Denn hier bestellen die Unterstützer praktisch ihr Produkt vor, um mit diesem Geld zum Beispiel die Vorproduktion zu ermöglichen. Dieser Mechanismus zählt bei Investoren eher als eine Art erster Markttest und nicht als Investment, hegt aber auch seine Herausforderungen[67].

Sobald eine Art Kredit im Spiel ist, gelten zu einem gewissen Grad natürlich auch wieder die schon erwähnten Punkte. Beim klassischen »Straight Equity«-Modell ist als Erstes natürlich interessant, wie viele Unternehmensanteile man für wie viel Geld abgegeben hat. Daraus ergibt sich auch die Bewertung der früheren Investitionsrunden. Die Frage nach dem Cap Table wird ansonsten aber völlig unabhängig gestellt werden, sie kommt immer dran. Sie wird auch noch für die Bewertungsdiskussion in Kapitel 4 interessant. Dieser Zweig führt dann direkt zum Thema des nächsten Abschnitts, daher arbeite ich zuerst die anderen Äste ab.

Denn mindestens genauso wichtig ist, wer die Investoren sind. Zum einen, da gewisse Arten von Investoren in frühen Phasen (oder auch allgemein) als sehr störend empfunden werden könnten. Das sind insbesondere solche, die neben dem finanziellen Gewinn noch andere, oft strategische Ziele verfolgen. Sie haben also ihre eigene

Agenda, und diese könnte im Extremfall dem Wachstum des Startups im Wege stehen. Im Fall von Finanzguru zum Beispiel störte sich Frank Thelen am Bestandsinvestor Deutsche Bank.[68] Er hatte wohl schon früher mit Banken als Co-Investoren gearbeitet und hier schlechte Erfahrungen gemacht.

> Frank Thelen zu Finanzguru: »Warum ich es aber nicht tun werde, ist, und ich kann verstehen, warum ihr diese Entscheidung getroffen habt, aber weil die Deutsche Bank bei euch an Bord ist. Es ist ein Segen und ein Fluch zugleich. Ein großes Corporate hat immer eine eigene Agenda. Sie kann euch helfen, grade eben hast du gesagt, die drücken auf einen Knopf und an siebenstellige Userzahlen wird diese App beworben. Aber: Es wird auch noch schwierig werden. Und ich habe für mich selber die Entscheidung getroffen – ich möchte nicht mehr mit Corporates diskutieren, was der richtige Weg nach vorne ist. Und aus diesem Grund steig ich aus.«

Natürlich kann man solche Fälle nicht vorhersehen. In solch einem Fall bleibt den GründerInnen auch nicht viel anderes übrig, als es so hinzunehmen. Man kann aber versuchen, noch dagegen zu argumentieren und die Vorteile des besagten Investors aufzuführen.

Manchmal hilft aber auch das nicht. Dann mag es vielleicht ein schwacher Trost sein, aber: Manchmal passt man einfach nicht zusammen. Der nächste Investor könnte es wieder vollkommen anders sehen, also bloß nicht zu schnell entmutigen lassen! Für Finanzguru gab es schließlich noch einen Deal mit Carsten Maschmeyer.

Spricht von der Art und den Zielen der anderen Investoren nichts dagegen, ist es für den neuen potenziellen Investor trotzdem interessant, wer sie sind. So kann es hier auch zu weiteren Nachfragen bis hin zu den Namen kommen, auch schon in frühen Gesprächen.

Denn die Branche ist gar nicht so groß, man kennt sich häufig, hat eventuell schon einmal zusammengearbeitet oder etwas übereinander gehört. Und dann kommt es wieder darauf an, wie die persönlichen Erfahrungen sind. Unfair, aber auch irgendwo verständlich.

Und schließlich will man auch als GründerIn ein Investorenteam an seiner Seite haben, das gut und vertrauensvoll miteinander arbeitet. Es ist daher auch in frühen Phasen wichtig, Erkundigungen über den Geldgeber anzustellen. Hat er einen schlechten Ruf und nehmen sogar größere institutionelle Investoren Abstand von Investments in sein Portfolio, kann dies auf ein späteres Problem hindeuten. Startups sollten also ihre Investoren genauso gründlich auswählen wie Investoren ihre Startups.

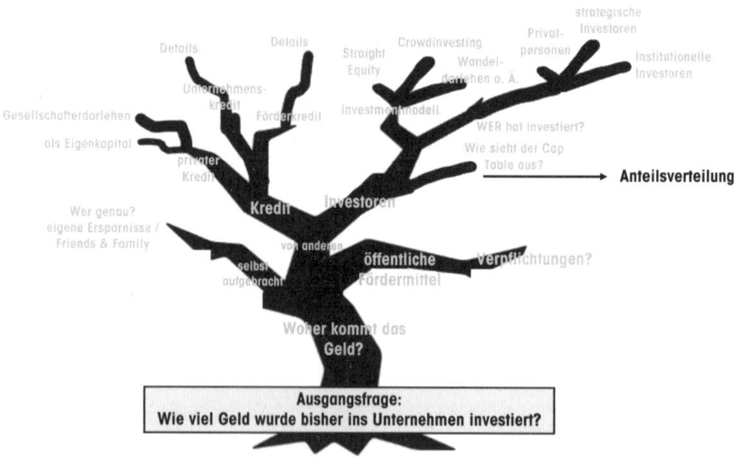

Abbildung 19: Themen bei der Unternehmensfinanzierung

Nun ist der Baum praktisch »abgearbeitet« – eventuell mit einigen persönlichen Dramen, mehr oder weniger schockierenden Finanzierungsgeschichten und jeder Menge Detailnachfragen. Nur an diesem einen Ast der Anteilsverteilung hängt eben noch ein weiterer, eigener Baum. Der wächst nun im nächsten Kapitel in die Höhe. Danach geht es aber zu ganz anderen Thematiken, ein Wald wird das zum Glück nicht mehr!

Die Frage nach der Anteilsverteilung

»Wie sieht euer Cap Table aus?« Das ist die Frage, die umfassend die Anteilsverhältnisse klären soll. Natürlich wird sie nicht immer so gestellt, oft wird Schritt für Schritt vorgegangen, zum Beispiel folgt auf »Wie viele Anteile hat denn der erste Investor bekommen?« die Frage »Und wie teilt sich der Rest unter euch auf?«. Oder sie ergibt sich aus dem »Finanzierungsbaum« vom letzten Abschnitt. Im Endeffekt ist das Ziel aber immer, ein vollständiges Bild eben jenes Cap Tables aus Kapitel 1 zu erhalten. In Investorengesprächen außerhalb der Höhle würde man diesen also einfach vorlegen.

Aber damit würde uns ZuschauerInnen reichlich Potenzial für kleine und große Dramen einer Gründergeschichte verloren gehen. Denn ob es darum geht, wem man wann wie viele Anteile seines Unternehmens überlässt, oder auch wie die Aufteilung zwischen den Teammitgliedern untereinander ist – hat man hier einmal eine unbedachte Entscheidung gefällt, kann diese Monate oder Jahre später das Aus von Verhandlungen mit Investoren bedeuten.

Und auch diese Dramen hängen wieder an den Ästen eines Baumes. Den Stamm möchte ich diesmal ganz allgemein mit »Wer hat Anteile am Unternehmen (und wie viele)?« starten. Die erste Verzweigung ist schon in Sichtweite: Ich würde hier die Äste GründerInnen, Investoren und Sonstige wählen.

In sehr frühen Phasen gehört das Startup normalerweise noch vollständig dem Gründerteam. Doch auch, wenn es noch andere Beteiligte gibt, folgt unweigerlich die Frage: »Wie sind die Anteile unter euch aufgeteilt?« Aus der Antwort auf diese Frage können Investoren einiges herauslesen. Häufig haben alle Mitglieder des Gründerteams die gleichen Anteile. Besonders bei jungen Teams, die sich von der

Arbeit oder dem Studium kennen, beobachte ich oft diese pragmatische und unkomplizierte Struktur. Auch bei Investoren ist sie beliebt, schlicht und einfach weil sie das geringste Konfliktpotenzial birgt. Hier gibt es dann auch meistens keinerlei Nachfragen mehr, und zumindest dieser Zweig ist rasch erledigt.

Sind die Anteile jedoch unterschiedlich verteilt, kann dies bereits etwas über das Team und sein Verhältnis untereinander aussagen – was Investoren natürlich brennend interessiert. Werden hier Konfliktpotenziale identifiziert, ist das ein dicker Minuspunkt auf der Checkliste. Hat zum Beispiel ein Gründer 80 Prozent der Anteile und seine beiden Mitstreiter nur jeweils 10 Prozent, könnten diese irgendwann unzufrieden werden. Vor allem dann, wenn sie feststellen, dass sie die gleiche Zeit und Energie in das Vorhaben gesteckt haben. Und gerade in frühen Phasen ist es für ein Startup mit hoher Wahrscheinlichkeit tödlich, wenn ein Mitglied des Kernteams sich im Streit verabschiedet.

Gerechtfertigt könnte eine solche Ungleichverteilung zum Beispiel dann sein, wenn eine Gründerin beträchtliche Summen ihres privaten Geldes investiert hat, was die anderen so nicht wollten oder konnten. Oder starke Sachwerte, wie zum Beispiel die Produktionsanlage eines bestehenden Unternehmens, mit einbringt. Ich empfehle dann aber immer, Gründertum und Investment zu trennen, und auch das Geld der GründerInnen (über die Stammeinlage hinaus) als eine Art Investment zu betrachten, für das es Anteile gibt, wenn dies auch nicht immer hochoffiziell mit einer Kapitalerhöhung verbunden sein muss, sondern von vornherein einfach ausgerechnet werden kann. Natürlich ist die Bewertung, die man hier zugrunde legt, eher sehr hoch, schließlich sollten GründerInnen sehr wohlwollende Investoren sein.

Oft wird eine Ungleichheit zwischen den Anteilen der GründerInnen aber nicht mit Sachwerten, sondern damit argumentiert, dass der oder die IdeengeberIn mehr Anteile hält. Bei manchen Investoren sorgt das aber für regelrechte Alarmsirenen im Kopf.

Denn dies deutet auf zweierlei Problemherde hin: Zunächst einmal hat man es hier wahrscheinlich mit einer recht dominanten Person zu tun, die sich durchzusetzen weiß. Das hat natürlich Vorteile, solche Persönlichkeiten neigen aber dazu, weniger harmonische Teams zu kreieren und sind für Investoren nicht immer einfach zu handhaben. Das hatte auch Carsten Maschmeyer im Falle des CurveSYS-Gründers Deniz im Gefühl.[69 70]

Außerdem zählt eine Idee in der Startup-Welt nicht viel. Getreu dem Motto »It's all about execution« ist vor allem interessant, wie stark ein Team in der Umsetzung ist. Kann es aus der Idee einen Prototyp kreieren und daraus ein vermarktbares Produkt? Kann es dieses am Markt erfolgreich platzieren und nachhaltig Kunden für sein Unternehmen gewinnen? Diese Aufgaben gelten als wesentlich schwieriger und anspruchsvoller, als eine gute Idee hervorzubringen. Und ich kann das nur bestätigen.

In all den Jahren meiner Arbeit mit Startups habe auch ich mich immer wieder dabei erwischt, wie ich dachte: Was für eine komische Idee, da wird bestimmt nichts draus. Doch das Team fand seine Nische, konnte die richtigen Kunden begeistern – und wuchs erfolgreich. Auch gab es Momente, da hätte ich am liebsten sofort selbst investiert, da mich die Idee begeistert hat. Ich dachte: Das kann nur gut werden. Doch Jahre später bastelte das Team noch immer daran herum, war zwar ein gern gesehener Gast auf Startup-Events, doch der Drang zum Markt und den Kunden fehlte. Und schließlich ging das Geld aus, und es gab auch kein neues mehr.

Mittlerweile versuche ich daher, die Idee an sich überhaupt nicht mehr zu bewerten, sondern nur die Ausführung, die aber in allen Aspekten.

Betont das Team also den Wert der reinen Idee durch eine ungleiche Anteilsverteilung übermäßig, ist das für Investoren auch ein Hinweis darauf, dass das Team im unternehmerischen Sinn noch »unreif« ist und wichtige Zusammenhänge wahrscheinlich noch nicht verstanden hat.

Hat der Ideengeber jedoch Monate oder sogar Jahre an Arbeit in das Vorhaben gesteckt, schon lange bevor die MitgründerInnen hinzustießen, ist das durchaus ein Argument für eine ungleiche Verteilung.

Wie kritisch das Thema jedoch wirklich ist, ist von Investor zu Investor sehr unterschiedlich.

Einen besonderen Fall möchte ich hier noch nennen, vor allem weil ich mich immer wieder selbst darüber ärgere: In gemischtgeschlechtlichen Gründerteams sind die Anteile oft zum Nachteil der Gründerinnen verteilt, ohne dass es hierfür eine wirklich schlüssige Begründung gibt. Das kommt natürlich gerade bei weiblichen Investoren, aber zum Glück auch immer häufiger bei ihren männlichen Kollegen sehr schlecht an. Sollte man(n) sich hier also durchgesetzt haben, kann das richtig böse nach hinten losgehen.

Generell (nicht nur zwischen den Geschlechtern natürlich) sollte man sich überlegen, dass die Harmonie und der Respekt innerhalb des Gründerteams mit ein paar mehr Anteilen nicht aufzuwiegen ist. Auch der größte Verhandlungsprofi sollte also sein Ego zurückstellen, wenn es um das eigene Team geht. »Weil ich es eben durchsetzen konnte« ist eine extrem schlechte Begründung. In einem Startup sollte für Ellenbogenmanieren schlicht kein Platz sein.

Gute Gründe	Schlechte Gründe
mehr Zeit und intensive Arbeit in das Startup hineingesteckt	Durchsetzungsfähigkeit
allein gegründet, die anderen kamen erst wesentlich später hinzu	Ideengeber
mehr Geld und Sachmittel für das Startup aufgebracht	Verhandlungsgeschick gegenüber den Teammitgliedern

Abbildung 20: Gute und schlechte Gründe für eine ungleiche Anteilsverteilung

Als Faustregel kann man sich merken: Die Gleichverteilung der Anteile innerhalb des Gründerteams ist eine Art »Default«-Zustand. Für jede Abweichung von dieser »Werkseinstellung« sollte man Argumente haben.

EXTRA-WISSEN:

Die Anteile des eigenen Startups über eine Holding halten
Wenn ich mir Gesellschafterlisten anschaue, stehen darauf oft gar keine Namen von echten Menschen, sondern nur Firmennamen. Das kommt daher, dass sich viele GründerInnen entscheiden, die Anteile an ihrem Startup nicht direkt als natürliche Person zu halten, sondern ein zweites Unternehmen dazwischenzuschalten, eine sogenannte Holding. Dies ist wieder eine Kapitalgesellschaft, die oft nichts anderes tut, als die Anteile an dem Startup zu halten. Was zunächst unnötig kompliziert aussieht, kann immense Vorteile haben: Wächst und gedeiht alles wie geplant, kommt es irgendwann zur Gewinnausschüttung oder dem Verkauf. Als natürliche Person ist man dann praktisch sofort 25 Prozent des Geldes an Steuern wieder los. Fließt es jedoch an ein Unternehmen, kann es auch wieder reinvestiert werden, zum Beispiel in ein neues Startup.[71] Dieser steuerliche Vorteil ist der Hauptgrund für die erwähnte Konstruktion, es lohnt sich also tatsächlich, darüber nachzudenken.

Wer hätte gedacht, dass in der Anteilsverteilung zwischen den GründerInnen allein schon so viel steckt? Auch die vorherigen Investoren haben es in sich, wie ja das letzte Kapitel schon angedeutet hat. Bevor die beiden Bäume zusammenwachsen dürfen, möchte ich aber zuerst noch den dritten Ast behandeln: die »Sonstigen«. Also praktisch alle Anteilseigner, die weder GründerInnen noch Investoren sind.

Hier gibt es direkt mehrere Abzweigungen, die man sich vornehmen muss: Familie und Freunde, Berater sowie Partner sind die, die mir bisher begegnet sind.

Dass Familienmitglieder oder enge Freunde Anteile von den GründerInnen bekommen, ist gar nicht selten. Meistens haben sie in frühen Phasen stark unterstützt, und sei es »nur« moralisch. Und natürlich gönnt man es solchen Menschen, das soll hier gar nicht infrage gestellt werden. Doch auch hier gibt es eine Grundregel für einen Idealzustand, ähnlich dem Geldabfluss bei der Finanzierung: »Jede Person mehr am Tisch ist ein prinzipielles Risiko.« Mit »Tisch« ist hierbei die Gesellschafterversammlung gemeint, die zwar nicht immer physisch stattfinden muss, aber so kann man es sich bildlich vorstellen. Übersetzt heißt das also, dass jeder zusätzliche Anteilseigner ein Risiko birgt.

Bei Entscheidungen ist dies meistens gar nicht so kritisch, denn in den meisten Konstellationen werden Gesellschafter, die eh nur ein paar Prozente besitzen, im Zweifel locker überstimmt.

Was oft viel problematischer werden kann: Um Entscheidungen zu fällen, muss eine Gesellschafterversammlung ordentlich einberufen werden. Auf Form und Frist können nur alle Gesellschafter gemeinsam verzichten.[72] Verstößt man gegen die gesetzlichen Vorgaben und hält eine Gesellschafterversammlung ab, bei der ein Mitglied nicht ordnungsgemäß eingeladen wurde, können sämtliche hier gefassten Beschlüsse angefochten werden.[73]

Das gilt dann sogar für Finanzierungsrunden, deren rechtzeitige Durchführung für das Startup überlebenswichtig sein kann. Je mehr Gesellschafter, desto schwieriger ist es, wirklich alle an besagten Tisch zu bekommen. Und deswegen sind dann die 2 Prozent für Papa oder Mama nicht so schön, wenn auch allein bestimmt kein Dealbreaker. Aber eben kein ganz klarer grüner Haken auf der Investoren-Checkliste.

Jetzt wird aber bestimmt der ein oder andere aufschreien, denn was ist, wenn die Verwandten und FreundInnen wirklich tatkräftig mithelfen? Das ist tatsächlich etwas ganz anderes. Die Kernfrage für die nächste Abzweigung ist hier immer, ob die betreffende Person operativ für das Unternehmen tätig ist. Nutzt sie vielleicht stark die Kontakte ihrer Branche, um Kunden zu gewinnen? Hat sie technische Kenntnisse, die in den Prototypenbau einfließen? In solchen Konstellationen ist sie wohl eher MitgründerIn, wenn vielleicht auch nicht mit Vollzeitengagement. Dann sind ein paar Anteile aber durchaus nachvollziehbar, und die meisten Investoren werden das auch nicht weiter als negativ ansehen. Im Gegenteil, wer für das Unternehmen wertvoll ist, den möchte man gerne daran binden. Das kann man übrigens fast genauso auf Berater übertragen: Je wichtiger gerade ihr spezifisches Wissen – zum Beispiel in technischen Bereichen – für das Unternehmen ist und je operativer ihre Tätigkeit, desto eher lassen sich ein paar – wenige! – Anteile für sie argumentieren.

Bei rein strategischen und betriebswirtschaftlich orientierten Beratern sind viele Investoren allerdings kritisch – zumal sie selbst oft in diesen Bereichen Unterstützung bieten.

Von den ungelittenen strategischen Beratern nun zu etwas Handfestem: Denn was ist mit konkreten Partnern, etwa Lieferanten oder Vertriebspartnern? Diese sind ja per se schon operativ tätig, und oft auch kritisch für das gesamte Geschäftsmodell des Startups. Und trotzdem: Im Falle von MIMIK Skincare sagten fast alle Löwen den Deal ab, weil der Produzent hier 50 Prozent der Anteile hielt.

Frank Thelen bei MIMIK Skincare: »Ihr habt einfach vom Start her einen wirklich katastrophalen Fehler gemacht.«[74]

Hier geht es um einen ganz anderen Faktor: Abhängigkeit. Denn was, wenn man großen Erfolg hat und viele Bestellungen, der aktuelle Produzent aber diese Mengen nicht schafft? Sucht man sich dann einen neuen, könnte es Ärger im Gesellschafterkreis geben. Ein klassischer Interessenkonflikt.

Eine solche Entscheidung, obwohl zum Wohle des Unternehmens, ist dann natürlich nicht mehr ganz so einfach zu treffen. Noch größer ist allerdings die Gefahr, dass der Produzent die Preise erhöht oder sonstige Dinge tut, die sich auf den Erfolg des Startups negativ auswirken könnten. Diese Form von Abhängigkeit von Partnern mit potenziellen Interessenkonflikten wird von Investoren normalerweise nur in Ausnahmefällen akzeptiert, man sollte es sich also gut überlegen.

Beim komplexesten Thema von allen, den bisherigen Investoren, wachsen die beiden Bäume endlich zusammen. Neben dem »Wer«, das ich im letzten Abschnitt behandelt habe, spielt noch das »Wie« eine wichtige Rolle. Dazu zählt die Bewertung der vorangegangenen Investitionsrunden, aber vor allem auch die Frage, ob nicht zu viele Anteile für zu wenig Geld abgegeben wurden. Der Grund ist denkbar einfach: Halten GründerInnen zu früh zu wenige Anteile ihres Unternehmens, sehen sie es nicht mehr als »ihres« an und sind eventuell nicht mehr vollständig motiviert. Und dann wird es von Runde zu Runde nur noch schwieriger. Ein professioneller Investor rechnet also insbesondere immer aus, wie viel Prozent der Anteile die GründerInnen nach seinem Investment noch halten werden. Besonders die 50 Prozent sind hier eine magische Grenze, die normalerweise erst bei Investmentrunden im mehrfachen Millionenbereich unterschritten werden sollte.

Doch neben zu niedrigen können auch zu hohe Bewertungen kritisch werden, auch wenn GründerInnen das nicht so gerne hören. In Kapitel 4 werde ich das noch genauer thematisieren.

Bei den Altinvestoren gibt es neben der Höhe der Beteiligung aber noch einen zweiten Zweig: ihre möglichen weiteren Vorteile oder auch Nachteile für das Unternehmen, wie zuvor erwähnt. Einem gut vernetzten privaten Investor, der regelmäßig für gute Kontakte und vielleicht sogar neue Kunden sorgt, gesteht man vielleicht ein paar Prozente mehr zu als einem reinen Geldgeber.

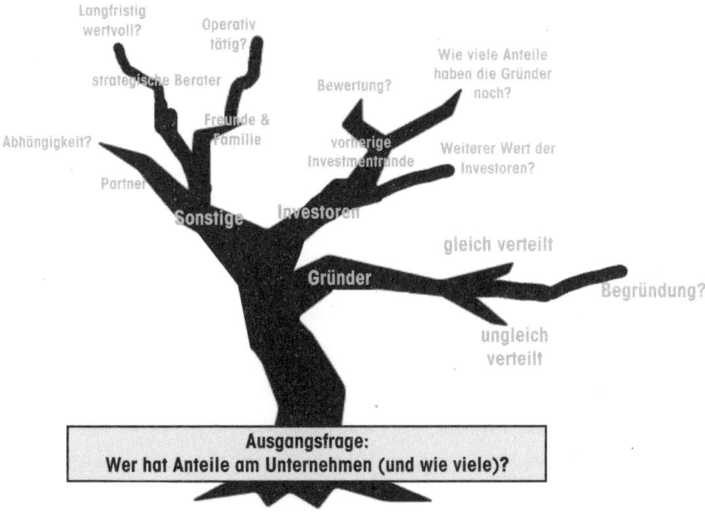

Abbildung 21: Themen bei der Anteilsverteilung

So ergibt sich langsam eine recht klare Checkliste. Unterm Strich: Am liebsten keine fremde Finanzierung und keine weiteren Anteilseigner. Wenn doch, dann bitte so, dass möglichst wenig Kapital dadurch später wieder abfließt, möglichst wenig Abhängigkeiten entstanden sind und möglichst wenige Anteile abgegeben wurden. Wer Anteile hält, sollte möglichst GründerIn oder Investor sein, alle anderen sollten einen anderen starken Mehrwert für das Startup haben.

Okay, mag sich jetzt so mancher denken. Aber was, wenn man hier einen Fehler gemacht hat? Ist dann alles zu spät, kann man dann gleich aufgeben?

Nein, einiges kann man auch im Nachhinein noch ein wenig anpassen, doch fast immer müssen alle Beteiligten einverstanden sein.

So können auch Anteile wieder abgegeben beziehungsweise zurückverkauft werden. Altinvestoren könnten auch Anteile zu einer – oft vergünstigten – Bewertung an den neuen Investor verkaufen.

Dieser Verkauf von Anteilen von einem Investor an einen anderen nennt man übrigens einen Secondary Purchase[75], in der Szene wird dies aber oft einfach nur Secondary genannt.

Und was, wenn es gar nicht so sehr um die Anteile geht, sondern einfach um die Anzahl der Leute, die »am Tisch sitzen«? Im Fall Waterdrop zum Beispiel gab es ganze elf Altinvestoren, was die Löwen nicht unbedingt mit Freude aufnahmen.[76]

Judith Williams bei Waterdrop zum Thema viele Altinvestoren: »Was mich bei Ihnen aber wirklich stört: Elf! (...) Wir sprechen ja jetzt nicht von zwei, drei Gesellschaftern ... aber elf Gesellschafter drin ... da ist halt dann so wenig Raum da, und 10 Prozent wär mir dann auch einfach nicht genug, und deswegen bin ich raus.«

Eine elegante Lösung ist das sogenannte »Pooling«. Ohne zu sehr auf die rechtlichen Details einzugehen, kann man sich das so vorstellen, als ob man eine Gruppe von Investoren »zusammenpackt«. Sie bestimmen dann eine Art Oberhaupt, das für die gesamte Gruppe entsprechend der Summe ihrer Anteile vertretungsberechtigt ist. Hat man also zum Beispiel fünf Investoren, die jeweils 2 Prozent halten, schickt die Gruppe am Ende nur einen von ihnen an den Tisch, der die gesamten 10 Prozent vertritt.

Es gibt also prinzipiell für alles Lösungen. Aber wie schon gesagt, es müssen sich dafür normalerweise alle Beteiligten einig sein. Im besten Fall kommt es gar nicht erst so weit, und man verhandelt lieber in frühen Runden etwas härter. Das Argument, dass man noch mit weiteren Runden plant, ist dabei durchaus zulässig. Insofern es mit der Finanzplanung übereinstimmt natürlich.

Nun sind zwei Gesellschaftsrechtsbäume gewachsen, das soll genügen. Es wird Zeit, sich wieder ganz anderen Themen zu widmen, denn ich habe ja versprochen, dass die Startup-Welt vielfältig ist. Wie wäre es mit ein bisschen Psychologie?

Wie Investoren die GründerInnen einschätzen

»Das sind gute Gründer!«, hat man auch schon die Löwen sagen hören, zum Beispiel im Fall von Rubin Lind von Skills4School.[77] Und es ist viel mehr als nur ein Lob. Es ist ein Prädikat, das so viel bedeutet wie »Vom Gründerteam her müsste man investieren«. Denn wie Investoren gerne zu sagen pflegen: Die drei wichtigsten Faktoren für ein Investment sind Team, Team und Team. Und das ist durchaus ernst gemeint[78].

Doch wie bekommt man diesen Titel, der die Finanzierungsrunde einen ganzen Schritt näher rücken lässt? Wie so oft bei solchen Begriffen ist es auch hier ein Zusammenschluss aus einer ganzen Reihe von Eigenschaften und Faktoren, eine wirklich klare Definition gibt es hierfür nicht.

Man kann aber durchaus sagen, dass es ein gewisses »Grundrezept« für gute GründerInnen gibt, ein paar Basiszutaten und Gewürze, die immer enthalten sein sollten.

Die Qualifikation des Gründerteams ist die erste wichtige Basiszutat. Zwar können Abschlüsse und Noten Eindruck schinden, Investoren sind in ihrer Beurteilung zum Glück aber eine ganze Ecke näher an der Realität als viele Arbeitgeber. Praxis geht hier vor Theorie. So konnte auch der erst siebzehnjährige Gründer von der Fitnessriegel-Backmischung Plantbreak punkten, der zwar neben der Schule noch eine Ausbildung zum Ernährungsberater sowie Fitness Coach[79] absolviert hatte, vor allem aber auch selbst Veganer und Sportler war und sich deswegen gründlich und fundiert mit dem Thema auseinandergesetzt hatte.[80]

Eine weitere Basiszutat ist eine gute Vernetzung und Erfahrungen auf dem relevanten Markt. Daher sind auch GründerInnen sehr beliebt, die ihr eigenes Problem gelöst haben. Oder »alte Branchenhasen«, die ihre Kunden aus ihrem ehemaligen Job in- und auswendig kennen.

Nun wird die Zutatenbeschreibung allerdings immer schwammiger. Denn Qualifikation und Marktbezug kann man ganz gut anhand des Lebenslaufes und mit ein paar Nachfragen einschätzen. Auch manche »weiche« Zutat wie Motivation und Leidenschaft kann man zumindest beim direkten Aufeinandertreffen erkennen.

Doch für Investoren ist auch essenziell, dass das Gründerteam sein Unternehmen »im Griff« hat. Kennt es alle wichtigen Kennzahlen und hat genaue Vorstellungen, was wo noch verbessert werden muss? Kann es jede Frage glaubhaft und detailliert beantworten? Auch wenn das vielen Bauchschmerzen bereitet: Sämtliche Zahlen und Fakten müssen sitzen und dazu noch richtig in die Argumentationsstruktur eingebunden werden. Ohne diese Zutat geht es nicht.

Dagmar Wöhrl: »Es ist ganz wichtig, dass Startups Zahlen, Zahlen, Zahlen kennen.«[81]

Selbst wenn die Zahlen an sich nicht perfekt sind – und das sind sie eigentlich nie –, was zählt, ist die realistische Einschätzung und die Argumente, wie alles besser werden soll und warum das bisher noch nicht möglich war. Es geht also nicht darum, die eigene Finanzplanung Zeile für Zeile auswendig zu lernen. Sondern darum, das eigene Geschäftsmodell vollkommen begriffen zu haben.

Was sich wesentlich trivialer anhört, als es ist, wie man immer wieder in »Die Höhle der Löwen« sehen kann. Das tragbare Stativ Steadify war ein Beispiel, bei dem die Löwen durchaus vom Produkt begeistert waren, nicht aber von den Managementqualitäten der Gründer.[82] Weitere Details dazu erkläre ich im nächsten Abschnitt.

Eine weitere wichtige Zutat ist die Fähigkeit, das richtige Maß zu finden. Denn erfolgreiche GründerInnen müssen manchmal tief in einzelne Themen eintauchen können, ohne jedoch die große Vision aus dem Blick zu verlieren. Perfektionisten kommen selten schnell genug voran, die oft zitierte 80/20-Regel ist hier der Schlüssel. Ich persönlich mag den Spruch »Done is better than perfect«[83]. Er betont so wunderbar, dass es manchmal besser ist, die Dinge erledigt zu haben, statt ewig auf der Suche nach Perfektion zu sein.

Nun kommt noch eine ganze Reihe weiterer Gewürze in Form von Soft Skills hinzu. Immer jeweils mindestens ein Teammitglied sollte präsentations- und kommunikationsstark sein, gut netzwerken können, Entscheidungen vorantreiben, andere motivieren und das Team zusammenhalten können.

Wie bei einem guten Rezept kann man die beste Qualität der Zutaten haben, wenn sie aber nicht perfekt miteinander harmonieren, wird nichts daraus. Fachlich sollten sich die Kompetenzen ergänzen, fünf Wirtschaftswissenschaftler kommen daher bei Investoren oft nicht so gut an. Viele Investoren achten auch besonders darauf, wie sich die GründerInnen untereinander verhalten: Fällt zum Beispiel einer den anderen ständig ins Wort, gibt das häufig Anlass zu einer sehr schlechten Prognose für den Zusammenhalt. Stockt ein Teammitglied mal und versucht keiner, hier irgendwie zu unterstützen, kann das ebenfalls auf der Minus-Liste landen. Und auch, wenn das bei vielen großen Unternehmen noch nicht angekommen ist: Flache Hierarchien und ein Verhältnis auf Augenhöhe sorgen für eine vertrauensvollere und produktivere Atmosphäre, auch können Konflikte in einer solchen Struktur oft besser und schneller geklärt werden.[84]

Und jeder potenzielle Konfliktherd ist, wie bereits beschrieben, ein großes Problem. Daher hört man auch gerne mal die Frage »Seid ihr ein Paar?« von Investoren. Was für manche schon fast wie ein Grenzübertritt wirkt, ist tatsächlich wichtig zu wissen, um Risiken besser einschätzen zu können. Denn Paare halten bei Schwierigkeiten entweder besonders eng zusammen – oder die Beziehung geht in die Brüche, was in einem wirklich schlimmen Streit enden kann. Und einen solchen Rosenkrieg überlebt das Startup normalerweise nicht.

So traurig es also ist, wenn man es so sieht: Gründerpaare sind ein Risikofaktor. Vielleicht habe ich eine unbewusste romantische Ader, denn ich sehe hier gerne auch die potenziellen Vorteile: Hat man eines der Paare erwischt, die wie Pech und Schwefel zusammenhalten, kann es wohl kaum ein stärker verbundenes Gründerteam geben. Und tolle Beispiele wie FlowKiss, Ein Stück Land oder Ankerkraut, die schließlich sogar auf die Löwen-Seite wechselten, zeigen ja, dass es klappen kann. Und zwar richtig gut.

Je harmonischer ein Gründerteam wirkt, desto besser also. Doch das kann man normalerweise nicht spielen, diese Harmonie muss man sich aufrichtig erarbeiten. Und daher sind Pitches auch so wichtig, denn hier interagiert das Team in einer Situation, in der auch ein gewisser Druck besteht. Deswegen sage ich immer: »Den perfekten Pitch will keiner sehen.« Denn er ist langweilig und bietet viel zu wenig Informationen über das Gründerteam. Erst wenn etwas nicht rundläuft, wird es für Investoren richtig spannend.

Nun sind prinzipiell alle wichtigen Zutaten und auch einige Gewürze beisammen. Allerdings ist das Rezept noch nicht fertig, denn jeder Investor kocht sich sozusagen sein eigenes Süppchen. Der eine ist zum Beispiel beeindruckt von Wirtschaftsabschlüssen großer englischer Universitäten, während sie für den anderen nur ein Ausdruck des Geldbeutels der Eltern sind. Wieder ein anderer investiert grundsätzlich nicht in Einzelgründer.

Wer auf geschickte Weise Erkundigungen einzieht, kann dies während der Recherche herausfinden, auch wenn keine so informative Quelle wie »Die Höhle der Löwen« zu den Investoren zur Verfügung steht.

Es gibt also ein paar Grundzutaten, die von hoher Qualität sein sollten. Gut abgeschmeckt mit Leidenschaft, Motivation und Durchhaltevermögen sollte das Ganze zudem sein. Natürlich muss alles perfekt harmonieren. Abgerundet wird die Mischung mit individuellen Faktoren und Soft Skills, die genau zum Startup passen müssen. Eine Firmensoftware braucht zum Beispiel einen Supervertriebler, der sich auch einmal an einem potenziellen Kunden festbeißen kann, während ein Koch oder Lebensmitteltechniker bei einem Food-Startup von großem Vorteil ist. So wird aus dem Basisrezept immer eine ganz individuelle und besondere Kreation. Denn kochen nach Rezept wäre zu langweilig. Und könnte der Vielfalt der Gründerteams auch nie gerecht werden.

Abbildung 22: Basisrezept für »Gute Gründer«

Wie Investoren das Geschäftsmodell checken

Das Thema »gute GründerInnen« ist natürlich noch viel weitreichender, und ich bin mir durchaus bewusst, dass ein Grundrezept dem nicht gerecht wird. Trotzdem hoffe ich, dass es eine grobe Vorstellung davon vermittelt, was Investoren meinen, wenn sie das sagen.

Denn es hat tatsächlich weitreichende Bedeutung. Gerade bei großen Fonds kommt es vor, dass sie recht starre Leitlinien bezüglich Investmenthöhe, Phase oder Branche haben, und selbst beim besten Willen nicht investieren können. Dann empfehlen sie das Startup jedoch oft befreundeten Investoren mit dem Hinweis »Das sind gute Gründer«. Es ist also prinzipiell sogar eine Art Code für »Ich habe sie mir genau angeschaut, und das Team ist so gut, ich würde selbst investieren, wenn nicht … wäre. Wenn das für euch aber kein Problem ist, empfehle ich sie euch wärmstens«.

Und das Prädikat »Gute GründerInnen« bekommt man einfach nicht, wenn man sein Geschäftsmodell und seine Zahlen nicht voll im Griff hat.

Judith Williams: »Zahlen sind die Kernessenz aus der Höhle der Löwen.«[85]

Zum Glück scheinen die Löwen auf meiner Seite zu sein, wenn es um die Zahlenfestigkeit von GründerInnen geht. Doch wie kann ich mich als GründerIn entsprechend vorbereiten?

Da diese Zutat für manche etwas wie Regenbogenstaub zu sein scheint und unsere Gesellschaft eine regelrechte Abneigung gegen Zahlen und Mathematik entwickelt hat,[86] besteht gerade darin die Chance, bei Investoren positiv aufzufallen. Denn man kann sie lernen, die Sache mit den Zahlen. Aber bitte, bitte nicht mit Auswendiglernen verwechseln! Es handelt sich eher um eine Fähigkeit, die man trainieren kann.

Fordert ein Investor auf: »Führen Sie mich einmal durch das Geschäftsmodell«, wird's kritisch. Denn es ist nicht damit getan, mit schönen Worten zu beschreiben, was man macht und was so toll an diesem neuen Produkt ist. Es geht darum zu zeigen, dass man in einer nicht allzu fernen Zukunft damit auch wirklich Geld verdienen kann. Schafft man das nicht darzustellen, kann man es auch nicht durch noch so viel Leidenschaft für sein Vorhaben ausgleichen. Die Löwen helfen hier oft sehr stark mit, was vor allem den ZuschauerInnen zugutekommt. Doch nicht jeder Investor ist so freundlich.

Jetzt reicht es mit den schlechten Nachrichten – eine gute Nachricht für alle Zahlenmuffel: Man kann es lernen, und gerade wenn man Leidenschaft für das eigene Business mitbringt, ist das gar nicht so schwer. Von den Startups, die ich berate, und auch von meinen Studierenden höre ich hinterher oft: »Ich hätte gar nicht gedacht, dass ich das kann, und es macht sogar Spaß.«

Für den Anfang rate ich immer: »Folge dem Geld.« Es ist oft sehr hilfreich, sich zu skizzieren, wer was wann an wen zahlt. Bei Produkten ist das vermeintlich einfach. Schließlich zahlt der Kunde einen gewissen Preis, als Unternehmen hat man dafür Herstellungs- oder Einkaufskosten. Daher fragen die Löwen auch so oft nach diesen Parametern.

Doch Vorsicht, das ist noch nicht alles. Hierzu ein Beispiel mit einem sehr kleinen Produkt, vielleicht ein Kaugummi. Angenommen, der Kunde kauft ein Päckchen für 1,19 Euro. Die Herstellungskosten liegen bei 40 Cent, was erst einmal gut aussieht, denn die Marge erscheint recht ordentlich. Doch warum nehme ich plötzlich so krumme Zahlen? Zuerst geht die Mehrwertsteuer ab, der Nettoverkaufspreis liegt also bei genau 1 Euro. Jetzt stellt sich die Frage, wo das Kaugummi verkauft wird und wer noch daran mitverdient. Da es online unwahrscheinlich ist, ein Produkt für 1,19 Euro zu verkaufen – es kämen ja noch die Versandkosten hinzu –, schauen wir uns einmal den typischen Standort Supermarktkasse an. Hier liegt nun das Kaugummi – aber erst, wenn der Handel es dem Startup auch abgekauft hat. Das hat zwar eine Weile gedauert, aber schließlich waren sie überzeugt – allerdings nicht für 1,00 Euro. Denn schließlich will auch der Supermarkt noch verdienen. Hier kann man locker noch einmal ein Drittel vom Nettoverkaufspreis abziehen – bei Startups, gerade in frühen Phasen, eher mehr. So wäre der eigentliche Verkaufspreis schließlich zum Beispiel 60 Cent. Nun bleiben von den ursprünglichen 79 Cent Marge nur noch 20 übrig, den Rest haben sich Staat und Handelspartner einverleibt. Aber wenigstens bleibt überhaupt etwas hängen.

Um transparent und damit vertrauenswürdig zu erscheinen, nennen manche GründerInnen in »Die Höhle der Löwen« daher bei der Frage nach den Herstellungs- und Verkaufskosten nicht nur zwei, sondern gleich drei Preise: den Endpreis für den Kunden, den Verkaufspreis an den Handel und eben die Herstellungskosten. Startups in frühen Phasen empfehle ich auch immer, direkt hinzuzufügen, falls Letztere in nächster Zeit und mit größeren Mengen noch beträchtlich sinken können.

Marco Peters von »Iss doch Wurscht«: »Unsere Produktionskosten sind aktuell – deshalb brauchen wir auch eure Hilfe – bei der Original Duisburger Currywurst bei 1,52 Euro, was aber

hauptsächlich daran liegt, dass das Glas für uns noch sehr teuer ist. (...) Wir bezahlen (...) 60 Cent im Moment für ein Glas, ich denke, wenn man in anderen Stückzahlen einkaufen kann, dass wir da mit dem Preis auch wesentlich runtergehen können.«[87]

Das ist nämlich ein tolles Beispiel dafür, wie man als GründerIn mit Planung und Übersicht punkten kann, obwohl die gegenwärtigen Zahlen noch nicht so gut sind.

Jetzt werden sich viele denken: »Online hat man das ja nicht«, aber da gibt es wieder andere Themen. Ab einem gewissen Preis setzen die KundInnen meistens schon voraus, dass die Versandkosten inbegriffen sind, andernfalls bestellen sie gar nicht erst. Ein Produkt, das ich für 59,50 Euro verkaufe, liegt abzüglich Mehrwertsteuer bei 50 Euro, minus Versandkosten dann aber schnell bei nur noch circa 45 Euro. Doch bleibt es dann dabei? Nein, denn anders als beim Regal an der Kasse kommt der Kunde ja nicht zufällig in den Onlineshop. Hier entstehen also Marketingkosten, konkreter die sogenannten Kundenakquisekosten. Weil das Wort so lang ist und im Englischen aus drei Wörtern besteht (»Customer Acquisition Costs«) kürzt man die Kosten, die man durchschnittlich hat, damit ein Kunden auch tatsächlich kauft, mit CAC ab.

Dr. Georg Kofler beim Pitch vom Routago: »Was habt ihr denn da kalkuliert für die Neukundengewinnung? Das ist bei 'nem Abomodell ja das Um und Auf.«[88]

So können die CAC schließlich deutlich weniger Marge übrig lassen als der Supermarkt, oder auch wesentlich mehr. Das ist häufig ein wichtiger Faktor für die Entscheidung, auf welchen Vertriebskanal man wie stark setzt. Die Beantwortung der Frage »Welche Kosten fallen für die CAC an?« gehört also unbedingt ins Repertoire für das Gespräch mit Investoren.

Doch bis ein Kunde wirklich Kunde wird, dauert es oft ein wenig länger. Denn der Idealfall, in dem der Kunde vielleicht eine Onlineanzeige sieht, darauf klickt, im Onlineshop landet und sofort bestellt, ist häufig recht weit weg von der Realität. Doch die Abläufe im Onlinemarketing sind dermaßen vielfältig, dass sie dieses Buch sprengen würden. Da ich aber will, dass es heil bleibt, beschränke ich mich hier auf das grundsätzliche Konzept. Und da liegt man mit »Folge dem Geld« gar nicht so schlecht. Denn solange das Geld noch nicht beim Startup angekommen ist, hat es noch der (hoffentlich zukünftige) Kunde.

Also folgt man dem Kunden so lange, bis er einem das Geld übergibt. Wo kommt er her? Was macht er? An welcher Stelle könnte er abbrechen? Mit welcher Wahrscheinlichkeit geht er zum nächsten Schritt? Zeichnet man diese gerne auch »User Journey« genannte Reise vom Interessenten zum Kunden genau nach und überlegt man sich, wie viele Neugierige hier jeweils verloren gehen, erhält man ein trichterförmiges Bild – den berühmten Funnel.

Ich stelle mir das immer gerne so vor, dass man oben Geld hineinwerfen muss, für das man sich die Aufmerksamkeit der potenziellen Kunden kauft. Beispielsweise kosten 2000 Klicks auf die eigene Homepage via Werbeanzeigen oder Social-Media-Aktivitäten 1000 Euro. Von den 2000, die sich nun die Homepage anschauen, hatte dann vielleicht die Hälfte etwas anderes erwartet und ist sofort wieder weg (die sogenannte Bounce-Rate). Die übrigen 1000 scrollen aber weiter und schauen sich die vorgestellten Produkte an. Schließlich klicken etwa 300 auf ein Produkt und schauen es sich genauer an. Und schlussendlich kauft es davon ein Drittel auch tatsächlich.

Aus den ursprünglich 1000 Euro Marketingbudget sind also 100 Kunden geworden. Und da ich die Zahlen wieder so wunderbar rund gewählt habe, kann ich leicht ausrechnen, dass auf diesem Wege ein Kunde 10 Euro gekostet hat.

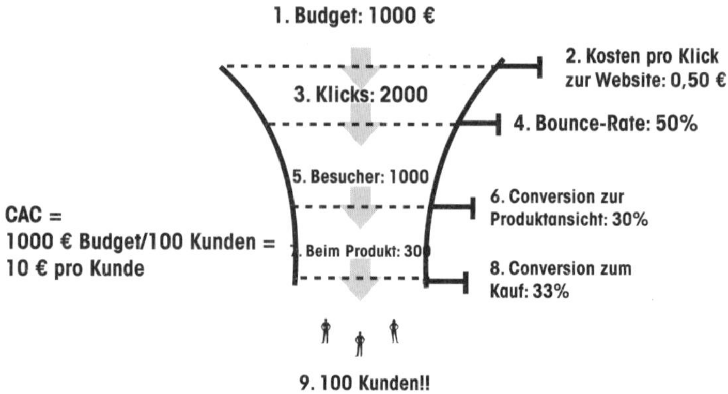

Abbildung 23: Ein Beispiel-Funnel

Gerade im Onlinebereich, das heißt für Produkte, die man online verkauft, aber auch beispielsweise Software, Plattformen oder Apps, sollte man seinen Funnel unbedingt im Detail kennen. Beim Reise-Startup Lambus[89] oder auch für die Musik-Lern-Apps von Classplash[90] erfragte Carsten Maschmeyer beispielsweise Schritt für Schritt den Funnel. Bei Lambus wollte er wissen, wie viele Nutzer sich in der App registrierten, wie viele davon Reisen anlegten und wie viele davon wiederum Partnerangebote in Anspruch nahmen, wodurch das Startup eine Provision bekommt. Während der Löwe jedoch von den Kennzahlen am Anfang des Funnels noch angetan war, war ihm die Monetarisierung am Ende zu schwach. Das Gründerteam argumentierte jedoch, dass die Möglichkeiten hier noch in den Kinderschuhen steckten und bald weitere Partner hinzukommen sollten.[91]

Ob sich bei Carsten Maschmeyer dann auch im Kopf ein Funnel aufbaute, bleibt wohl sein Geheimnis, ich kann es mir aber gut vorstellen. In seinem und auch Ralf Dümmels Investorenprofil wird der Funnel auch noch einmal eine wichtige Rolle spielen.

Es gilt auch in Bezug auf den Funnel wieder: Es geht nicht darum, dass alles perfekt ist, denn sonst bräuchte man wahrscheinlich nicht einmal einen Investor. Sondern es geht darum, dass man zeigt, dass man verstanden hat, um was es geht, in dem man die richtigen Zahlen nennt und für die weniger guten einen Plan hat.

Läuft irgendetwas richtig gut, sollte man das aber unbedingt deutlich hervorheben. Im Fall von gitti[92] waren zum Beispiel die Umsätze für die beschränkten Öffnungszeiten des Onlineshops richtig stark.[93] Deutlich konnte man sehen, wie die Löwen sofort begeistert waren. Doch Investoren fragen nicht unbedingt nach dem Umsatz pro Tag oder pro Verkaufskampagne. Denn für einen Onlineshop ist es zum Beispiel recht unüblich, nur für ein paar Tage verkaufsoffen zu sein. Das war im Fall von gitti eine Besonderheit, mit der die Gründerin aber hervorragend zu arbeiten und zu argumentieren wusste. Hier sind also die GründerInnen in der Verantwortung zu wissen, was besonders gut läuft in ihrem jungen Unternehmen, und das auch entsprechend herauszustellen.

Ist der Kunde endlich bereit zu zahlen, stellt sich neben der Frage »Wie viel?« auch manchmal die Frage, auf welche Weise das Geld seinen Besitzer wechselt. Denn nicht immer ist es so einfach wie im Falle der bisherigen Beispiele. Manchmal verdient man mit dem ersten Kauf des Kunden noch kein Geld oder zahlt sogar drauf. Das Geschäftsmodell ist aber darauf ausgelegt, dass Kunden immer wiederkommen.

Bei sogenannten Abomodellen – von Kochboxen bis zu Apps wie Spotify – ist das der Fall. Hier ist dafür umso wichtiger, wie lange der Kunde wirklich Kunde bleibt und wie viel Geld er insgesamt in dieser Zeit ausgibt. Natürlich spricht die Startup-Szene hier wieder Englisch: Den »Customer Lifetime Value«, kurz CLV, könnte man mit dem Gesamtumsatz, der mit einem Kunden erzielt wird, übersetzen.

Und dann gibt es noch viel komplexere Geschäftsmodelle, man schaue sich nur einmal soziale Medien wie Facebook, Instagram und Co an. Auch sie müssen Anstrengungen unternehmen, um Menschen davon zu überzeugen, bei ihnen ein Profil anzulegen. Hier gibt es zwar einen Funnel, am Ende bezahlen die Nutzer aber nicht für die Plattform. Doch sie tun es auf eine andere Weise – mit ihren Daten.

Carsten Maschmeyer: »Daten sind das neue Öl.«[94]

Denn diese machen gezielte Werbung sehr gut möglich, und schließlich wird durch die Werbekunden der Umsatz generiert.

Der Nutzer, für dessen Akquise man bezahlt, ist also manchmal gar nicht der Kunde, sondern generiert erst einmal einen anderen Wert für eine dritte Partei. Diese bezahlt dann die Plattform dafür, könnte aber auch ihrerseits wieder einen Wert für eine vierte generieren usw. Bis hoffentlich dann doch irgendwann einmal echtes Geld beim Unternehmen ankommt.

Eine weitere Möglichkeit ist es, zwei Parteien für ein Geschäft zusammenzubringen wie Amazon Marketplace Käufer und Verkäufer oder unser DHDL-Startup Music Traveler[95] Musiker und Vermieter von Proberäumen. Geld fließt hier bei einem erfolgreichen Geschäft in Form einer Provision. Achtung: Hier gibt es dann natürlich auch zwei Funnel, die von Bedeutung sind.

Aber bevor jetzt jemandem der Kopf schwirrt von den ganzen Funnels, Kennzahlen und Vergütungsmöglichkeiten: »Folge dem Geld« ist wirklich die denkbar einfachste Wegbeschreibung im Dschungel der Geschäftsmodelle. Kann man dessen Weg genau nachzeichnen, weiß man, wo wie viel verloren geht und wie man das verbessern könnte. Und so ist man auf dem besten Weg, zum Helden seines eigenen Dschungels zu werden.

Und das ist eigentlich schon alles: wissen, wo die Kunden herkommen, wie das Geld von ihnen zum Startup kommt und wie das Produkt oder allgemein der Mehrwert, für den sie bezahlen, zustande kommt. Wenn man anschließend vom Produktpreis bzw. CLV den Preis für die Kundenakquise und für die Produkterstellung abzieht und danach immer noch etwas übrig bleibt, ist schon einmal viel geschafft. Für alle drei Teile dieser Rechnung und allgemein sämtliche Kennzahlen gilt: Sind sie gut, sollte man sie den Investoren unter die Nase reiben. Sind sie nicht gut, sollte man argumentieren können, wie man sie in Zukunft verbessern will und warum das realistisch ist.

Einen dritten Fall gibt es nicht, denn hat man als GründerIn keine Meinung zu den eigenen Geschäftskennzahlen, ist man definitiv kein »guter Gründer«.

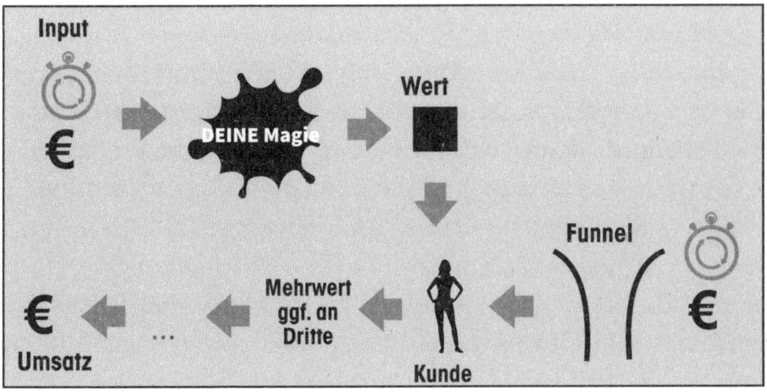

Abbildung 24: Zusammenfassung »Folge dem Geld«

Provokativ formuliert: Investoren können nur das an einem Geschäftsmodell bewerten, was ihnen präsentiert wird. Zwar stellen sie gerade in diesem Bereich auch oft die meisten Nachfragen – es liegt aber ganz klar bei den GründerInnen, sie so hindurchzuführen, dass das Potenzial wirklich klar wird. Weiß das Gründerteam selbst nicht, was es an Kosten für einen Kunden erwartet, kann es auch nicht damit argumentieren, dass sein Produkt online bestimmt super verkauft werden kann. Glaubt es, dass die Kunden, wenn einmal akquiriert, »lange« treu bleiben, sollte es auch Vorstellungen von der CLV oder der Anzahl der Wiederholungskäufe haben. Sind diese Zahlen nach Markteintritt noch nicht wahnsinnig imponierend, haben »gute Gründer« eine Vorstellung davon, wie sie es werden.

Eine gute Übung ist also, wenn man versucht, die besten Argumente für sein Startup in Zahlen auszudrücken.

»Gute Gründer« können erklären, warum sie auch ein »gutes Geschäftsmodell« haben. Und ein Geschäftsmodell ist nur dann gut, wenn es irgendwann einmal Profit abwirft.

Frank Thelen: »Wenn ihr ein so tolles Produkt habt, was so einmalig ist, wie du es hier wirklich leuchtend beschreibst, dann wird das gekauft. Und dann hat man diese wunderschönen Wachstumskurven. Bei euch ist es ja flach geblieben. Und wenn du sagst, das ist so toll, das Produkt, dann wird es im Markt mehr gekauft. Also, diese Zahlen sind für mich grausam. Und aus dem Grund steig ich aus.«[96]

So weit also die Merkmale von »guten Gründern«. Doch gibt es auch etwas, das einen als schlechte GründerInnen entlarven kann, ein Verhalten, mit dem man es sich mit Investoren so richtig versauen könnte?

In Kapitel 4 schaue ich mir noch ein paar Dos und Don'ts der Verhandlung an, aber an dieser Stelle ist mir gerade bei den Zahlenthemen sehr wichtig, eine der problematischsten, aber leider auch verbreitetsten Gründerunarten zu thematisieren: der Top-down-Ansatz bei der Umsatzermittlung.

Ich weiß nicht, wer das ursprünglich einmal von der Corporate-Welt (in der es im Übrigen auch nicht wirklich funktioniert) in die Startup-Welt getragen hat. Wer das rausfindet, schickt die betreffende Person bitte unbedingt zu mir: Ich habe ein ernstes Wörtchen mit ihr zu reden.

Aber bevor ich weiterschimpfe, erkläre ich erst einmal, worum es geht. Viele GründerInnen machen den Fehler, ihre zukünftigen Umsatzplanungen von der Marktgröße abzuleiten. Das klingt dann etwa so: »Der Markt ist ganze 2 Milliarden Euro groß, mit nur einem kleinen Prozent Marktanteil können wir also schon einen Umsatz von 20 Millionen Euro generieren.« Das mag richtig gerechnet sein, diese Aussage ist ansonsten aber komplett wertlos.

Carsten Maschmeyer: »Ihnen gehört nicht der Markt, der gehört auch anderen.«[97]

Für ein kleines Startup ist es ziemlich vermessen, mit Marktanteilen zu argumentieren. Denn dieses kleine Prozent könnten Tausende, vielleicht sogar Hunderttausende oder Millionen KundInnen sein. Und ihre bloße Existenz bedeutet nun einmal leider nicht, dass sie auch kaufen. Sonst wäre die ganz Mühe mit dem Funnel vorhin ja umsonst gewesen.

Es ist noch kein Kunde vom Himmel gefallen. Und jeder Kunde kostet in irgendeiner Form Anstrengungen, die sich meistens in Zeit oder Geld messen lassen. Deswegen sind die Kundenakquisekosten, die CAC, ja auch eine so wichtige Kennzahl. Jeder dieser Tausende von Kunden, die dieses »kleine« Prozentchen des Marktes ausmachen, muss also zuvor durch den kompletten Funnel durchgekommen sein. Sie müssen aufmerksam gemacht worden sein, sie müssen die Produkte angeschaut, in den Warenkorb gelegt, und schließlich auch tatsächlich gekauft haben. Das hört sich schon eine ganze Ecke schwieriger an, oder?

Nimmt man einfach die Marktgröße und knapst sich einen Teil davon ab, spricht man vom »Top-down-Ansatz«, da man sozusagen von oben nach unten vorgeht. Das Gegenteil davon ist es eben, mit dem Funnel zu arbeiten und zu schauen, wie viel Budget man für Marketing – also für die Erlangung der Aufmerksamkeit – zur Verfügung hat und wie viele Kunden daraus entstehen könnten. Das nennt man dann gerne auch den »Bottom-up-Ansatz«, weil man hier praktisch von unten (vom Startup selbst) kommt.

Mit Letzterem sollte man sich, wie beschrieben, gut auskennen, Ersterer ist bei Investoren normalerweise gar nicht gut gelitten, da er praktisch immer zu viel zu optimistischen Ergebnissen führt. Ganz schlecht ist es, wenn mit einer so erstellten Umsatzprognose auch noch die Bewertung begründet werden soll.

Frank Thelen: »Der nächste Gründer, der mir sagt, weil der Markt so groß ist, ist meine Firma so viel wert, den schmeiß ich raus.«[98]

Diese direkte Verbindung zwischen Marktgröße, eigenem Umsatz und vielleicht sogar Unternehmensbewertung sollte man also ganz schnell für immer vergessen, denn das kennzeichnet garantiert keine »guten Gründer«. Leider erlebt man diese Vorgehensweise immer noch viel zu oft, aber ich freue mich über jeden, dem ich sie zumindest in Bezug auf Startups ein für alle Mal ausreden kann[99].

Natürlich macht eine solide »Bottom-up-Umsatzplanung« wesentlich mehr Arbeit, aber Appelle für eine durchdachte Finanzplanung werden von mir ohnehin noch ein paar kommen.

So, nun sind viele wichtige Punkte auf der zuvor verborgenen Investoren-Checkliste offengelegt worden, viele Codes geknackt und auch etwas Szenesprache entschlüsselt.

Doch warum variieren die Fragen von Investor zu Investor oft doch recht stark? Warum fragt Dr. Georg Kofler beispielsweise fast immer nach der Finanzplanung, während sich Dagmar Wöhrl häufiger dafür interessiert, was die Gründer sich von einem Investor wünschen?

Um das zu verstehen, gehe ich nun durch den Höhleneingang, bleibe aber nicht bei den GründerInnen am Pitch-Punkt stehen, sondern wage mich zu den Löwen. Es ist an der Zeit, sie brüllen zu lassen.

KAPITEL 3

Die Löwen

Die InvestorInnen bei »Die Höhle der Löwen« sind natürlich ganz besondere Exemplare ihrer Gattung. Jeder und jede Einzelne von ihnen hat eine beeindruckende Lebensgeschichte, ein oder mehrere florierende Businesses – und eine ausgeprägte Bereitschaft, in Startups zu investieren.

Dass man durch die Beispiele aus der Sendung viel lernen kann, habe ich ja schon oft betont. Doch natürlich gibt es keine zwei Investoren, die exakt die gleichen Kriterien haben, wen oder was sie suchen und wonach sie aussuchen. Doch trotzdem kann man die meisten Investoren einem grundlegenden Investorentyp zuordnen, wie etwa einem Business Angel, einem Venture Capitalist, einem Strategen oder einem Family Office. Das hilft dann schon mal. Und damit geht es auch gleich los.

Darüber hinaus hat jeder Investor eine Reihe von Vorlieben bezüglich Charakteristiken, die sein Traum-Startup vorweisen sollte. Diese hängen nicht zuletzt an seinen Erfahrungen, seinem Netzwerk und seiner Expertise, und lassen sich daher ein Stück weit ableiten. Ein investierender Privatmensch, der einmal technischer Vorstand bei einem großen DAX-Konzern war, könnte sich beispielsweise stark für eher frühphasige Tech-Themen interessieren. Ein großer institutioneller Investor, dessen Managementteam aus der Medienlandschaft kommt, könnte eher ein Auge auf marktreife Konsumentenprodukte haben, denen mithilfe von Know-how und Kontakten neben Geld auch Reichweite geboten werden kann. Wie man diese sogenannten »Sweet Spots« richtig erkennt und warum sie so wichtig sind, nehme ich mir im zweiten Abschnitt dieses Kapitels vor.

Und dann gibt es die eher weichen Faktoren, die sich auf bestimmte Aspekte des Teams, des Marktes oder auch Technologiethemen beziehen können. Sie machen die Auswahlkriterien eines Investors so richtig individuell.

Natürlich ist alles irgendwie miteinander verwoben, aber man kann sich das ein bisschen so vorstellen wie ein Bild, das entsteht: Es gibt eine Handvoll verschiedener Leinwände, die nicht groß veränderbar sind. Dann gibt es eine ganze Reihe verschiedener Farben (die Charakteristiken), aus denen sich eine spezifische Farbpalette ergibt: der Sweet Spot. Aber hinzu kommt das ganz individuelle Set an Fähigkeiten, Techniken und Extras des Künstlers, sodass es am Ende nie zwei völlig gleiche Bilder geben kann. Selbst dann, wenn man zwei exakt gleiche Leinwände hat und mit genau den gleichen Farben das gleiche Motiv abzubilden versucht.

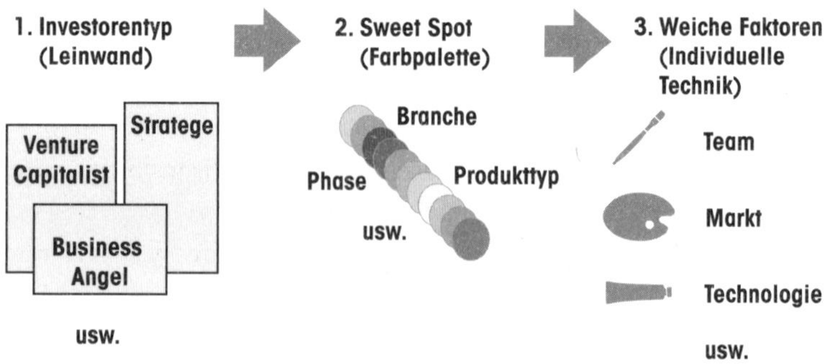

Abbildung 25: Das Investorenbild

Es ist also essenziell in der Verhandlungsvorbereitung, das jeweilige Investorenbild zu analysieren und zu verstehen.

Die Löwen dienen als lebende und überaus spannende Beispiele – echte Investorenbilder – wie sich so etwas in der Realität gestaltet und wie man als GründerIn die richtigen Informationen und Schlüsse für sich daraus ziehen kann.

Allerdings: Allein die Recherche für ein solches Profil nimmt Stunden, wenn nicht sogar Tage in Anspruch. Doch genau dieser Aufwand kann den Unterschied zwischen Investment und Scheitern, zwischen Deal und No-Deal machen. Aber ich denke, sämtliche cool-romantischen Vorstellungen von der Startup-Welt sollte ich bis hierhin ohnehin zerstört haben.

Dies ist das ganz zentrale Kapitel dieses Buches, das nicht nur ZuschauerInnen die Löwen ausführlich erklärt, sondern auch GründerInnen helfen kann, sich wirklich professionell auf Investoren vorzubereiten. Vielleicht hilft es sogar einigen PrivatinvestorInnen dabei, sich zu finden und erfolgreicher zu investieren.

Die Bedeutung von Investorenprofilen

Herzlich willkommen also zu diesem kleinen (und eher theoretischen) Malkurs. Wahrscheinlich der erste Malkurs, bei dem man nur lesen muss, aber man sagt uns MathematikerInnen ja nach, wir wären eher theoretisch unterwegs.

Doch GründerInnen, die gerade in der Vorbereitung auf einen konkreten Investor sind, können natürlich parallel überlegen, wo und wie sich ihr anvisiertes Exemplar einordnen lässt. Die Löwen-Profile können auch dabei helfen, die eigene Vorgehensweise und die Gedanken dazu zu überprüfen.

Bevor ich nun zu den konkreten Investorentypen – den Leinwänden für das geplante Bild – komme, muss ich aber noch einmal ganz explizit betonen, dass Startup-Investments weder ein Hobby noch eine gemeinnützige Tätigkeit sind – selbst wenn manche Medien sie gerne so betrachten. Doch sie sind schlicht und einfach ein Geschäftsmodell. Bei dem Versuch, ein Bild eines Investors zu entwerfen, spielt sein ganz individuelles Geschäftsmodell also eine wichtige Rolle. Denn dies ist praktisch das Motiv des Bildes.

Streng genommen haben Investoren also nicht nur ein Geschäftsmodell, sondern sie sind es. Faktisch ist es auch fast immer eine Firma, die die Investments tätigt. Für viele mag das vor allem steuerliche und eventuell rechtliche Gründe haben, aber auch die organisatorische Seite ist nicht zu unterschätzen: So lassen sich die Prüf- und Managementprozesse mit der Zeit optimieren. Vor allem, wenn doch einmal zusätzliche Mitarbeiter oder Dienstleister unterstützen sollen oder zusätzliche Geldgeber ins Spiel kommen. Und buchhalterisch ist es ohnehin sauberer.

EXTRA-WISSEN:

Szenesprache: Immer wieder gibt es mittelständische oder große Firmen, die zwar keine eigene Investmentfirma gegründet haben, aber trotzdem investieren. Natürlich müssen sie – höchstwahrscheinlich – zunächst intern die Budgets und genaue Verbuchung klären. Aber faktisch investieren sie dann natürlich, ohne einen spezifischen Investmenttopf abzugrenzen. In solchen Fällen sagen professionelle Investoren gerne, »sie investieren aus dem Balance-Sheet«. Damit wollen sie vor allem betonen, dass Startup-Investments nicht die Hauptbeschäftigung dieses Unternehmens sind und hier gegebenenfalls wenig Erfahrung besteht. Nach ein paar Gehversuchen als Investor ändern diese »Neuinvestoren« dies normalerweise recht schnell.

Doch die Investmententscheidung trifft ja letztendlich immer noch ein Mensch. Und diese Entscheidung spiegelt im Normalfall das jeweilige Geschäftsmodell des Investors sehr deutlich wider.

Das Bild, das in diesem Lese-Malkurs entstehen soll, porträtiert also das Geschäftsmodell eines Investors und damit den Investor selbst – in seiner Essenz als Geldgeber, nicht als Person. Doch wie lassen sich Investorengeschäftsmodelle überhaupt beschreiben?

Um dieser Frage auf den Grund zu gehen, habe ich zwei Extremfälle konstruiert, bei denen ein Investor jeweils 100 000 Euro investiert und dafür 10 Prozent eines jungen Unternehmens erhält.

Im ersten Fall geht es um eine kleine Beratungsagentur, die langsam, aber sicher wächst und nach einiger Zeit 1 bis 2 Millionen Euro Umsatz macht. Nun müssen zunächst die laufenden Kosten bezahlt werden, auch eine Reserve für schlechte Zeiten oder neue Investitionen will man haben. An Gewinn werden dann etwa 200 000 Euro ausgeschüttet. Da dem Investor 10 Prozent des Unternehmens gehören, bekommt er davon 20 000 Euro, braucht also weitere vier Jahre, bis er sein Investment zurückhat. Dann erst beginnt er, daran zu verdienen.

Das Verdienstpotenzial erscheint also nicht riesig, dafür war das ganze Modell von vornherein relativ risikoarm. Denn die Gründer waren Branchenerfahrene mit guten Kontakten aus ihrer bisherigen Tätigkeit, die ihre ersten Kunden direkt mitbrachten.

Da eine Beratung vor allem die Zeit ihrer Berater verkauft, muss man nicht nur neue Kunden gewinnen, sondern auch neue Berater einstellen, wenn man mehr Umsatz machen will. So entstehen mit zusätzlichem Umsatz auch immer zusätzliche Kosten. Ein solches Geschäftsmodell wird gerne mit »Zeit gegen Geld« oder als wenig skalierbar beschrieben.

Im zweiten Fall geht es zum Vergleich um ein junges Unternehmen im Bereich Vermittlung von Haushaltsdiensten, ein vor nicht allzu langer Zeit boomender Bereich. Doch von den 100 000 Euro schafft es das Unternehmen gerade einmal, die erste Version seiner Plattform zu bauen und die ersten Kunden zu generieren, dann wird neues Geld gebraucht. Wenn alles gut läuft, wird es sogar noch mehrere Investitionsrunden geben, bis das Startup deutschlandweit bekannt ist. Allerdings hat es bis zu diesem Punkt keinerlei Geld für die Investoren ausgeschüttet, denn jeder Cent wird in das weitere Wachstum gesteckt. Außerdem macht man eh noch kaum – oder gar keinen – Gewinn. Doch irgendwann zeigt ein großes Unternehmen Interesse und kauft das komplette Unternehmen für 100 Millionen Euro auf.

Wie immer wähle ich natürlich schöne runde Zahlen, die nicht zwangsweise übermäßig realistisch sein müssen. In dieser Konstruktion ist der Start-Investor durch die gerade gegen Ende sehr großen Finanzierungsrunden sicherlich stark verwässert – er könnte beim Verkauf zum Beispiel nur noch 2 Prozent der Anteile halten. Doch diese sind immerhin nun satte 2 Millionen Euro wert. Hier war der Gewinn natürlich enorm, doch auch das Risiko war ungleich höher. Jede neue Finanzierungsrunde hätte scheitern können, ein Totalausfall war also recht wahrscheinlich. Gerade solche Plattformmodelle bezeichnet man als hoch skalierbar. Denn steht die Plattform einmal, ist es fast egal, ob mit ihr 1000, 10 000 oder 10 Millionen Kunden bedient werden. Zusätzliche Kosten entstehen dabei kaum – man kann praktisch so groß werden, wie es Kunden dafür gibt.

Wie man an diesen zwei – zugegeben recht extremen Beispielen – sieht, können auch Startup-Investments sehr unterschiedlich in Risiko und Verdienstpotenzialen sein.

Doch ein bestimmter Investor investiert nicht nur einmal, sondern meist regelmäßig. Wenn man nach obigen beiden Mustern aber je zehnmal investiert, kristallisiert sich etwas heraus: Im ersten Fall kann man vielleicht davon ausgehen, dass sechs solcher Unternehmen gut funktionieren. Der Investor hat hier also 1 Million Euro investiert, aber nur sechs Unternehmen zahlen ihm pro Jahr insgesamt 120 000 Euro an Gewinnausschüttungen zurück.

Erst nach knapp neun Jahren hat er auf diese Weise sein gesamtes Investment zurück und bekommt nun jedes Jahr noch weitere

120 000 Euro an »Zinsen«. Im zweiten Fall wurde ebenfalls 1 Million investiert, doch hier schafft vielleicht nur ein Unternehmen von zehn den erfolgreichen Exit, der Einfachheit halber nehme ich hierbei auch an, dass der ebenfalls nach etwa zehn Jahren passiert. Der Investor hat hier nun 1 Million Euro Gewinn gemacht. Zwar wird er damit dann aus diesem Investment keine weiteren Einnahmen mehr erwarten können, kann die insgesamt 2 Millionen aber nun wieder in neue Startups investieren und so – wenn es weiterhin so gut läuft – das Kapital immer stärker vermehren.

	langsam, aber sicher	schnell und riskant
Wachstum	langsam	schnell
häufige Rückzahlung	Ausschüttung	Verkauf
Dauer	lange	kurz – mittel
erwarteter Gewinn	gut, ca. 2-stellige %	Vervielfachung
Risiko	gering – mittel	hoch – sehr hoch
Skalierbarkeit	gering – mittel	hoch – sehr hoch

Abbildung 26: Vergleich zweier Investmentmodelle

Ein weniger gut skalierbares Business, das aber ein geringeres Risiko hat, kann also langfristig gute Gewinne abwerfen, während ein hoch skalierbares Business Aussicht auf wesentlich höhere Gewinne nach vielleicht sogar wesentlich kürzerer Zeit hat, aber oft auch ein wesentlich höheres Risiko bereithält. Stark pauschalisiert.

Die meisten Investoren sind daher ganz wild auf diese Skalierbarkeit – zumal sie gleichzeitig glauben, dass sie das Risiko durch kluge Auswahl ihrer Investments etwas abmildern können. Damit dann eben nicht nur eines von zehn, sondern ein paar mehr die großen

Gewinne abwerfen. Einige sind ganz gut darin, andere weniger. Die Obsession mit dieser Skalierbarkeit ist mir hier erst einmal Anlass, diesem ominösen Konzept auf den Grund zu gehen.

Wie bereits erklärt, fallen bei schlecht skalierbaren Unternehmen auch fast immer, wenn neue Umsätze entstehen, weitere Kosten an. Hoch skalierbare Unternehmen dagegen können mit wenig zusätzlichen Kosten viel zusätzlichen Umsatz erzeugen. Doch so richtig bringt das nur etwas, wenn dieses Umsatzwachstum sich auch schnell verwirklichen lässt.

Mit »schnell« ist hierbei meistens exponentiell gemeint. Allerdings ärgert es mich als Mathematikerin immer fundamental, wie wenig Menschen eigentlich verstehen, was exponentielles Wachstum bedeutet. Es ist eben mehr als ein »schnelles« oder »sehr schnelles« Wachstum, vor allem aber ist es kein schwammiger Begriff. Exponentielles Wachstum liegt nur dann vor, wenn etwas (bei Startups meistens der Umsatz) pro Einheit (in diesem Fall eine Zeiteinheit wie zum Beispiel ein Monat) zunehmend stark wächst.[100] Einfach ausgedrückt, wächst also nicht nur der Umsatz, sondern auch die Zunahme des Umsatzes selbst. In Zahlen: Ein Unternehmen, das in diesem Monat 1 Million Euro mehr verdient als im letzten, ist zwar stark gewachsen. Wenn es aber im nächsten Monat wieder 1 Million Euro mehr verdient und im nächsten wieder, ist das Wachstum immer das gleiche. Das Unternehmen mag zwar »stark« wachsen, aber nicht exponentiell.

Verdient es jedoch zunächst 10 000 Euro, dann 20 000 und schließlich 50 000 Euro, wächst nicht nur sein Umsatz, sondern auch das Wachstum selbst. Im zweiten Monat wächst es um 10 000 Euro, im dritten bereits um 30 000. Schafft es dann, diesen Trend beizubehalten, nimmt seine Wachstumskurve die Form des berühmten »Hockey Sticks« an. Diese Kurve repräsentiert exponentielles Wachstum, wie es sich jeder Investor erträumt.

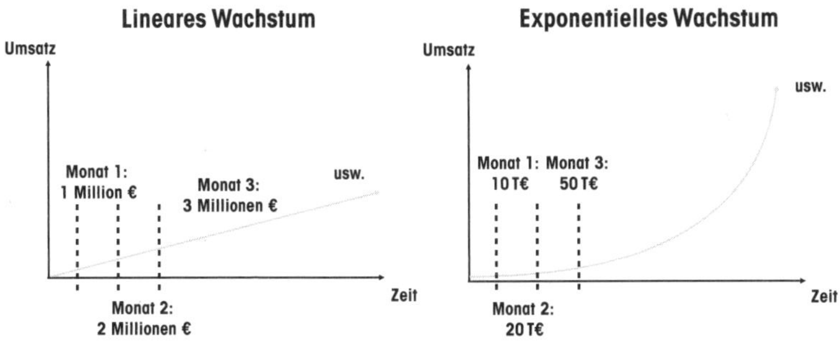

Abbildung 27: Bild lineares vs. exponentielles Wachstum

Dieser Hockey Stick war bei den Löwen bereits öfter ein Thema. In Staffel 6 wurde genau diese Thematik beim Pitch von Stickerstars ausgiebig diskutiert.[101] Das Startup realisierte Sticker-Sammelalben nach dem Vorbild von Panini für kleinere Gruppen und Vereine. Da gerade diese Vereine oft wenig zahlungskräftig sind, hatten sie ihr Modell über den Verkauf der Alben und Bildchen in lokalen Supermärkten monetarisiert. Sehr smart zunächst.

Und das funktionierte so gut, dass bereits zum Zeitpunkt des DHDL-Auftritts siebenstellige Jahresumsätze generiert wurden und die Profitabilität erreicht war. Doch den Löwen reichte das nicht, denn die Umsatzzahlen ließen eben jene Hockey-Stick-Form vermissen, die sie vor allem bei der angefragten Bewertung von 8 Millionen Euro erwartet hätten. Ansonsten sahen sie die Zeitspanne, die wohl benötigt werden würde, um ihr Investment zurückzubekommen, als zu lange an. Jeder neue Kunde schien ein Projekt zu initiieren, für das wieder Personal zur Verfügung stehen musste. So schien der Hockey Stick fast unerreichbar, und es gab leider keinen Deal.

Doch das Faszinierende an Geschäftsmodellen ist für mich, dass der große Erfolg manchmal nur ein paar Anpassungen entfernt ist. Heute hat Stickerstars ein drittes Geschäftsfeld, eine Plattform, auf der sich jeder sein eigenes Sammelalbum mit Stickerset zusammenstellen kann. Das ist der Renner für Hochzeiten[102] und Unternehmen[103], aber auch Abiturientenjahrgänge, Geburtstagsgesellschaften und Events sollen bald bedient werden. Fast die ganze Arbeit wird von den KundInnen übernommen – sehr praktisch. So kann sich das Unternehmen auf das Wachstum über bereits fünf funktionierende Marketingkanäle konzentrieren – und es scheint sich tatsächlich der Hockey Stick abzuzeichnen. Vielleicht braucht es nun gar kein Investment mehr?

Natürlich steckt hinter einer solchen Anpassung des Geschäftsmodells einen Menge Arbeit – schließlich musste die Plattform erst einmal programmiert werden. Auch dies ist vielen hoch skalierbaren Geschäftsmodellen gemein. Das entscheidende Element – wie eine Plattform, eine App oder ein Verfahren – erfordert zunächst erheblichen Aufwand. Ist diese Hürde erst einmal genommen, steht dem so sehnsüchtig erwünschten exponentiellen Wachstum nicht mehr viel im Wege – insofern die Nachfrage dann erzeugt werden kann.

Und genau wegen dieses erheblichen Anfangsaufwands brauchen gerade hoch skalierbare Unternehmen eben oft Investoren – passt also, könnte man sagen, denn jeder hat das, was der andere will. Doch hier steckt viel vom Risiko: Es muss recht viel Geld ausgegeben werden, um zu erfahren, ob es überhaupt klappen kann.

Doch natürlich tickt nicht jeder Investor gleich, sonst wäre dieses Kapitel hier bereits zu Ende. Es geht aber im Gegenteil jetzt erst richtig los mit dem geistigen Malkurs.

Es unterscheidet sich bei Investoren also die Risikoaffinität; es unterscheiden sich jedoch auch die Wege, um das eigene Risiko zu senken. So sortieren sich dann verschiedene Typen von Investoren fast wie von selbst in verschiedenen Investitionsphasen ein – wie schön der Form und Größe nach geordnete Leinwände. Also, zum Start des Investoren-Malkurses erst mal eine kleine Leinwandkunde.

Investorentypen

Zunächst einmal hat es einen starken Einfluss, ob der Investor eine Person oder eine Institution ist. Bei einer Person kommen die persönlichen Präferenzen natürlich hinsichtlich der Risikobereitschaft viel stärker zum Tragen. Eine Institution ist dagegen eher zielbild- und kennzahlengetrieben. Für diese Art von Investoren sind daher oft die Gewinnaussichten, vor allem aber auch die Langfristigkeit wenig skalierbarer Geschäftsmodelle wirtschaftlich schlicht nicht interessant genug.

Eine nicht ganz so risikoaffine Privatperson könnte dagegen durchaus daran interessiert sein, in weniger skalierbare Modelle zu investieren. Besonders, wenn sie zusätzlich zum Erfolg beitragen und so das Ausfallrisiko weiter senken könnte. So sind viele Privatinvestoren ehemalige Führungskräfte mittlerer oder großer Unternehmen, die viel Erfahrung und reichlich Kontakte aus ihrer Branche beisteuern können.

Da sie also ihrem jungen Investment mit Rat und Tat zur Seite stehen, bezeichnet man sie gerne als »Business Angels«, also als Engel für das junge Unternehmen. Schöner Titel eigentlich, denn wer möchte nicht einmal im Leben ein Engel für jemanden sein?

Doch natürlich gibt es auch unter solchen Investoren ausgesprochen risikoaffine. Da nicht viele von ihnen übermäßig reich sind, aber trotzdem ihr Risiko etwas streuen wollen, investieren sie häufig im unteren fünfstelligen bis unteren sechsstelligen Bereich – es kann aber auch mal etwas mehr sein. Grundsätzlich bieten sie sich also für frühe Phasen kurz vor oder nach dem Marktstart an, erst recht, wenn man sich auch anderweitige als lediglich finanzielle Unterstützung erhofft. Man redet hier gerne von Seed- oder Pre-Seed-Investments.

Da Business Angels alleinverantwortlich und mit ihrem eigenen Geld investieren, sind Entscheidungswege und Prozesse hier natürlich eher kurz, dafür machen sie jedoch ihre eigenen Regeln. So ist es einigen zum Beispiel ziemlich egal, wie viele hippe Szenemenschen der Meinung sind, dass Businesspläne nicht mehr zeitgemäß sind. Wenn sie einen haben wollen, sollte man ihnen einen liefern, wenn man will, dass die Gespräche weitergehen.

Doch in diesem Frühphasenbereich tummeln sich auch institutionelle Investoren (oft Accelerator oder Inkubator genannt). Wie schon anklingt, verstehen sie sich als Brutkasten oder Abschussrampe für Startups. Neben meist eher kleinen Investmentsummen bieten sie oft eine ganz Armada an Unterstützern, meistens Coaches und Berater in den unterschiedlichsten Bereichen. Diese werden gerne in einem mehrmonatigen Programm organisiert, das dann von den Startups durchlaufen werden muss. Manchmal gibt es auch nur ein solches Programm, ohne jedes Investment.

Häufig haben diese »Firmen-Ausbrüter« eine spezielle Ausrichtung und ihr Unterstützungsangebot ist daran angepasst. Zum Beispiel können sie speziell auf Food-Startups ausgerichtet sein oder nur E-Commerce-Modelle aufnehmen wollen. Daher gehören sie häufig zu einem Unternehmen aus der entsprechenden Branche, es gibt aber auch unabhängige und sogar weltweite Programme wie den YCombinator[104] oder TechStars[105].

Auch die Qualität der Unterstützung kann sehr unterschiedlich sein. Von ausgewiesenen, normalerweise teuren Experten bis hin zu eher zwielichtigen Gestalten, die zwar zunächst gebührenfrei arbeiten, die von ihnen veranstalteten Workshops und Coachings aber dann zur Akquise nutzen, ist alles dabei. Leider hält sich vor allem bei staatlichen Programmen dieser Art in Deutschland eine »Geiz ist geil«-Mentalität, sodass die weniger hochwertigen traurigerweise in der Überzahl sind. Zudem gibt es Inkubatoren, die zwar Geld gegen Firmenanteile zur Verfügung stellen, von diesem Kapital aber wieder einen gewissen Teil für ihre Coaching- oder auch Vermietungsleistungen einbehalten. Mal wieder sollte man sich also im Vorfeld schon gründlich schlaumachen. Diese Investorenart ist für mich ein gutes Beispiel, wie eine gute Grundidee immer wieder regelrecht versaut werden kann – das Gespräch mit ehemaligen »Absolventen« kann da aber wertvolle Aufschlüsse bringen.

Unternehmen investieren auch oft in größerem Stil – also vor allem größere Summen – in Startups. Hierzu haben sie meist noch andere als rein finanzielle Gründe. Robert Bosch Venture Capital investiert zum Beispiel in junge Tech-Startups – klar, einerseits kennt der Maschinenriese sich hier aus, andererseits wird er aber vor allem daran interessiert sein, Neuheiten vor seiner Konkurrenz zu sehen.

Bei Investoren dieser Art wird die bei einem Investment ohnehin bestehende Verbundenheit durch eine Kooperation häufig noch verstärkt[106]. Ein strategischer Investor kann aber auch den entscheidenden Schub geben, zum Beispiel durch Hilfe in der Produktion, Technologiepartnerschaften oder Vertriebskooperationen.

Und dann gibt es die Spezialisten für das schnelle und große Geld – die Venture Capitalists oder kurz VCs. Sie sind weitestgehend unabhängig und ihr vorherrschendes oder sogar alleiniges Ziel ist schlicht und einfach die möglichst starke Vermehrung von Kapital. Daher investieren sie vorwiegend in Phasen, in denen schon klar ist, dass das stark skalierbare Geschäftsmodell grundsätzlich funktioniert, das Verdienstpotenzial aber gegenüber dem Investment möglichst hoch ist. Ohne Hockey-Stick-Vision geht bei ihnen praktisch gar nichts.

Das heißt üblicherweise, dass das Startup schon am Markt ist und in einer überschaubaren Zeit eine substanzielle Kundenbasis aufbauen konnte. Dadurch wissen die GründerInnen mittlerweile ziemlich genau, wer ihre Kunden sind und wie ihre Funnel funktionieren.

Ein VC kommt also mit Vorliebe in einer Situation zum Startup, in der schon alles gut zu funktionieren scheint und »nur noch« Geld für das Marketing gebraucht wird, um schneller als sowieso schon zu wachsen. Zum »Hochskalieren« sagt die Szene dann gerne. Dass das nicht immer ganz so einfach ist, wie es sich hier anhört, kann man sich natürlich denken. Ein Investment in dieser Phase nennt man übrigens meistens die Series A. Es gibt aber auch reichlich VCs, die auf spätere Phasen konzentriert sind, wenige auch auf frühere.

Durch diesen Fokus auf Skalierbarkeit und möglichst einträgliche Investments wird oft ein genau bezifferter Geldtopf eingerichtet, aus dem für eine gewisse Zeit investiert wird. Wenn man also von einem 100-Millionen-Fonds liest, der für zehn Jahre aufgelegt wurde, hat der betreffende VC also nun 100 Millionen in diesem Topf und will das Geld innerhalb von zehn Jahren unter die Startups bringen. Ein und derselbe VC legt häufig mehrere Fonds hintereinander auf. Da man erwartet, das Geld nach einer gewissen Zeit zurückzubekommen – möglichst mit Gewinn natürlich –, wird auch meistens ein Zielwert definiert, wie lange man die Anteile eines Startups maximal halten will. Beträgt eine solche Haltezeit also acht Jahre, möchte der betreffende Investor seine Anteile an einem Startup nach maximal acht Jahren wieder loswerden – entweder durch Verkauf oder durch einen Börsengang beispielsweise.

Interessant ist beim VC-Modell zudem, woher das Geld eigentlich kommt. Denn es kommt meist von anderen größeren Firmen oder sogar Privatpersonen, den sogenannten Limited Partners. Man kann sich das ungefähr so vorstellen, als ob sich ein paar Firmen zusammentun und Geld in einen großen Topf schmeißen – die Mannschaft des VC tut dann ihr Bestes, um das zu vermehren. Am Ende muss auch sie von den Gewinnen bezahlt werden und für die Limited Partners sollte immer noch etwas übrig bleiben. Wen das Ganze jetzt an einen aktiv gemanagten Aktienfonds erinnert, der liegt gar nicht so falsch. Nur ist es hier eben ein Startup-Fonds, und es wird daher nicht anonym an der Börse und per Computer, sondern in sehr reale junge Unternehmen investiert – persönliche Gespräche inklusive.

Wenn man aber einmal über die Motive nachdenkt, die diese Limited Partners haben, ist es nicht immer ganz abwegig, dass diese mit ihrem Investment in den jeweiligen Fonds ebenfalls weitere Interessen verfolgen. Manche VCs werben ganz offensiv damit, Kontakt zu den innovativen Startups herzustellen oder es vor allem auf Innovationen aus bestimmten Branchen abgesehen zu haben. Eine lupenreine Unabhängigkeit von anderen Interessen besteht also fast nie – was aber auch gar nicht schlimm ist, wenn man als Startup seine Recherche ordentlich gemacht hat. Vielleicht ist bei den Limited

Partners jemand dabei, mit dem man sogar unbedingt Kontakt haben will? Bei institutionellen Investoren stellt sich also weniger die Frage, ob sie zusätzliche strategische Ziele haben, sondern vielmehr, wie stark diese sind und ob sie zu den eigenen Zielen passen oder diesen eher entgegenstehen könnten.

VCs sind für viele oft der Prototyp des Startup-Investors, sozusagen die Lieblingsleinwand der Szene. Doch GründerInnen sollten sich bewusst machen, dass es sich eben um Institutionen handelt, die straff organisiert sind und teils strenge Vorgaben haben. Denn ohne knallhartes Risikomanagement funktioniert das Geschäft mit den hoch skalierbaren Startups nicht. Das kann dann je nach Größe und Organisation längere Entscheidungswege, stark standardisierte Prüfprozesse und wechselnde Ansprechpartner bedeuten.

EXTRA-WISSEN:

Smart Money: Offen strategische Investoren benutzen gerne die Bezeichnung »smart money« für ihr Investment. Damit wollen sie ausdrücken, dass gerade ihre strategische Ausrichtung ihren Portfoliounternehmen helfen kann. Das Chemieunternehmen kann zum Beispiel bei der Produktentwicklung unterstützen, die Bank Zugang zu ihren Kunden verschaffen. So entstehen oft zusätzliche Win-win-Situationen.

Ein bisschen gemein ist, dass dann das reine Finanzinvestment des klassischen VCs zum »dumb money« – also zum »dummen« Geld – wird. Daher betonen auch VCs gerne, wie sie zum Beispiel mit ihrem Netzwerk und gesammelten Know-how helfen. So behauptet schließlich fast jeder in der Szene, dass sein Geld »schlau« ist. Und GründerInnen bleibt mal wieder nichts anderes übrig, als – man ahnt es schon – sich selbst gründlich schlauzumachen.

Schließlich möchte ich noch eine letzte Art der Investorenleinwand hier vorstellen, die nach meinem Empfinden gerade in den letzten Jahren mehr und mehr Bedeutung in der Startup-Szene gewonnen hat: die sogenannten Family Offices. Diese »Familienbüros« haben ihren Namen daher, dass sie oft Investmentvehikel wohlhabender Familien sind. Es gibt Ähnliches aber auch von Einzelinvestoren oder von Zusammenschlüssen, in der die Beteiligten nicht unbedingt miteinander verwandt sind. Lange Zeit wurden sie eher mit späteren Wachstums- und Expansionsphasen in Verbindung gebracht, denn sie haben mit Vorliebe in junge Unternehmen investiert, deren Geschäftsmodell schon klar war und die oft bereits mehrere Millionen Umsatz machten und profitabel waren, jetzt aber Geld brauchten, um zum Beispiel internationale Märkte zu erschließen.

Also Finanzierungsrunden nach der Series A – je nach Anzahl dann einfach mit Series B, C, D usw. betitelt. Diese Finanzierungsrunden sind naturgemäß noch einmal wesentlich größer als die typische Series A – mehrere Millionen werden hier schon fällig, nach oben sind fast keine Grenzen gesetzt.

Doch in den letzten Jahren tauchten in der Szene nicht nur immer mehr solcher Family Offices auf, auch beteiligten sie sich immer häufiger an Seed- oder Series-A-Finanzierungsrunden. Da sie oft hervorragende Kontakte haben, ihre internen Prozesse aber häufig schneller ablaufen als die großer VCs, darf man gespannt sein, wie sich diese Konkurrenzsituation weiterhin entwickelt.

Zugegeben, für jemanden, der sich zum ersten Mal damit beschäftigt, war das eine Menge an Informationen, um eine Leinwand auszuwählen. Doch mir war es wichtig, nicht nur aufzuzählen, welche Investorentypen es gibt, sondern auch darzulegen, warum sie sich so entwickelt haben.

Bestimmt gibt es nun den ein oder anderen »Was ist denn mit …?«-Aufschrei. Ja, auch die Startup-Szene ändert sich und damit ihre Investorentypen. Ich glaube aber, für den jetzigen Stand eine repräsentative Auswahl getroffen zu haben, kann und will aber keineswegs ausschließen, dass sich dies in Zukunft ändert und es jetzt bereits andere Sichtweisen gibt. Ich hoffe es sogar, es soll uns ja nicht langweilig werden.

Doch gleicher Typ bedeutet noch lange nicht gleicher Investmentfokus, denn die verwendeten Farben hauchen einer Leinwand ja erst Leben ein.

	Business Angels	Accelerator/ Incubator	Strategischer Investor	Venture Capitalists	Family Offices
Phase	Seed/Pre-Seed	Seed/Pre-Seed	Seed oder später	Series A oder später	ab Series B, aber zunehmend früher
Investmenthöhe	ca. 10.000 – 350.000 €	ca. 10.000 – 150.000 €	ca. 200.000 – 2 Millionen € und mehr	ca. 0,5 – 5 Millionen €	mehrere Millionen €
Geldquelle	eigenes, privates Geld	festes Budget (z. B. des Unternehmens)	eigenes Unternehmenskapital	Limited Partners	meistens eigenes, privates Geld
Auswahlprozess	schnell, da Einzelperson	stark strukturierter Bewerbungsprozess	stark strukturiert, fast immer mehrere Ebenen	stark strukturiert, fast immer mehrere Ebenen	schnell, wenige Personen
Organisation	einfach, einzelne Person	komplex, oft mit festem Programm	komplex, unterschiedlich stark ausgebildet	komplex, starre Strukturen	einfach, schnelle Wege
Primäres Ziel	Rendite, Motivation	Education, strategisch oder Rendite	strategische Ziele	Rendite	Rendite, übergeordnete Ziele

Abbildung 28: Übersicht Investorentypen

Die Bedeutung des Sweet Spots

Der Sweet SpSSot ist also wie eine Farbpalette für ein Malprojekt, doch welche Farben stehen überhaupt zur Verfügung? Ich will mich daran versuchen, die bekanntesten und häufigsten aufzuzählen und zu erklären.

Im letzten Abschnitt habe ich bereits eine Verbindung zwischen dem Investorentyp und der Investmentphase sowie der Höhe des Investments hergestellt. Das waren jedoch bestenfalls Richtwerte, die genauen Parameter sind daher ein wichtiger Teil des Sweet Spots.

So sind die Engel unter den Investoren tatsächlich so unterschiedlich, wie das nur individuelle Menschen sein können, doch es gibt nur wenige, die Summen von mehreren Hunderttausend Euro investieren.

Vom erfolgreichen Startup-Gründer bis zur ehemaligen DAX-Vorständin findet man bei den Business Angels so ziemlich alles. Manche wollen helfen, die Welt zu verändern, andere lieben es, ihr Wissen weiterzugeben und mit jungen, motivierten Menschen zu arbeiten. Was sie vielleicht in ihrer Konzernkarriere komplett vermisst haben (dieser kleine Seitenhieb musste sein).

Accelerator- und Inkubatorenprogramme haben häufig ein eindeutig definiertes Investmentmodell, wie zum Beispiel 20 000 Euro für 5 Prozent – inklusive der Teilnahme am Programm.

Bei strategischen Investoren dagegen ist die Investmenthöhe meistens etwas breiter gefasst, und auch bei der Phase gibt es eine gewisse Flexibilität – entscheidend ist hier eher, dass die Ziele tatsächlich zusammenpassen.

Die Venture Capitalists als Meister der Hockey Sticks tummeln sich wie bereits erwähnt oft genau in den Phasen, in denen eine entsprechende Skalierung schon erkennbar ist oder bald erwartet wird und besetzen vor allem die Series A oder B. Family Offices investieren traditionell ein wenig später und größer.

Eine weitere wichtige Farbe ist die Branche, die auch einen gewissen Einfluss auf die üblichen Investmenthöhen in den jeweiligen Phasen hat. Natürlich kann ein Investor hier gleich mehrere wählen. So gibt es Business Angels, die nur in der Branche investieren, in der sie auch gearbeitet haben, oder in verwandten Branchen. Gerade größere VCs kombinieren häufig verwandte Branchen oder haben mehrere Abteilungen, die sich auf komplett unterschiedliche Bereiche konzentrieren. Es sollte einen also nicht verwundern, wenn ein solcher Investor gleichzeitig für Medizin, aber auch für Konsumgüter bekannt ist. Höchstwahrscheinlich werden es allerdings vollkommen unterschiedliche Teams sein, die sich um die jeweiligen Themen kümmern. Man sollte also unbedingt die richtigen AnsprechpartnerInnen herausfinden.

Neben der Branche spielen häufig bestimmte Aspekte des Geschäftsmodells die zentrale Rolle. Das kann eher grob oder schon recht detailliert aufgefasst werden. Eine der häufigsten Unterscheidungen hierbei ist, ob ein Startup sich an den privaten Endkunden oder an andere Unternehmen richtet. Für Letzteres verwendet man gerne den verkürzten Begriff »Business to Business«. Da aber Startup-Unternehmer schon genug zu tun haben, sind sie hier ausgesprochen sprechfaul und kürzen meistens noch weiter mit »B2B« ab. Entsprechend gibt es eine Abkürzung einer Abkürzung für die Adressierung des privaten Endkunden. Der wird schlicht auf Englisch zum Customer und das Ganze daher zu »B2C«.

EXTRA-WISSEN:

Geschäftsmodelle: Die Abkürzungen B2B und B2C sind derart etabliert, dass man sie kaum noch ausgeschrieben oder erklärt findet. Dadurch wird zunehmend versucht, weitere Schemata entsprechend einzugliedern. B2G etwa bezeichnet den Vertrieb an staatliche Einrichtungen – das G steht hier für Government.[107]

Neuerdings liest man immer häufiger D2C. Bevor man sich jetzt den Kopf zerbricht, wofür das D steht, und was dieser D an den Endkunden verkauft, sei gesagt, dass das eigentlich gar nicht ins Muster passt. Denn dieses Konstrukt bedeutet »direct to consumer« und meint schlicht den direkten Verkauf an den Endkunden, wie das zum Beispiel in einem Onlineshop der Fall ist. Ob man dafür unbedingt so eine hippe Abkürzung braucht oder sich nur jemand besonders cool vorkommen wollte, steht wohl zur Diskussion.

Es geht aber noch viel detaillierter: So gibt es Investoren, die zum Beispiel ausschließlich in Software investieren, die online und mit monatlichem Abomodell nutzbar ist. Trello[108] oder Slack[109] sind sehr prominente Beispiele dieses Software as a Service – kurz SaaS – genannten Modells.

Die Hochschuldozentin in mir möchte nun gerne an das Business Model Canvas aus dem ersten Kapitel erinnern: Es werden natürlich nicht alle Segmente gleichzeitig zugrunde gelegt, schließlich will man ja irgendwann einmal tatsächlich investieren.

Doch viele Investoren spezialisieren sich auf eines oder zwei dieser Felder, besonders häufig bezüglich des Kundensegments oder des Einnahmemodells. Auch der Vertriebskanal ist als Investorenspezialisierung gerade bei den Strategen häufig vertreten. Denn ein solcher Fokus ermöglicht es, Prozesse, Netzwerke und Team genau daraufhin zu optimieren, solche Startups optimal zu unterstützen. Ein B2B-VC würde also besonders sein Netzwerk zu etablierten Unternehmen pflegen und mit Vorliebe Leute aus diesem Umfeld einstellen, wo hingegen ein online- und endkundenorientierter Investor eher ehemalige E-Commerce-Unternehmer gewinnen wollte.

Dann gibt es weitere, etwas breiter gefasste Spezialthemen, die vor allem in den letzten Jahren verstärkt aufgetaucht sind. Diese stehen oft mit höheren Zielen und nicht so sehr mit rein wirtschaftlichen Interessen in Verbindung. So gibt es unter fast allen Investorentypen mittlerweile einige Exemplare, die sich zum Beispiel auf ökologisch und/oder gesellschaftlich wünschenswerte Themen spezialisiert haben.

Beispiele hierfür sind die VCs Atomico[110] und Statkraft Ventures[111]. Auch Löwe Nico Rosberg hat einen erklärten Fokus auf Nachhaltigkeit.[112]

Zudem ist Diversität ein Thema: Auxxo[113] zum Beispiel kümmert sich vor allem um frauengeführte Unternehmen. Auf den ersten Blick wirken solche Spezialisierungen einfach nur einschränkend. Doch gerade in Bezug auf das letzte Beispiel weiß man mittlerweile, dass diese Gruppe von den meisten etablierten Investoren stark benachteiligt wird.[114] Da es dafür jedoch keine rationalen oder wirtschaftlichen Gründe gibt, ist es vielleicht umso schlauer, sich als Investor auf oft unterschätzte Gruppen zu konzentrieren.

Wir haben also eine große Farbauswahl im Bereich Branche, immer noch eine nicht unerhebliche im Bereich Geschäftsmodelle und

Unternehmensphasen und eine etwas kleinere Bandbreite bei den übergeordneten Spezialthemen. Natürlich lässt sich alles untereinander kombinieren. Und aus genau dieser Kombination, dieser ganz spezifischen Farbpalette eines Investors, entsteht dann der berühmte Sweet Spot.

Bei institutionellen Investoren sollte man auch immer auf die einzelnen Personen schauen, denn auch sie können eine Art persönlichen Sweet Spot herausbilden. Bei ihnen wie auch den unabhängigen Privatinvestoren hilft der Werdegang schon einmal sehr stark weiter: Je nach Alter könnten hier zum Beispiel Ausbildung und Studium, Positionen in Unternehmen, Karrierewechsel oder eigene Unternehmungen sehr interessant sein.

Im Privatleben sollte man natürlich nicht bohren, gibt es dort aber Dinge, die bekannt sind und mit denen die Person offen umgeht, kann man schon einmal überlegen, inwiefern sie Einfluss auf das Investitionsverhalten haben können.

Auch die Löwen haben schon private Einblicke gewährt, so sprach zum Beispiel Carsten Maschmeyer beim Pitch von Ajuma[115] über seine Hautkrebsdiagnose oder Nico Rosberg bei Not less but better über seine Smartphone-Sucht[116].

Am meisten helfen aber oft die bisherigen Investments – und auch die nicht zustande gekommenen Deals –, das gilt übrigens für alle Investorenarten. Was waren hier die Absagegründe, welches Risiko genau war dem Investor zu hoch? Oder mochte er/sie irgendetwas einfach nicht?

Bei Privatpersonen spielt auch das persönliche Interesse sehr mit in ihre Entscheidung hinein. Häufig machen sie nicht allzu viele Investments pro Jahr, daher wollen sie schlichtweg begeistert werden – und zwar nicht nur von den finanziellen Aspekten. Ein Grund mit, warum Geschäftsmodelle mit Nachhaltigkeitsaspekten so auf dem Vormarsch sind, denn sie haben natürlich viel Begeisterungspotenzial. Und dafür können gerade Privatinvestoren auch schon einmal von ihrem eigentlichen Sweet Spot abweichen.

Ganz anders die institutionellen Investoren. Egal, ob Stratege oder nicht, ob kleiner Accelerator oder riesiger VC: Die Verantwortlichen haben hier oft strenge Vorgaben zum Sweet Spot. Dass sie davon nicht abweichen, wird auch von der Entscheidungsstruktur kontrolliert: Fast immer gibt es einen mehrstufigen Entscheidungsprozess.

Die Mitarbeiter, die die Startups auswählen und bewerten – meistens tragen sie den Titel Investment-Manager –, haben eigentlich nie das letzte Wort. Das ist oft einem Gremium vorbehalten, in dem häufig Vertreter der Limited Partners sitzen. Diese haben natürlich ein ganz besonderes Interesse daran, dass ihr Geld nicht für Experimente oder persönliche Vorlieben ausgegeben wird.

Accelerator und Inkubator haben häufig einen relativ stark eingeschränkten Sweet Spot, da ihr gesamtes Programm inklusive Experten perfekt darauf eingestellt sein muss, um erfolgreich zu sein.

Auch bei größeren Strategen kann das der Fall sein. Hier findet man sehr oft eine reine Einschränkung auf eine Branche, insbesondere, wenn dieser Investor zu einer bestimmten Firma gehört. Oder eine Spezialisierung auf einen ganz bestimmten Vertriebsweg, der dann den Startups zur Verfügung gestellt wird. Manch einer wird nun an den Löwen Ralf Dümmel und seine Einzelhandelspower denken. Das ist zwar nicht wirklich falsch, wird ihm aber auch nicht gänzlich gerecht, wie ich noch zeigen werde.

VCs sind oft etwas breiter aufgestellt, oder haben mehrere engere Sweet Spots, sind aber meist recht streng bei deren Einhaltung.

Bei Family Offices wiederum kann man oft wieder eine größere Toleranz beobachten. Insbesondere wenn nur eine einzelne Person oder Familie dahintersteht, sind die Entscheidungswege meistens wesentlich kürzer als bei anderen institutionellen Investoren und die Entscheidungen selbst letztendlich wieder stärker von der Persönlichkeit einzelner Menschen geprägt. Ein angestellter Investment-Manager darf sich so etwas meistens nicht erlauben, schließlich wird er oder sie dafür bezahlt, die Ziele des Arbeitgebers umzusetzen und nicht die eigenen.

Manchmal wird auch die Höhe der erwarteten Anteile oder das Exit-Ziel – etwa, ob man irgendwann an große Firmen verkaufen möchte oder einen Börsengang anstrebt – zum Sweet Spot dazugezählt.

Bei Letzterem sollte man schon eine gewisse Vorstellung haben und diese auf Nachfrage ehrlich kommunizieren – diese Thematik spielt aber nur selten eine wirklich tragende Rolle in Deutschland und Europa. In den USA hingegen sieht das wieder anders aus, aber den kulturellen Farbtopf möchte ich an dieser Stelle geschlossen halten bzw. die entsprechende Deutschland-Palette hier als die Standardeinstellung voraussetzen.

Damit muss die Zusammenstellung der Farbpalette aber nicht abgeschlossen sein, in den Sweet Spot können noch weitere Faktoren einfließen. Einige der eher weichen Faktoren aus dem nächsten Kapitel könnten Investoren zum Beispiel so wichtig sein, dass sie diese als offizielle Anforderungen formulieren. Damit könnte man sie dann als Teil des Sweet Spots betrachten.

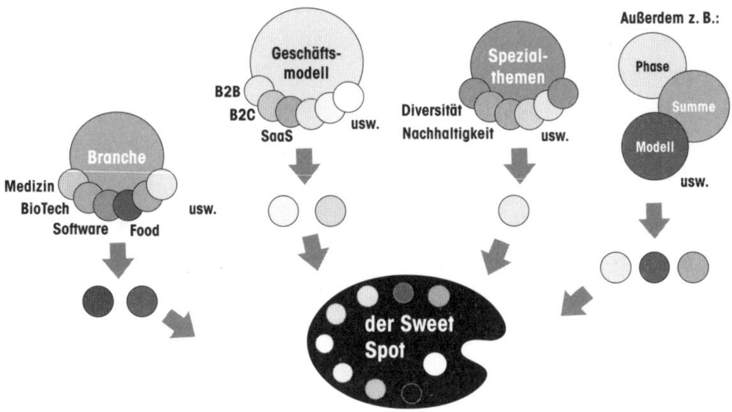

Abbildung 29: Der Sweet Spot als Farbpalette

Was aber, wenn eine oder mehrere Anforderungen im Sweet Spot des Trauminvestors nicht zum eigenen Startup passen? Direkt aufgeben passt natürlich nicht zu einer gesunden Gründereinstellung. Denn vielleicht passt man dafür in anderen Aspekten umso besser zusammen?

Vielleicht kann man aber den »Missfit« auch ein wenig entkräften. Denn bis zu einem gewissen Punkt lieben es Investoren regelrecht, wenn man um sie kämpft. Das ist auch immer wieder in der Höhle zu beobachten. Ein gewisses Feingefühl sollte man aber trotzdem beweisen, denn manchmal passt es auf den zweiten Blick tatsächlich nicht, schließlich hat auch der Investor seine Sweet Spots sorgfältig ausgewählt.

Weitere »weiche« Faktoren

Doch was sind nun diese weichen Faktoren, die bis in den Sweet Spot hineinreichen können? Tatsächlich wird es bei diesem Thema ein wenig unorganisierter, denn die weichen Faktoren lassen sich nicht so gut in Kategorien organisieren wie die Sweet Spots. Daher vergleiche ich sie gerne mit der persönlichen Note eines Künstlers, wie zum Beispiel der Art des Pinselschwungs oder immer wiederkehrenden Elementen wie Dalís Uhren.

Es gibt hier durchaus größere Themenfelder, andererseits auch Einzelthemen, die nirgendwo so recht hineinpassen wollen. Im Folgenden zähle ich die nach meiner Erfahrung gängigsten Investoreneigenarten auf und versuche damit, ein wenig Ordnung in diese Landschaft der weichen Faktoren zu bringen.

Das wahrscheinlich größte Themenfeld ist das des Gründerteams. Schaut man sich das Grundrezept für »gute Gründer« in Kapitel 2 noch einmal an, wird wahrscheinlich schon klar, um was es hier gehen könnte.

Natürlich hat ein vollständiges und hoch qualifiziertes Team immer die besten Chancen, tatsächlich gehen manche Investoren aber so weit, gar nicht erst in unvollständige Teams zu investieren. Oder sie machen die Besetzung einer fehlenden Position in naher Zeit nach dem Investment zur Bedingung. In der Softwarebranche ist oft die technische Leitung, also der oder die CTO, wichtig. Ja richtig, dieser Position wird oft mehr Aufmerksamkeit geschenkt als der offiziellen Geschäftsführung. Entsprechend gibt es einige Software- und auch Hardware-VCs, die prinzipiell nicht in eine komplett fremdentwickelte Software investieren, selbst wenn alle Rechte sauber übertragen wurden. Jedes Startup mit einer starken technischen Komponente sollte daher unbedingt herausfinden, wie der adressierte Geldgeber hier positioniert ist.

Auch sind EinzelgründerInnen oft ziemlich unbeliebt bei Investoren, obwohl die meisten gelegentlich Ausnahmen machen. Hier ist man skeptisch, ob eine einzelne Person wirklich alle wichtigen Fähigkeiten in sich vereinen kann, die es im Führungsteam des Unternehmens brauchen wird. Eine Lösung ist dann oft, dass eine gewisse Anzahl Firmenanteile für neue Schlüsselmitarbeiter reserviert werden.

EXTRA-WISSEN:

ESOP: ESOP steht für Employee Stock Option Plan[117], praktisch ein Beteiligungsprogramm für Mitarbeiter. Meistens bekommen hierbei Schlüsselpositionen einen geringen Anteil virtueller Unternehmensanteile. Sie stehen damit nicht auf der Gesellschafterliste und halten diese Anteile nicht wirklich (haben also auch keine Mitbestimmungsrechte), sondern profitieren zum Beispiel im Fall eines Verkaufs in entsprechender Höhe. Normalerweise geht dies dann vom Anteil der GründerInnen ab. Manchmal lassen sich Investoren die Einrichtung eines solchen ESOP auch vertraglich zusichern.

Wieder anderen ist dagegen die Konstellation der Teams sehr wichtig, und wie sie zueinander stehen. Ich habe Investoren kennengelernt, die grundsätzlich nicht in Paare investieren, da sie sie als Risiko sehen. Leider soll es welche geben, die nicht in schwangere Gründerinnen investieren. Dabei gibt es mittlerweile einige tolle Beispiele von Frauen, die ihr Kind mitten im Unternehmensaufbau auf die Welt gebracht haben, und deren Startup das keineswegs geschadet hat. Dass ein Investor hier natürlich wissen möchte, wie genau das alles geplant ist, ist irgendwo verständlich.

Wieder einmal ein Beispiel dafür, dass im Investitionsprozess auch Themen zur Sprache kommen, die für beide Seiten nicht so angenehm sind, und zwischen GründerIn und Investor so einiges anders läuft als zwischen ArbeitnehmerIn und Arbeitgeber.

Nur seltsam, dass männliche Gründer, deren Partnerin gerade schwanger ist, sich meistens gar nicht erklären müssen. Von den meist männlichen Entscheidern bei Investoren wird offenbar wie selbstverständlich angenommen, dass sich betreffender Gründer im Zweifel wohl kaum um sein neugeborenes Kind kümmert. Irgendwie so gar nicht 2020er. Ich betone zwar immer gerne, dass ich nirgendwo so wenig Diskriminierung von Frauen wahrgenommen habe wie in der Startup-Szene: Doch auch wir haben immer noch an ein paar Themen zu arbeiten, fürchte ich.

Mit diesem leicht feministischen Seitenhieb ist das GründerInnen-Thema weitestgehend ausgeschöpft, und ich möchte mich meinem eigentlichen Lieblingsfeld, der Technologie, widmen. Denn auch hier gibt es ein paar Dinge, auf die Investoren allergisch reagieren können. Je wichtiger die entsprechende Technologie ist, umso stärker ist normalerweise die Rolle der Schutzrechte im Prüfprozess eines Investors. Hier gibt oft schon der Sweet Spot Hinweise, welche weiteren Faktoren bereits vorher entscheidend werden könnten. So sind bei der Kosmetik und im medizinischen Bereich Wirksamkeits- und Verträglichkeitsstudien essenziell, gerade Investoren in späteren Phasen werden ohne diese den Prozess meistens sofort auf Eis legen. Bei Medizinprodukten spielt zudem oft die entsprechende Zulassung eine wichtige Rolle, bei Produktneuheiten warten gerade Investoren späterer Phasen häufig die Schutzrechteerteilung ab.

Manchen Investoren ist ein hoher Innovationsgrad so wichtig, dass sie abbrechen, sobald sie irgendwo auch nur eine halbwegs ähnliche Lösung sehen. Und andere wiederum haben recht genaue Vorstellungen, wie etwas zu machen ist. Besonders im Softwarebereich kommt es immer wieder zu plötzlichen Absagen, wenn die genutzten Technologien nicht zusagen. Man spricht hier gerne vom »Technologie-Stack«, der nicht überzeugen kann. In diesem Bereich dürfte treuen DHDL-Zuschauern Frank Thelens Absage bei Sporty Date in Erinnerung sein, als er besonders seine Abneigung gegen das Programmier-Framework Flash zum Ausdruck brachte.

> Frank Thelen: »Flash ist so ungefähr, das was... wirklich das aller aller aller... das ist so wie bei Autos Trabi. Wirklich, und das ist eigentlich böse noch gegenüber dem Trabi.«[118]

Eine ebenfalls recht häufig vertretene Kategorie dreht sich um den Markt. Einige Investoren bevorzugen sehr stark die sogenannten Blue-Ocean-Modelle[119], in denen das Startup praktisch ein völlig neues Feld bedient. Andere starten lieber aus einer Nische heraus, und wieder andere wollen von vornherein nur in Startups investieren, die in besonders großen und stark wachsenden Märkten operieren. Besonders von VCs habe ich schon oft gehört, dass eine Marktgröße von unter 500 Millionen Euro pro Jahr für sie praktisch uninteressant ist. In einem solchen Fall sollte man sich das unbedingt für die entsprechende Folie im Pitch merken.

Auch einige der rechtlichen Faktoren aus Kapitel 2 sind hier wichtig, besonders der Cap Table könnte einige Stolpersteine bereithalten.

Es gibt eine Reihe von Faktoren, die ich als »interne Gründe« bezeichnen möchte. Dazu zählt die Abneigung gegen bestimmte andere Investoren, eine generelle Aversion gegen zum Beispiel strategische

Investoren oder der auch aus der Höhle bekannte Portfoliokonflikt. Hierbei sagt ein Investor ein eigentlich interessantes Investment ab, weil es mit einem Startup aus seinem bestehenden Investmentportfolio in Konflikt zu stehen scheint. Hat man sich also vorher gewissenhaft über die bisherigen Investments schlaugemacht, kann man dies vielleicht gerade noch rechtzeitig entkräften, indem man zum Beispiel auf Unterschiede aufmerksam macht. Aber auch hier sind Investoren sehr unterschiedlich empfindlich.

Und dann gibt es einen besonders für strategische Investoren und viele Business Angels entscheidenden Faktor: nämlich wie gut sie einem Startup tatsächlich helfen können. Denn das Modell der Risikominimierung dieser Investoren ist nicht nur auf die fachkundige Auswahl der Startups beschränkt, sondern beruht auch stark auf aktiven Maßnahmen, wie die zuvor erwähnte Vertriebshilfe. Viele solcher Geldgeber sind daher nicht an einem Investment interessiert, das nicht zu ihren Möglichkeiten passt, selbst wenn es noch so vielversprechend aussieht. Wer jetzt an die Löwen-Frage »Was erwarten Sie von einem Investor?« denkt, denkt genau in die richtige Richtung, aber dazu später mehr.

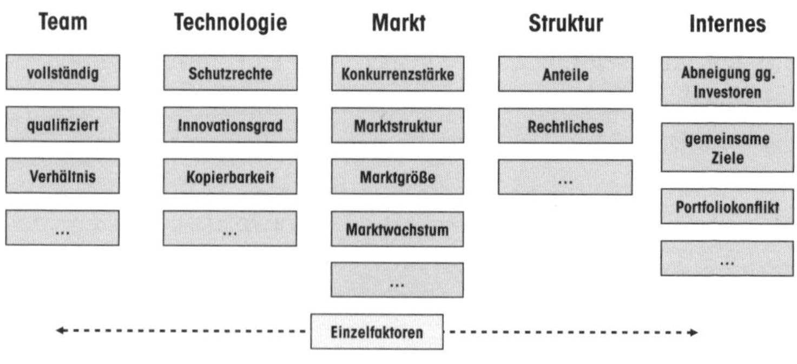

Abbildung 30: Übersicht »weiche« Faktoren

Gerade diese »weichen« Faktoren zeigen also, wie wichtig es ist, sich im Vorfeld gut zu informieren. Denn weiß man, dass es bestimmte Anforderungen gibt, die zwar nicht ganz in Stein gemeißelt, aber doch sehr wichtig für den Investor sind, kann man sich die passenden Argumente im Vorfeld zurechtlegen. Etwa warum man doch das perfekte Team für das Vorhaben ist oder was man bezüglich störender rechtlicher Aspekte tun könnte.

Der Sweet Spot ist meistens schon auf der Homepage des Investors erklärt; diese weichen Faktoren sind hingegen häufig gar nicht so einfach herauszubekommen. Und dennoch oft genauso entscheidend. Denn auch ein Maler bleibt schließlich seinem Stil fast immer treu.

Bereit für die Löwenhöhle?

Die meisten Investoren gleichen den Sweet Spot schon bei Sichtung der Unterlagen ab, die weichen Faktoren werden in der Regel erst im Gespräch thematisiert. Manche davon entsprechend ihrer Brisanz eher subtil.

Was auf jeden Fall gilt: Wenn man sich nicht ausreichend informiert, kann man sich ganz erheblich eine Chance verbauen. Das muss ich immer wieder in »Die Höhle der Löwen« feststellen, wenn GründerInnen die Löwen einfach viel zu früh in gewisser Weise »abstempeln«, obwohl deren Sweet Spot doch viel breiter oder vielleicht sogar eher woanders liegt. In den jeweiligen Profilen kommt das natürlich zur Sprache.

Damit ist der Malkurs nun fast abgeschlossen. Von der Leinwand über die Farbpalette bis zum individuellen Stil gibt es viel zu analysieren. Über allem steht die Frage, ob das Startup in diesem Bild wiederzufinden ist – und wo man sich eventuell ein wenig hineinargumentieren muss. Die Arbeit, die dahintersteckt, kann ich allerdings niemandem abnehmen.

Wobei, das stimmt nicht ganz. Denn im Folgenden habe ich genau das getan. Für alle, die einmal vor den Löwen stehen werden. Und für die, die sich selbst als Investor noch finden wollen und mal ein bisschen abschauen mögen. Aber auch für die, denen der Investoren-Malkurs dann doch zu theoretisch war und die es sich anhand von Beispielen einfach besser vorstellen können. Und natürlich für all die DHDL-ZuschauerInnen, die einfach mehr über die Löwen erfahren wollen.

Die Löwenprofile

Nun also brüllen endlich die Löwen. Und ich habe genau zugehört. Fast fünf Jahre und sieben Staffeln lang. In ungefähr 500 Fällen.

»Die Höhle der Löwen«-Fans der ersten Stunde werden im Folgenden allerdings zum Beispiel Jochen Schweizer, Frank Thelen oder Lencke Wischhusen vermissen. Denn hier finden sich »nur« die mindestens bis ins Jahr 2022 aktuellen Löwen. Zum einen, weil es ja immer noch ein Buch und keine Enzyklopädie werden sollte, zum anderen, weil ich eben »erst« seit Staffel 5 Mitglied der Löwenfamilie bin und nur auf Basis von Erfahrungen aus allererster Hand schreiben möchte. Zudem, weil sich die Sendung und damit die Investoren eben auch ein ganzes Stück entwickelt haben und das Ganze nicht zu historisch werden sollte. Aus diesem Grund sind auch sämtliche Statistiken und Zahlen – soweit nicht anders erwähnt – ab Staffel 5 und bis einschließlich Staffel 9 erhoben. Staffel 10 konnte leider nicht mehr in die Auswertungen mit einfließen, ich habe mich aber auch hier einiger Beispiele bedient.

Die Akademikerin und Hochschuldozentin in mir hat sich durchgesetzt, um ein halbwegs strukturiertes Vorgehen zu definieren: Denn auch wenn ich meinen eigenen Eindruck von den Löwen hatte, habe ich zunächst gründlich recherchiert, wie sich die Löwen so medial »von außen« darstellen. Das Ergebnis habe ich mit der eigenen Sicht der Löwen und ihrer Investmentvehikel abgeglichen – und natürlich auch meinen eigenen Eindruck entsprechend hinterfragt. Eine Inspiration waren mir dabei immer auch die Gespräche mit den

GründerInnen in der DHDL-Vorbereitung und wie sie die einzelnen Löwen wahrnehmen. Herausgekommen sind Profile, wie sie jeder erstellen können sollte, der sich ein wenig intensiver mit einem Investor beschäftigt. Und eben nicht nur die gängigen Suchmaschinen bemüht, sondern auch mit Menschen aus der Szene spricht.

Was mir schon seit Längerem nicht gefällt, ist, dass die begleitenden Medien sich fast immer nur die Deals der Löwen anschauen und dann daraus irgendwelche Schlüsse zu ziehen versuchen. Was sie dabei völlig übersehen, ist die außergewöhnliche Konkurrenzsituation, in der die Löwen stehen. Denn wenn zum Beispiel ein Löwe häufig Angebote macht, die GründerInnen diese aber seltener annehmen, kann man aus den deswegen recht wenigen Deals nicht allzu viel ableiten. Man muss sich also die Angebote der Löwen anschauen, wenn man etwas über ihren Sweet Spot herausfinden will. Nach fünf nochmals angeschauten Staffeln und der Dokumentation sämtlicher Angebote, Fragen und Absagegründen kann ich definitiv sagen: Das ändert einiges.

Und als letzte, das mathematische Gewissen erleichternde Erklärung möchte ich noch mitgeben, dass gerade der Branchenschwerpunkt der Löwen in der Sendung auch von dem Angebot, das ihnen präsentiert wird, beeinflusst wird. Es kann also gut sein, dass ein Löwe eigentlich viel stärker an B2B-Geschäftsmodellen interessiert ist, als das in der Sendung erscheint, da hier einfach nicht so viele B2B-Themen vorgestellt werden. Diesen Umstand erwähne ich dort, wo ich ihn als besonders relevant empfinde, noch einmal.

Die Reihenfolge der Löwenprofile im Folgenden hat übrigens keinerlei andere Bedeutung, als für eine gewisse Abwechslung zu sorgen, die aber eigentlich sowieso schon gegeben ist. Denn für jeden Löwen bietet sich ein komplexes, buntes, tiefgründiges Investorenbild, auf das jeder Maler stolz wäre. Also, verehrte LeserInnen: Viel Spaß im Löwenkäfig!

Dagmar Wöhrl

Das unterschätzte Imperium

Schaut man sich an, was es über Dagmar Wöhrl in Bezug auf ihr Engagement als Unternehmerin und Investorin – allein im Netz – zu erfahren gibt und was die meisten GründerInnen über sie zu wissen glauben, haben wir es hier wohl mit der größten Abweichung unter den Löwen zu tun. Gleichzeitig liegt sie bei den Sympathiewerten unter den Löwen ganz weit vorn. Eine überraschende Kombination, da man doch meinen würde, dass GründerInnen sich eher für die Zusammenarbeit mit einem Investor oder einer Investorin entscheiden, der oder die ihnen auch sympathisch ist. Und sich dann eben auch entsprechend informieren.

Doch Dagmar Wöhrls Dealquote, also die Anzahl ihrer Angebote an GründerInnen, die tatsächlich zum Deal führten, liegt weit unter dem, was man vielleicht erwarten würde. Oft hat die elegante Investorin – vor allem im Vergleich zu ihrem größten Mitbieter Ralf Dümmel – das Nachsehen. Auch habe ich festgestellt, dass GründerInnen viel häufiger der Fakt bekannt ist, dass Dagmar Wöhrl einmal Miss Germany war, als dass sie Juristin mit Zweitem Staatsexamen ist und nicht nur die Rechtsabteilung des Familienunternehmens der Wöhrls, sondern auch eine eigene erfolgreiche Kanzlei leitete. Es drängt sich also schon der Verdacht auf, dass es sich hier um das am meisten verkannte Mitglied der Löwenrunde handelt. Und wie sich bald zeigen wird, verpassen einige GründerInnen noch viel mehr.

Zwar ist ihre Vergangenheit als Mitglied des Deutschen Bundestages ebenfalls bekannt, doch ihre wichtigen Funktionen als Parlamentarische Staatssekretärin beim Bundesminister für Wirtschaft und Technologie oder wirtschaftspolitische Sprecherin der CDU/CSU-Bundestagsfraktion werden eher selten genannt und sollten doch aufhorchen lassen. Viele weitere Funktionen, Ämter und Ehrenämter kommen noch hinzu. Als GründerIn sollte das jedenfalls spannender sein als ein Miss-Germany-Titel. Ihr ehrenamtliches Engagement dagegen kommt immer häufiger auch in »Die Höhle der Löwen« zur Sprache, wohl auch, weil immer mehr Startups soziale Aspekte beinhalten und Wert auf Nachhaltigkeit legen. Humanitäres Engagement hat immer schon eine Rolle in ihrem Leben gespielt, und mehr und mehr wuchs im Laufe der Zeit ihr Bedürfnis, sich noch stärker für solche Themen zu engagieren.

Der tragische Unfalltod ihres Sohnes in jungen Jahren führte außerdem zur Gründung einer Stiftung in seinem Namen[120], die viele soziale Projekte, bei denen es vor allem um Hilfe für Kinder auf der ganzen Welt geht, unterstützt. Auch im Tierschutz engagiert sie sich stark, ist seit vielen Jahrzehnten Präsidentin eines Tierheims, was bei entsprechenden Produkt-Startups auch immer wieder während der Pitches thematisiert wird. Vieles aus Dagmar Wöhrls Leben ist nicht nur spannend und inspirierend, sondern sicherlich auch für ein Startup auf Investitionssuche wichtig zu wissen. Das vor allem in den ersten zwei Staffeln oft gefallene Stichwort »Familienunternehmen«, das regelmäßigen DHDL-Zuschauern aus ihrem Mund bestimmt vertraut vorkommt, ist hier das Zauberwort. Und es gestattet einen wunderbar aufschlussreichen Blick auf die Investorin Dagmar Wöhrl.

Das Familienunternehmen hinter der sympathischen Investorin

Was so häufig einfach nur »Familienunternehmen« genannt wird, ist um einiges facettenreicher und vor allem größer, als der Klang des Wortes die meisten vermuten lässt. Ursprünglich hatte Dagmars Mann, Hans Rudolf Wöhrl, das von den Eltern gegründete Modehaus übernommen. Zusammen mit seinem Bruder stieg er nach seiner Ausbildung dort ein und baute das Unternehmen auf über 40 Modehäuser mit einem Umsatz von über 360 Millionen Euro aus. Wegen unterschiedlicher strategischer Ausrichtungspläne verließ der Unternehmer das gemeinsame Unternehmen, half aber nur sechs Jahre später seinem Sohn aus einer früheren langjährigen Beziehung, die Modekette Wöhrl nach deren Insolvenzverfahren wieder zu übernehmen. Zwischenzeitlich gründete er die Hotelkette, die heute als Dormero-Hotels bekannt ist und mit der seine Frau als Investorin am häufigsten von GründerInnen in Verbindung gebracht wird. »Die haben Hotels«, heißt es dann oft. Tatsächlich gehört die circa 45 Hotels umfassende Gruppe mittlerweile ihrem gemeinsamen Sohn Marcus.

Hans Rudolf Wöhrl war auch stark im Airline-Bereich aktiv, gründete unter anderem den NFD (die heutige Eurowings), sanierte und verkaufte Airlines wie die dba und LTU und gab sogar ein Angebot beim Verkauf der Air Berlin ab[121].

Doch damit ist noch längst nicht Schluss. Denn die Wöhrls gehören auch zu einer der größten Gastrofamilien Deutschlands, betreiben über 50 Restaurants und machen dort einen Umsatz von über 30 Millionen Euro im Jahr. Auch eine Reihe von Parkhäusern und weiteren Immobilien gehören zum Unternehmen. Doch der Modebereich ist wohl immer noch das stärkste Feld: Hier macht die Gruppe einen jährlichen Umsatz von fast einer halben Milliarde Euro. Eine Tatsache, die in der Gründerwelt noch nicht gänzlich angekommen zu sein scheint. Bei einer solchen Textilpower wundert es nicht, dass das DHDL-Investment Morotai[122] hervorragend hineinpasste. Die Sportmodemarke setzt mittlerweile selbst einen zweistelligen Millionenbetrag um und hat stark von der Unterstützung der Investorin profitiert.

Doch auch im Einzelhandel ist die Wöhrl-Familie stark: Hier sind allein 1500 Mitarbeiter der Gruppe beschäftigt. Unter anderem unterstreicht ihre Mehrheitsbeteiligung am großen Kaufhaus der Sinne Ludwig Beck in München die enorme Handelspower. Vor der Produktion von DHDL-Staffel 9 und 10 stockte die Wöhrl-Familie noch einmal erheblich auf und holte neue Vertriebspartner an Bord: Feinkost Dittmann beliefert mit seinem 500 Leute starken Vertriebsteam sämtliche Supermärkte Deutschlands, und Fackelmann ist die feste Größe im Bereich Küchen- und Kochbedarf. Auch ein Partner zur Belieferung US-amerikanischer Militärbasen kam mit an Bord. Das kann für

Startups auch der Sprung in den US-Markt sein. Wer Dagmar Wöhrl in »Die Höhle der Löwen« als Investorin gewinnt, bekommt also nicht nur eine bestens vernetzte und erfahrene Unternehmerin an seine Seite, sondern eine ganze Unternehmerfamilie gleich mit dazu, wie sie gerne betont. Und das nicht gerade im kleinen Stil, wie schon dieser kurze Überblick klargemacht haben sollte. Doch das war immer noch nicht alles. Immer wieder überrascht sie selbst das DHDL-Team während der Aufzeichnungen mit neuen Informationen. »Ach, das machen sie auch noch?«, bleibt uns da meistens nur als Reaktion. »Familienunternehmen« ist also ein etwas verniedlichender Begriff für das, was die Wöhrls da geschaffen haben. Imperium trifft es wohl eher.

Die Wöhrl(s) und die Startups

Überraschend für viele wird auch sein, dass Dagmar Wöhrl nicht erst seit »Die Höhle der Löwen« als Startup-Investorin unterwegs ist. Zusammen mit ihrem Mann hat sie ein Portfolio von circa 40 Beteiligungen aufgebaut. Die meisten sind in der Intro-Unternehmensgruppe gesammelt. Spezifisch hält die Intro Verwaltungs-GmbH die Anteile der Beteiligungen, versteht sich aber generell als Investor, der auch kaufmännisch und praktisch unterstützt[123], so wie die Löwin es auch in der Sendung betont.

Das Portfolio ist bunt gemischt, nicht nur bei den DHDL-Investments: Neben einer Ingwer-Drink-Manufaktur und einer Werbeagentur gehören auch ein Facilitymanagement, eine Versicherungsagentur und eine Sprach-Lern-App zu den Beteiligungen, die nicht aus der Höhle kommen.

Die Investments aus der TV-Show entspringen ebenfalls den verschiedensten Branchen, auch wenn der Bereich Food relativ deutlich dominiert. Gut ein Drittel ihrer Angebote entfielen auf Produkte im Bereich Essen und Trinken, man darf aber auch nicht vergessen, dass diese Sparte in der Sendung sehr stark vertreten ist. Doch auch für Produkte im Bereich Haushalt, Nahrungsergänzungsmittel, Tiere oder Gastronomie begeisterte sie sich häufig. Mit zum Beispiel Solmove und KOHPA machte sie aber auch Deals in sehr technischen Bereichen und auch ein paar B2B-Themen im Gastronomiebereich sind passenderweise dabei. Doch auch viele andere Gebiete wie Mode, Kosmetik, Freizeit und Tourismus, Möbel oder Gesundheit konnten sie schon begeistern. Man muss also vorsichtig bei der Benennung von Dagmar Wöhrls Sweet Spot sein, das Angebot in der Sendung selbst könnte ihn ein wenig verzerren.

Dagmar Wöhrl: »Wenn mich eine Idee, ein Konzept oder ein Produkt überzeugt, kann ich für nichts garantieren und pitche in jeder Branche.«[124]

Tatsächlich bleibt Dagmar Wöhrls Angebotshäufigkeit[125] relativ konstant. Ihre Lust auf Investments scheint also ungebrochen.

Auffällig oft stellt sie die Frage: »Was wünschen Sie sich von einem Investor?« Auch nimmt sie sich grundsätzlich die Zeit, ausführlich selbst zu pitchen, den GründerInnen also zu erklären, was sie für sie tun kann. Mehrfach ist sie sogar ausgestiegen, um anderen Löwen den Vortritt zu lassen, die ihrer Meinung nach besser zum jeweiligen Startup passten. Offensichtlich ist es ihr also ganz besonders wichtig, auch wirklich entscheidend helfen zu können. Doch trotz allem bleibt Dagmar Wöhrls Erfolgsquote mit ihren Angeboten niedrig. Statistisch gesehen hat sie fast immer das Nachsehen, wenn mehrere Löwen ein Angebot machen: Schon in Staffel 5 verlor sie zehn ihrer elf »Battles«, in Staffel 8 und 9 konnte sie auch nur eine einzige dieser Konkurrenzsituationen für sich entscheiden. Zum Glück für die ehemalige Staatssekretärin hat sich dies in Staffel 10 und 11 nun geändert.

Auch Dagmar Wöhrls eigene Absagegründe an die Startups belegen, wie wichtig es ihr ist, als Investorin jenseits des Geldes auch wirklich weiterhelfen zu können: In sämtlichen Staffeln ab Staffel 5 war das der von ihr am häufigsten genannte Grund für ein »Ich bin raus«. Es steigerte sich sogar: Hatte sie in Staffel 5 noch 20 Prozent ihrer Absagen damit begründet, dass sie nicht die richtige Investorin sei, waren es in Staffel 8 und 9 schon fast ein Drittel. Trotzdem ist ihr wichtig, dass ihre GründerInnen möglichst autonom bleiben: Sie sieht sich als Hilfe und Unterstützung, nicht als kontrollierende oder sogar unter Druck setzende Instanz. Eine Einstellung, die bei vielen institutionellen Investoren so wohl keinen Platz hätte.

Dagmar Wöhrl: »Ich glaube, es ist sehr, sehr wichtig, dass man Gründer nicht bevormundet.«[126]

Doch die Wöhrls begreifen sich trotz ihrer Größe und ihres wirtschaftlichen Erfolgs in den verschiedensten Branchen nicht als Institution, sondern als Familie, die eben wirtschaftlich tätig ist. Dagmar Wöhrl betont diesen Umstand oft, und so bekommt der Zuschauer schnell das Gefühl, dass hier mit ganz viel Menschlichkeit und Empathie gearbeitet wird. Auch bei den Startups zeigt sie sich immer wieder sehr begeistert von Paar- und Familienkonstellationen. Und das, obwohl vor allem Paare bei vielen deutschen Geldgebern als Risiko gelten. Und gerade weil sie die Gründer und ihr Verhältnis zueinander so wichtig und ernst nimmt, ist ihr eine faire Anteilsverteilung unter ihnen wichtig. So kann es vorkommen, dass sie es bei einem Angebot sogar zur Bedingung macht, dass die Mitgründerin endlich auch am Unternehmen beteiligt wird. Nicht alle Investoren würden ein solches Thema so unverblümt ansprechen. Die von ihren Freunden und Kollegen liebevoll »Dagi« genannte Investorin hat also keine Angst vor heiklen Themen und will sichergehen, dass das Gründerteam von mehr als nur komplementären Kompetenzen oder dem Willen zum wirtschaftlichen Erfolg zusammengehalten wird.

Und der Erfolg gibt ihr recht. Einige ihrer Startups verdienen diese Bezeichnung heute nicht mehr, weitere sind auf einem guten Weg dorthin. Waterdrop[127] ist wohl wirtschaftlich eines der erfolgreichsten DHDL-Investments. Hatten die Gründer 2018 noch einen Umsatz von rund 700 000 Euro zu verbuchen, kamen sie 2019 schon auf 5 Millionen Euro, 2020 auf 20 Millionen und 2021 wurde ein Umsatz von mindestens 85 Millionen Euro angepeilt. Knapp 200 Mitarbeiter sind mittlerweile bei Waterdrop beschäftigt. Der Deal, den eigentlich Ralf Dümmel gemeinsam mit Dagmar Wöhrl zugesagt hatte, entwickelt sich zu dem erfolgreichsten Deal der DHDL-Geschichte. Trotzdem prahlt die engagierte Löwin nie damit. Dennoch wird sie wohl alles andere als traurig darüber sein, das Investment auch allein durchgezogen zu haben.

Waterdrop ist allerdings nicht der einzige Fall. Auch bei weiteren Startups wie zum Beispiel Sanilu Clean[128] oder La Ribollita[129] standen ursprünglich Kombideals an, die Dagmar Wöhrl schließlich allein durchzog. Dieser Umstand zusammen mit ihrer hohen Abschlussquote bei eher niedriger Angebotsquote scheint eine klare Sprache zu sprechen: Die Frau weiß, was sie will, und lässt sich durch wenig beirren.

Doch bei dem einen großen Erfolgsfall ist es nicht geblieben: Grace Flowerbox[130] hat offenbar auch bereits die Marke der zweistelligen Millionenumsätze geknackt, Morotai, Spooning Cookie Dough[131] und HappyPo[132] ließen die magische Millionengrenze bereits hinter sich, weitere stehen kurz davor. Besonders im Fall von HappyPo hat Dagmar bei Produktionsproblemen sogar maßgeblich unterstützt und dazu beigetragen, das Unternehmen aus einer existenzbedrohenden Krise zu retten. Einmal mehr hat sie damit bewiesen, dass sie es ernst damit meint, als verlässlicher Partner an der Seite der GründerInnen zu stehen.

Dagmar Wöhrl: »Für mich persönlich ist es die Möglichkeit, Gründern ein starker Partner zu sein, um gemeinsam mit ihnen ein Unternehmen aufzubauen, das auch noch in vielen Jahren erfolgreich am Markt besteht. Es ist wie der Beginn einer aufregenden Reise.«[133]

Doch natürlich ist die Möglichkeit, helfen zu können, nicht ihr einziges Auswahlkriterium. Häufig betont sie, als Schwerpunkt einen nachhaltigen und langfristigen Markenaufbau in den Fokus zu rücken. Sie will beständige Unternehmen mit aufbauen, hat aber, wie vorhin beschrieben, auch ein weitreichendes Vertriebsnetz in den Einzelhandel. Interessant ist in diesem Zusammenhang besonders, dass der Großteil ihrer bestehenden Investments auch online erfolgreich ist. Ein Hinweis, dass Strategie bei ihr großgeschrieben und die einzelnen Wachstumsschritte sorgfältig abgestimmt werden. Umsatzzahlen und Wachstum stehen erst an zweiter Stelle und werden dem nicht geopfert. Wie alle Löwen achtet Dagmar Wöhrl auch sehr auf die Persönlichkeit der GründerInnen, liest aber vielleicht sogar noch ein bisschen mehr das Verhalten dieser beim Pitch selbst. So verriet sie einmal, dass sie nicht nur auf »den Auftritt oder die Präsentation, sondern auch auf die Geschichte«[134] achtet, sobald die GründerInnen die Höhle betreten. Insgesamt analysiert sie anhand des Auftritts auch die Persönlichkeit sowie die Leidenschaft, das Feuer und die Disziplin, um eine Idee nach vorn zu bringen. Und sie nimmt selbst Details deutlich wahr: Im Fall von Flapgrip stieg sie aus, weil einer der Gründer bei der Beantwortung einer von ihr gestellten Frage nur Ralf Dümmel ansah und ihr dadurch das Gefühl gab, erst gar nicht als Investor infrage zu kommen.[135]

Doch sämtliche geschäftlichen Parameter kommen auch nicht zu kurz: Markt, Wettbewerb, Nachhaltigkeit, Geschäftsmodell und Qualifikation des Gründerteams stehen ebenfalls auf ihrer Liste. Da sie häufig in Produkte investiert, müssen auch Verträge mit Produzenten und andere Lizenzen sauber sein. All diese Faktoren findet man auch unter ihren Absagegründen, vor allem einen zu schwachen USP, einen schwierigen Markt mit hartem Wettbewerb oder ein zu schwaches Geschäftsmodell, waren gerade in Staffel 8 und 9 häufige Gründe für ein »Ich bin raus«. Noch häufiger führte sie hingegen Zweifel am Produkt an oder konnte allgemein nicht genug Begeisterung für ein Thema aufbringen. Dies kam bei ihr sogar noch etwas häufiger vor als bei den meisten anderen Löwen. Dazu passt ihre Äußerung, dass sie auch überlegt, ob sie es selbst kaufen würde[136]. Eine Frage, die sich stark finanziell orientierte Investoren deutlich seltener erlauben. Das hat seinen Grund: Je stärker man das Startup abseits des Finanziellen unterstützen möchte, je mehr man sich und sein Netzwerk persönlich einbringt, umso mehr hilft einem persönliche Begeisterung für das Produkt und das Unternehmen, diese Energie auch wirklich aufzuwenden.

Die ganz harten Fakten – Dagmar Wöhrls Sweet Spot

Zwar gibt es über die Jahre hinweg eine recht große Spanne in den Investmentsummen, die Dagmar Wöhrl realisiert hat. Vom Minimum von 10 000 Euro bei RubberBüx bis hin zu einer halben Million für Waterdrop erstrecken sich die Deals. Allerdings sind die ganz kleinen und die ganz großen Summen starke Ausreißer: Fast 80 Prozent liegen im klassischen Seed-Bereich von 50 000 bis 200 000 Euro.

Auch was die geforderten Anteile angeht, ist die Ex-Politikerin sehr moderat. In nur sieben Fällen wollte sie 25 Prozent oder mehr der Unternehmensanteile haben, in nur einem Fall davon waren es 30 Prozent. Das mag auch an ihrem recht hohen Anteil an Kombideals liegen, denn hierbei müssen sich die einzelnen Löwen oft mit ein bisschen weniger zufriedengeben, da es schließlich nicht unbeschränkt viele Anteile zu verteilen gibt. Durch die eher kleineren Summen sind die Startups, die Dagmar Wöhrl auswählt, auch meistens noch in einer frühen Phase. So richtete sie verhältnismäßig oft ein Angebot an Startups, die bis dahin nur wenige Tausend Euro Umsatz gemacht hatten. Trotzdem war es eher eine Ausnahme, dass sie sich für ein Vorhaben im Prototypstatus oder vor Markteintritt interessierte. Ein erstes Feedback der Zielgruppe sollte also schon vorhanden sein, auch wenn es noch so klein ist.

Da sie sich gleichzeitig häufig für den Food-Bereich interessiert, scheint sie eine Vorliebe für Produkte zu haben, die die Verbraucher bei Gefallen häufiger kaufen, da sie irgendwann verbraucht sind. Hierzu passen ihre Kanäle und Partnerschaften, aber auch ihre Betonung des nachhaltigen Markenaufbaus. Doch Angebote für B2B-Systeme und

-Produkte sind bei ihr zu häufig, als dass es sich um Ausreißer handeln könnte. Oft sind dies Gastronomieprodukte wie GreenBill[137] oder Coffee Colorato[138], die in der Wöhrl-Familie mit ihren Hotels und Restaurants direkt eine Heimat finden. In anderen Fällen handelt es sich aber auch um Technologien, die man als bahnbrechend einstufen kann. Hier können die Unternehmen von ihrem politischen Wissen und Netzwerk profitieren. Mit ihrer eigenen Beratungsfirma hilft sie schließlich auch Unternehmen, Strategien im Einfluss politischer Entscheidungen zu entwickeln.[139]

Da in der Sendung der Großteil der auftretenden Themen sich jedoch an den Endverbraucher richtet, muss man annehmen, dass das Verhältnis hier generell etwas verschoben ist. Dagmar Wöhrls Interesse im B2B-Bereich sollte also keinesfalls unterschätzt werden.

Dagmar Wöhrl – wer sie unterschätzt, ist selbst schuld

Ein Familienimperium mit mehreren Handelszweigen im Rücken, dazu eine Hotelkette, deutschlandweite Gastronomie, Parkhäuser und allgemein Immobilien, politisches Know-how und zahlreiche Ehrenämter im sozialen Bereich: nicht gerade wenig, in das GründerInnen hier »einheiraten«, sollte es zu einem Deal mit Dagmar Wöhrl kommen. Trotzdem wird sie nie laut, drängt sich nie vor. Und gibt sogar oft nach, wenn sie von ihren Löwenkollegen dazu aufgefordert wird, das erste Angebot zu machen. Auch wenn sie weiß, dass sie dann schlechtere Chancen hat.[140]

Doch sie kämpft auf ihre Art: nennt ihre Vorteile, pitcht jedes Mal wieder ihre zahlreichen Möglichkeiten und macht klar, wenn sie sicher ist, dass sie in bestimmten Themenbereichen die Erfahrenste ist. Dann steckt sie ihre ganze Energie in die Startups, die wirklich in ihrem Portfolio landen. Und so schrieb sie reihenweise Erfolgsgeschichten. Bleibt ihr zu wünschen, dass ihre tatkräftige Unermüdlichkeit und freundliche Beständigkeit immer mehr Früchte trägt und immer mehr Gründer nicht nur verstehen, wie sehr sie unterstützen will, sondern dass sie das auch tatsächlich kann. Und vielleicht höre ich dann bei den nächsten Vorbereitungen weniger den Spruch »Ach, die hatte ich gar nicht auf dem Schirm!«, wenn die Sprache auf Dagmar Wöhrl kommt. Denn nicht immer ist der Löwe, der am lautesten brüllt, auch der stärkste. Manchmal ist es eben auch die elegante, freundliche Löwin.

Die Investorin Dagmar Wöhrl in a nutshell:

Investmentvehikel: Intro Investment GmbH

Fokus: Unternehmen, denen die Wöhrl-Familie wirklich helfen kann, starke Gründer

Wachstum: eher moderat, dafür nachhaltiger Markenaufbau mit dem Ziel des langfristigen Bestehens am Markt (doch es kann auch schneller gehen)

Modell: kleine Konsumentenprodukte und große B2B-Themen

Phase: Seed, kurz nach Markteintritt, gelegentlich Wachstum

Investmentsumme: ca. 50 000 – 200 000 Euro mit Ausnahmen

Branchen: Fokus auf Food, Mode und Haushalt, Interesse auch an Tech und Gastronomiethemen

No-Gos: Defizite bei Gründern wie mangelnde Kompetenz und Ehrlichkeit, ungerechte Anteilsverteilung oder schlechte Lizenz-/Produzentendeals

Mehrwert: Vertriebskanäle und -partnerschaften, politisches Know-how, Kontakte

Nils Glagau

Der mutige moderne Firmenchef

Nils Glagau folgte seinem Vater als Inhaber und Geschäftsführer von Orthomol, einem Entwickler und Produzenten von Mikronährstoff-Kombinationen. Wer den vermeintlichen Standardlebenslauf eines Firmenerben erwartet, liegt falsch.

Denn Standard, leicht berechenbar oder gar langweilig ist bei Nils Glagau gar nichts. Schon das typische Vorurteil eines weiteren in einer langen Reihe von Söhnen, die sich bequem »ins gemachte Nest setzen«, passt hier ganz und gar nicht. Allein das Alter von Orthomol lässt dies nicht zu. Denn Nils Glagaus Vater gründete das Unternehmen zusammen mit seinem Partner 1991, und der 15-jährige Nils bekam nicht nur die Anfänge aus der Garage heraus mit, sondern half auch selbst immer wieder aus.

Während das Unternehmen mehr und mehr Arztpraxen und Apotheken als Empfehler und Kunden gewinnen konnte, machte der Sohn des Orthomol-Gründers sein Abitur. Und studierte – so gar nicht firmenerbentypisch – Ethnologie. Hiernach machte er sich mutig auf den Weg nach Lateinamerika. Was heute für viele Standard ist, war um diese Zeit noch weitaus ungewöhnlicher und erforderte wesentlich mehr Eigeninitiative und Organisation. Schon früh schien also klar zu sein, dass der spätere Orthomol-Chef keine Angst vor dem Unbekannten hat, gerne Neues ausprobiert und den Blick über den Tellerrand wagt.

Genau diese Reise nach Südamerika wird in »Die Höhle der Löwen« gelegentlich thematisiert. Nicht nur, weil wohl die wenigsten Menschen in einem Minibus die Ausgrabungsstätten der Maya erforschen, sondern auch, weil sein ausgeprägtes Interesse und Wissen zu Produkten lateinamerikanischen Ursprungs immer wieder gefragt sind.

Besonders die echte mexikanische Küche schien Nils Glagau auch nach seiner Rückkehr in die Heimat sehr zu fehlen. So wurde er sogar zum Gastronomen, lange bevor die modernen Foodies die Vorzüge vieler Lebensmittel dieser Region entdeckten. Ein weiterer mutiger Schritt, den bestimmt nicht jeder in dieser Form gewagt hätte.

Sein Engagement für die Firma seines Vaters ließ ihn sein Bonner Restaurant und Kulturtreff jedoch später wieder aufgeben. Nach dem Tode Dr. Kristian Glagaus 2009 entschied er sich, Orthomol als Geschäftsführer zu übernehmen. Der Weg war also keineswegs ein geradliniger, und in einigen Interviews verrät Nils Glagau auch, dass diese Entscheidung nicht leicht war.[141] Doch die enge Verbundenheit zum Unternehmen, besonders zu den Menschen darin, ließ ihn diesen Schritt gehen. So waren die ersten beiden MitarbeiterInnen aus »Garagenzeiten« noch lange im Unternehmen, und der neue Chef kannte bei seiner Übernahme fast alle der Beschäftigten.

Er drückte als Geschäftsführer der neuen Generation der Firma seinen Stempel auf. Nicht nur widerspricht sein Stil – vom fehlenden Anzug bis hin zur stark teamorientierten Arbeitsweise – gänzlich dem Vorurteil des etablierten mittelständischen Firmenchefs. Unter ihm verstärkte Orthomol beispielsweise seine digitalen Vertriebsaktivitäten und baute unter anderem die zielgruppenspezifische Werbung auf Social Media erfolgreich aus, um so mögliche Endkunden direkt zu adressieren. Seine Wertschätzung der eigenen MitarbeiterInnen und seine Liebe zum Sport bescherten der Belegschaft mehrere firmeninterne Sportstätten, mit denen sich selbst manches Großunternehmen brüsten würde. Auch Orthomol als Unternehmen engagiert sich in der Sportwelt, so ziert das Firmenlogo seit Herbst 2020 beispielsweise die Trikots des Zweitligisten Hamburger SV.

Orthomol hat heute circa 470 MitarbeiterInnen und einen Jahresumsatz von über 100 Millionen Euro. Und das Wachstum geht weiter. Anfang 2021 entstand das achte Firmengebäude, immer noch am Heimatstandort Langenfeld: Eine brandneue Produktionsstätte wurde gebaut.

Das Netzwerk erweiterte sich über die Jahre ständig, und Orthomol wurden immer wieder tolle neue Produktideen vorgestellt, die manchmal thematisch etwas zu weit weg vom Kerngeschäft erschienen. Doch Nils Glagau war es wichtig, am Puls der Zeit zu bleiben und auch immer wieder über den eigenen Tellerrand hinauszuschauen. Und was eignet sich dafür besser als Startups?

Der Weg vom Firmenchef zum Investor

Was vielleicht mit dem Ausloten neuer Möglichkeiten für Orthomol angefangen hat, ist im Laufe der Zeit viel mehr geworden.

Es ist recht üblich, dass ein erstes oder einzelnes Investment vom Hauptunternehmen, in diesem Fall also der Orthomol selbst, gemacht wird. Manchmal gibt es bereits eine übergeordnete Struktur, also ein Mutterunternehmen, das neben dem hauptsächlich operativ aktiven Unternehmen noch Anteile anderer Unternehmen besitzt. Daher ist diese sogenannte Holding[142] prädestiniert, um »mal eben« ein weiteres Investment zu machen, das dem operativen Unternehmen dient. In Nils Glagaus Fall gab es eine solche Holdingstruktur bereits, vorwiegend wohl wegen weiterer Personen, die an ihr Anteile besitzen.

Der Start der Investorenreise war also wahrscheinlich eine engere Kooperation bei einem neuen Produkt, oder auch ein Investment »aus dem Balance Sheet«, wie zu Beginn dieses Kapitels erklärt.

Doch wegen des wachsenden Netzwerks nahmen die Möglichkeiten, sich an neuen innovativen Produkten zu beteiligen, stetig zu. Hier gab es bald die ersten Fälle, die zwar unheimlich spannend erschienen, sich aber nicht unbedingt eigneten, unter der Marke Orthomol zu laufen oder von den operativen Vertriebsgesellschaften in Umlauf gebracht zu werden. Um sich solche Gelegenheiten nicht entgehen zu lassen, wurde die Ortho Innovations ins Leben gerufen, das erste »richtige« Investmentvehikel. Deren erstes eigenes Investment isaac nutrition[143] verdeutlicht diesen Zweck: Das Startup entwickelt Nahrungsmittel aus Insekten. Orthomol selbst möchte nicht ins Geschäft mit Insektenproteinen einsteigen, glaubt aber an eine Zukunft dieses

Bereichs und möchte am Erfolg partizipieren. Auch kann Orthomol den GründerInnen mit Kontakten und Know-how zur Seite stehen, ist also alles andere als ein reiner Finanzinvestor.

In »Die Höhle der Löwen« sah sich Nils Glagau dann Möglichkeiten gegenüber, die mit dem Geschäft von Orthomol praktisch gar nichts mehr zu tun hatten, ihn aber trotzdem stark ansprachen. Hier traf er schnell auf die ersten Fälle, für die weniger die Kenntnisse und das Netzwerk von Orthomol gefordert waren als vielmehr Nils Glagau selbst. Startups – zum Beispiel aus den Bereichen Sport, Gesundheit oder Ernährung – sprachen ihn stark an, es gab sogar Bezüge zu seiner Lieblingsregion. Solche Investments wurde dann auch von seinem neuem Investmentvehikel Rock B(r)and[144] getätigt, nicht von der Orthomol oder Ortho Innovations. Natürlich kann dergleichen auch nur einmalig passieren, doch etwas Entscheidendes hatte sich zwischenzeitlich geändert: Nils Glagau war vom Geschäftsführer eines Corporate-Investment-Arms zum Privatinvestor geworden. Er wollte nicht mehr nur für und mit Orthomol investieren, sondern auch Themen angehen, die ihm persönlich am Herzen lagen und in die er sein ganz eigenes Wissen und seine Kontakte außerhalb der Pharmaindustrie einbringen konnte. So entstand Rock B(r)and, ein reines Investmentunternehmen, das Nils Glagau selbst gehört und bei dem er wiederum Geschäftsführer ist. Rock B(r)and tritt unabhängig von Orthomol auf, und der professionelle Internetauftritt hat sogar ein eigenes Bewerbungsformular für Startups, die außerhalb von »Die Höhle der Löwen« ihre Geschäftsideen vorstellen wollen.

Damit ist zwar nicht ausgeschlossen, dass es auch in Zukunft Unternehmen in der Sendung geben wird, die wegen ihrer thematischen Nähe dann schließlich Ortho Innovations oder sogar Orthomol selbst zugeordnet werden. Doch auch der Ausbau möglicher Vertriebspartner zeigt, dass der Werdegang zum professionellen Investor mit Rock B(r)and endgültig vollzogen ist.

Ein Investor macht häufig im Laufe der Zeit und mit wachsendem Portfolio eine Art Evolution durch. Neben den einzelnen Investments geben manchmal auch die genutzten Investmentvehikel darüber Aufschluss. In manchen Fällen – wie in diesem – verbinden sich auch die Vorteile mehrerer Stufen und Investorenarten. Bei Nils Glagau geschah die aufgezeigte Entwicklung praktisch im Schnelldurchlauf, was es besonders spannend macht. So bekommen Startups in seinem Portfolio heute das geballte Fachwissen und die hervorragend etablierten Vertriebskanäle der Firma Orthomol, aber auch die Unabhängigkeit, die Synergien und das stark wachsende Netzwerk des Investors Rock B(r)and.

Solch eine Entwicklung – und zudem so schnell vollzogen – schafft längst nicht jeder, denn dazu braucht man ein paar besondere Eigenschaften.

Nils Glagau – ein besonders mutiger Löwe

Natürlich können auch die persönlichen Werte und Charaktereigenschaften einen Investor prägen. Beim Orthomol-Chef gibt es ein paar besonders spannende Aspekte, die aus seinem Werdegang, aber auch aus ein paar seiner Investments hervorgehen.

So wird man als Investor nicht ablegen können oder wollen, was einen als Geschäftsführer des eigenen Unternehmens ausmacht.

Seine Verbundenheit mit dem Unternehmen als Teil der Familie und damit auch mit den MitarbeiterInnen lässt eine hohe Wertschätzung nicht nur der Angestellten im Einzelnen, sondern auch von Firmenkultur als Ganzes erahnen.

Nils Glagau: »Insgesamt glaube ich, dass ich den Startups viel von der familiären Unternehmenskultur und den Werten mitgeben kann, die wir bei Orthomol pflegen.«[145]

Menschen sind ihm wichtig, und man kann davon ausgehen, dass starke Persönlichkeiten und Expertisen von ihm geschätzt werden. Denn gerade bei Orthomol spielt Expertenwissen eine besondere Rolle: Das Unternehmen fokussiert sich auf qualitativ hochwertige

Produkte mit starkem wissenschaftlichem Fundament. Die Marke baut auf Expertise in ihrem Segment, vom Design bis zu den Vertriebskanälen ist alles darauf abgestimmt. Daher liegt es nahe, dass Nils Glagau Startups sucht, die eine ähnliche Strategie verfolgen und am langfristigen Aufbau von Marken, aber nicht ausschließlich an schnellem Umsatz interessiert sind.

Das Ortho Innovations Investment isaac nutrition bestätigt dies auf ganzer Linie, denn sein Alleinstellungsmerkmal beruht auf langer und fachkundiger Arbeit. Doch gerade dieses Investment verrät noch einiges andere: Das Insektenprotein-Startup fokussierte sich zu Beginn auf eine Zielgruppe, die eher als »nischig« zu bezeichnen war – CrossFit-Sportler. Von da wuchs die Marke weiter und überzeugte immer mehr Kunden. Eine Thematik, die sich auch in »Die Höhle der Löwen« regelmäßig abzeichnet. So investierte Nils Glagau in das Musikspiel klang2[146], das Urnen-Startup Evertree[147] oder das Bienenzuchtset easyBeeBox[148]. Alles Themen, die den meisten seiner KollegInnen bei »Die Höhle der Löwen« zu nischig waren. Doch alle drei haben sich mehr als bewährt, erobern ihre Start-Märkte und entwickeln sich gut. So war beispielsweise die easyBeeBox ausverkauft und musste schon längst neue Lebenshilfe-Werkstätten als Produzenten aufnehmen, um der Nachfrage Herr zu werden. Sie scheinen also mehr als die absoluten Naturenthusiasten für sich zu begeistern. Entweder ist ihre Nische größer als erwartet, oder sie sind schon dabei, angrenzende Zielgruppen zu erschließen.

Gerade dieses Investment teilt sich unter anderem mit Evertree, der Urne, aus der ein Baum wächst, eine weitere Eigenschaft. Die Themen sind sehr speziell, aber auch emotional, sprechen viele an. Investoren loben daher das Engagement und den Mut der GründerInnen, sehen von einem Investment allerdings oft ab, weil die tatsächliche Marktgröße sehr schwer abschätzbar ist. Doch Nils Glagau traut sich – sein Mut und Wille, über den Tellerrand zu schauen, hat wohl seit seinen Südamerikazeiten kein Stück nachgelassen.

Nils Glagau: »Man darf nicht immer nur schwärmen, wie toll ein Thema ist, sondern muss seine Überzeugung auch in die Tat umsetzen.«[149]

Offensichtlich hat man es also bei dem Firmenchef mit einem Investor zu tun, den man auch mit ungewöhnlichen und sehr neuartigen Themen ansprechen kann. Der keine Angst vor Nischen hat und auch Marken in ungewöhnlichen Bereichen aufbauen kann.

Denn er weiß, dass man auch neue Wege ausprobieren muss, um nicht in Stillstand zu geraten. Passend dazu betont er auch gerne die neuen Möglichkeiten, die vor allem die digitalen Kanäle für Sales und Kundenansprache bieten. Auch Orthomol hat er schließlich in diese Welt geführt.

Denn heutzutage kann man neue Produkte schnell in kleinen Mengen auf den Markt bringen und durch Onlinemarketing ohne große Streuverluste die ersten Zielgruppen finden. Das passt natürlich zu vermeintlichen Nischenthemen, denn die entsprechenden Zielgruppen können zunächst noch recht klein und spezifisch sein. Doch gerade hier ist es für Startups durch eine zielgerichtete Ansprache einfacher, mit etablierten Firmen zu konkurrieren. Denn mit schmalem Budget lässt sich nicht alles von Anfang an abdecken. Um sich hierbei jedoch richtig zu fokussieren, setzt der Orthomol-Chef auch auf die eher »klassische« Kundenanalyse im Vorfeld.

Diese Verbindung der modernen iterativen Vorgehensweise und bewährten Tools sollten GründerInnen also teilen. Eine Strategie der nachhaltigen Markenentwicklung bedeutet für Nils Glagau daher oft, zunächst ein Produkt zu etablieren, um mit diesen Erfahrungen dann weitere Zielgruppen und Märkte angreifen zu können. So wird eine breite Basis für weitere Produkte geschaffen. Darauf legt er sowohl als Unternehmer als auch als Investor Wert. Es kann dann auch sein, dass Produkte gezielt zunächst in bestimmten Zielgruppensegmenten starten und nicht direkt eine breite Käuferschaft adressieren. Auf diese Weise können junge Marken zuerst wichtiges Feedback sammeln und ggfs. Änderungen an ihren Produkten oder Dienstleistungen umsetzen, bevor ein großer Roll-out stattfindet. Hinzu kommt, dass es zu manchen Marken schlicht nicht passt, überall zu sein.

Dass er auch ganz anders kann, hat er zum Beispiel mit CO'PS[150] bewiesen: Der Kaffeeschnaps war binnen vier Tagen nach Ausstrahlung komplett ausverkauft, und man entschied sich für die Expansion. Das Investment floss vor allem in Maschinen, um die Produktion zu erweitern. In den folgenden vier oder fünf Monaten wurden knapp 2 Millionen Euro erwirtschaftet, nun nimmt man den gesamten DACH-Raum[151] und neue Produkte in Angriff[152].

GründerInnen sollten also ein starkes Bewusstsein dafür entwickeln, was für eine Marke sie aufbauen wollen und welche Strategie wirklich zu ihr passen würde.

Doch welche genauen Auswahlkriterien hat nun der Investor Nils Glagau?

Was ist Nils Glagaus Sweet Spot?

Die Werte und Charaktereigenschaften des Orthomol-Chefs geben bereits einen guten Rahmen, doch für viele hören sich die oben genannten Richtlinien noch nicht wirklich nach einem Sweet Spot an. Denn die meisten GründerInnen tendieren dazu, hierunter vor allem die Branche zu verstehen, in die ein Investor vorwiegend investiert. Allerdings machen sie es sich damit oft zu einfach.

Zu Beginn seiner DHDL-Laufbahn kam in den Vorgesprächen zu Nils Glagau oft das Schlagwort »Nahrungsergänzungsmittel« vor. Diese Startups leiteten also von Orthomol seinen kompletten Branchenfokus ab. Das ist gefährlich, denn der Unterschied zwischen Unternehmer und Investor sollte jedem klar sein, der ein Investment sucht.

So gab es dann auch bis einschließlich Staffel 10 nur ein einziges Investment im Bereich Nahrungsergänzungsmittel bzw. Mikronährstoff-Kombinationen – was bei genauerem Nachdenken nicht unbedingt überraschen sollte. Schließlich kennt er sich hier extrem gut aus und hat mit Orthomol selbst ein breites Produktportfolio in diesem

Bereich, sodass es schwieriger werden könnte, wirklich gut zusammenzupassen.

Der Versuch, den Investor Nils Glagau mit einer oder mehreren Branchen zu verknüpfen, wird schließlich viel schwerer, als viele sich das gedacht haben. »Mich interessieren fast alle Branchen«, sagte er einmal in einem Interview.

> **Nils Glagau: »Natürlich ist es gut, wenn man einen persönlichen Bezug zum Produkt hat. Aber wenn mich die Gründer oder ihr Produkt begeistern, habe ich auch kein Problem damit, in Damenunterwäsche oder Pferdesport zu investieren, obwohl ich davon wirklich wenig Ahnung habe.«[153]**

Und genauso kam es dann auch: In seiner ersten Staffel (ausgestrahlt als Staffel 6 und 7) von DHDL machte Nils Glagau insgesamt neun Angebote, womit er anteilig schon im Mittelfeld[154] aller Löwen lag. An Mut und Lust zu investieren hat es ihm also von vornherein nicht gemangelt. Mit fünf Angeboten entfiel mehr als die Hälfte auf Food-Themen, zwei auf Sportthemen und zwei weitere auf Freizeitthemen.

Den schon in seinem Werdegang erwähnten Themen Food, Sport und Freizeit blieb er auch in Staffel 8 und 9 treu, doch dabei blieb es nicht. Er steigerte seine Angebotsquote noch einmal deutlich und lag hierbei dann sogar – ganz knapp vor Ralf Dümmel – auf Platz 1 der Löwen. Nils Glagau schien warm geworden zu sein, und so verbreiterte sich auch noch einmal sein Branchenspektrum. Zu den bisherigen Themen kamen noch zahlreiche hinzu – wie zum Beispiel Haushalt, Körperpflege, Gesundheit oder – mit dem sehr erfolgreichen Startup Green MNKY für die individuelle und vor allem nachhaltige Anfertigung von Handyschutzfolien – auch Soft- und Hardware. Getreu seiner Aussage investierte er also tatsächlich »querbeet«. Davon wiesen auch zwei Startups Südamerikabezug auf, zwei weitere sind eng an Fußball geknüpft. Seine persönlichen Interessen sind also häufig, jedoch nicht immer vertreten.

Und seine Unberechenbarkeit bezüglich der Branchen, sein Mut zu neuen Themen, aber auch seine Lust am Battle mit anderen Löwen setzt sich auch seit Staffel 10 fort, ebenso kooperiert er allerdings gerne.

Doch auch auf Phasen oder Investmentsummen lässt sich der Löwe mit dem modernen, individuellen Style nicht festnageln: Seine Angebote bewegten sich zwischen 30 000 und 300 000 Euro, was an sich schon eine recht große Spannweite ist. Hinzu kommt auch wieder der Schwerpunkt der Sendung, da sich die meisten Angebote der GründerInnen eher im Bereich bis 200 000 Euro bewegen. Da es darüber also gar nicht viel Auswahl gibt, ist es in diesem Fall erst recht schwer, irgendwelche Rückschlüsse auf Nils Glagaus Sweet Spot zu ziehen.

Nils Glagau zu möglichen Investmentsummen: »Ich bin da nicht festgelegt, ich würde zum Beispiel auch eine halbe oder eine Million investieren, wenn wirklich alles passt. Ich habe mir da selbst keine Grenzen gesetzt.«[155]

Ist Nils Glagau also als Investor überhaupt nicht einzuschätzen? Vielleicht sollte man sich nicht immer an Standards festbeißen. Denn wie gesagt, Standard ist bei ihm gar nichts.

Doch zum Glück gibt es einige weitere Möglichkeiten, wie zum Beispiel das Geschäftsmodell. In diesem Bereich gibt es durchaus eine Tendenz zu B2C-Produkten. Hier finden sich auch die zuvor vermuteten Schwerpunkte wieder, wie zum Beispiel die der gut definierbaren Zielgruppen, die sich später noch vergrößern können. Die HealthMe-App[156] unterstützt zum Beispiel in ihrer ersten Version Allergiker und Menschen mit Nahrungsmittelunverträglichkeiten dabei, die für sie richtigen Produkte auszuwählen. Ein guter Start, um in Zukunft immer mehr Menschen, die bestimmte Anforderungen an ihre Ernährung haben, miteinzubeziehen.

Viele weitere Beispiele stützen die Bedeutung der klaren Zielgruppe im Geschäftsmodell: ajuma[157] hilft, Sonnenbrand zu vermeiden und damit Hautkrebs vorzubeugen. Das ist vor allem für Eltern, Outdoorsportler und Sonnenurlauber interessant. Ebenso wie Läufer, denen die Laufmaus[158] hilft, bei ihren Trainingseinheiten eine gesündere Haltung einzunehmen, sind dies Zielgruppen, die sich in Social Media hervorragend adressieren und validieren lassen.

Schließlich zeigt AER[159], der Wurfpfeil, in den eine Kamera eingebaut werden kann, ganz besonders eindrucksvoll, wie man mit der Fokussierung auf eine spezielle Zielgruppe früh, aber effizient eine Kundenbasis aufbauen kann. Denn Filmemacher und Fotografen promoteten den AER gleichzeitig mit, wenn sie in Social Media ihre damit erstellten Werke teilten.

So ist es Nils Glagau wichtig, dass die Startups, die bereits am Markt sind, hier schon etwas zeigen konnten. Die Umsätze der meisten Startups, die ein Angebot von ihm erhielten, lagen im niedrigen bis mittleren fünfstelligen Bereich. Trotzdem kann man bei den betreffenden Unternehmen schon von einem erfolgreichen Marktstart sprechen, zumal diese Umsätze meist innerhalb nur weniger Monate erzielt wurden. Doch Nils Glagau ist auch überhaupt nicht bange, vor Marktstart zu investieren, wenn ihn ein Produkt überzeugt. Hier legt er dann oft Wert auf eine Validierung durch Studien oder eine Crowdfunding-Kampagne.

Es gab zudem ein paar B2B-Themen, die ihn begeistern konnten. Vor allem bei Software oder wenn er mit seinen Kontakten im Sportbereich – speziell auch bei Fußballvereinen – gut helfen konnte, kam von ihm häufiger ein Angebot. Und Erfolge wie Green MNKY zeigen, dass auch dieser Bereich ihm liegt.

Bei Geschäftsmodell und Phase des Startups kann man also schon ein paar Tendenzen oder Schwerpunkte feststellen, die schon mehr Richtung Sweet Spot gehen als die Investmentsumme.

Bei seinem Fokus auf Expertenwissen und Marken sollten GründerInnen jedoch davon ausgehen, dass solide Schutzrechte gefragt sind, außerdem Unabhängigkeit von Produzenten und anderen Beteiligten. So gab es bei praktisch allen bisher gescheiterten Deals problematische

Faktoren, die in der Höhle nicht zur Sprache gekommen waren. Ehrlichkeit und Transparenz können also – wie so oft im Umgang mit Investoren – gar nicht genug betont werden.

Ein spannender Hinweis könnte weiterhin sein, dass Nils Glagau der Löwe ist, der am häufigsten absagt, weil ihn das Geschäftsmodell nicht überzeugt. Oft nennt er hier auch Details wie einen zu hohen Produktpreis oder eine zu kleine Marge. Ein solides durchdachtes Business muss es also sein, Luftschlösser und träumerische Planungen sind nicht seins.

Auch verbindet alle entstandenen Investments der Expertenstatus der GründerInnen für ihr Thema, denn alle haben lange getüftelt, um ihr Vorhaben in die Tat umzusetzen.

Der Orthomol-Chef weiß um den Vorteil von Expertenwissen als Alleinstellungsmerkmal und wie man dieses für den Markenaufbau verwenden kann. Genau solche Fälle sucht er als Investor. Egal ob das besondere Wissen darin besteht, wie man die Haltung beim Laufen auf einfache Weise entscheidend verbessern kann oder wie man die vermeintlich rutschsichersten Schienbeinschoner der Welt konstruiert – Wissen ist der Wettbewerbsvorteil, der zur Marke werden soll.

Nils Glagau betont gerne, wie wichtig ihm Authentizität der GründerInnen und deren volle Identifikation mit ihrem Vorhaben ist. Und wie sollte man auch eine Marke mit einem Kern aus Expertenwissen aufbauen, wenn die UnternehmerInnen dieses Wissen nur halbherzig vertreten? Mehr noch, ein Investor kann ohne tiefere und teure Gutachten oft nicht mit Sicherheit sagen, ob das von den GründerInnen dargestellte Wissen wirklich so besonders ist, dass es für einen nachhaltigen Wettbewerbsvorteil reicht. Für die Entscheidung spielt das berühmte Bauchgefühl also eine zentrale Rolle, und da haben Authentizität und Leidenschaft für das entsprechende Thema einen ganz großen Einfluss.

So ergibt sich das Bild eines Investors, der vor allem innovativen Produktideen mit solidem Business-Case durch sein Know-how vor allem im Bereich Markenaufbau, seinen Kontakten sowie durch zusätzliche Vertriebspower zum entscheidenden Durchbruch verhelfen will. Daher sind seine Anteile im Vergleich mit anderen Investoren dieser Phase – wie in der Höhle üblich – meist noch einmal höher. Denn mit Nils Glagau als Investor kombiniert ein Startup praktisch die Vorteile eines Business Angels mit denen eines mittelständischen Corporate Investors, ohne die Nachteile der strategischen Bindung auf sich nehmen zu müssen.

Wie genau arbeitet Nils Glagau mit seinen Startups?
Natürlich bekommt ein Startup, in das Nils Glagau investiert, auch immer eine gehörige Portion Rock B(r)and und Orthomol mit. Genau deshalb ist der Fit in der strategischen Ausrichtung, also der Fokus auf Wissen, Qualität und nachhaltigen Markenaufbau, auch so wichtig. Denn das angesammelte Know-how und die allermeisten Kompetenzen von Nils Glagau selbst, dem Rock-B(r)and- und Orthomol-Team sind auch auf diese Ziele ausgerichtet. Unter den 470 MitarbeiterInnen finden sich Experten für Vertrieb, Einkauf, Regulatory Affairs, On- und Offlinemarketing, Produktentwicklung, PR, Wissenschaft, Qualitätsmanagement, Produktion und Technik.

Dieses Team möchte alle relevanten Bereiche unterstützen und die Maßnahmen individuell auf die Startups abstimmen. So engagieren sie sich etwa beim Markenaufbau von kleinen Optimierungen bis hin zur Entwicklung des kompletten Designkonzepts, je nachdem, wie weit ein Startup gerade ist.

Orthomols Rolle bei isaac nutrition sah zum Beispiel folgendermaßen aus: In das junge Unternehmen, das Nahrungsmittel aus Insekten herstellt, investierte Nils Glagau über die Ortho Innovations noch vor seiner ersten Teilnahme bei DHDL. Zu diesem Zeitpunkt gab es isaac-Proteinpulver nur in der Geschmacksnote Vanille, eine Ausweitung der Produktion konnte sich das junge Unternehmen auch noch gar nicht leisten. Im Orthomol-Labor wurde der Geschmack optimiert, und es konnten sogar neue Geschmacksrichtungen entwickelt werden. Durch das Investment wurde dann auch die Produktion möglich, und der neue Investor half beim Vertriebsausbau, unter anderem durch die guten Kontakte in die Sportwelt.

Das Wissen des Orthomol-Teams bezieht sich natürlich insbesondere auf die Gesundheitsbranche und angrenzende Felder, hier bestehen auch die meisten Kontakte. Da Orthomol eine feste Größe im Arzt- und Apothekenmarkt ist und offline wie online aktiv, können hiervon besonders junge Unternehmen profitieren, die diese Vertriebswege ebenfalls nutzen wollen.

Doch gerade Nils Glagaus Entwicklung als Investor in- und außerhalb von DHDL bringt noch wesentlich mehr Vorteile mit sich. Seine Verbundenheit mit dem Sport und sein dortiges Kontaktnetzwerk hat schon isaac nutrition geholfen. Nicht nur Sport-Startups profitieren also hiervon. Neue Vertriebsnetzwerke wurden ebenfalls erschlossen, zum Beispiel zur Wünsche Group, die Produkte auch international vermarktet. Startups konnten außerdem schon eine Zusammenarbeit mit 11teamsports, Sport 2000, Manufactum, Weltbild, Müller und weiteren großen Händlern erzielen. Und sein Netzwerk wächst weiter. Dieser gezielte Kontaktaufbau positioniert Nils Glagau vor allem mit Rock B(r)and auch in anderen Branchen wie dem Lebensmittelhandel nun deutlich stärker und rüstet ihn für eventuelle Konkurrenzsituationen mit anderen Löwen. Die er ja keineswegs scheut.

Nils Glagau: mutig, unberechenbar und immer für authentische Experten und ihre Marken

Der Löwe aus der Mikronährstoff-Branche sucht nun also Startups, die langfristig eine starke Marke aufbauen wollen. Ein starker Markenaufbau sollte jedoch vor allem auf Expertenwissen basieren, und dieses findet man bekanntlich bei einzelnen Personen. Es verwundert also nicht, dass für Nils Glagau der Erfolg eng damit zusammenhängt, wie gut ein Team aufgestellt ist.[160] Nicht nur smarte, auch authentische GründerInnen sind also gefragt. Jemand, der vor allem das schnelle Geld mit einem Produkt sucht, hinter dem er oder sie nicht wirklich steht, hat keine Chancen.

Standards sind auf den Investor Nils Glagau nicht anzuwenden, auf Branchen oder Investmentsummen lässt er sich nicht festnageln. Dafür legt er neben herausragenden GründerInnen und einem innovativen Produkt Wert auf ein solides Geschäftsmodell, das in seinen Grundzügen schon validiert sein sollte.

Die Startups bekommen dann ihrerseits reichlich Unterstützung durch ein breit aufgestelltes Team, vielfältiges Know-how und ein weitreichendes Netzwerk. Und einen Investor, der den Mut hat, Nischen zu erforschen, neue Wege zu gehen, um schließlich auch genau den richtigen Weg für jedes Startup zu finden: vom vorsichtigen Start und Optimierung von Marke und Produkt bis hin zum breiten Launch und Aktivierung seines gesamten Netzwerks.

Wie sehr er sich einbringen will, sieht man schließlich auch an dem neuen Rock-B(r)and-Haus: eine moderne und kreative Begegnungs- und Arbeitsstätte für ihn und seine Portfolio-Investments.[161]

Der hinter Nico Rosberg dienstjüngste Löwe hat also nicht nur eine merkliche Wandlung durchgemacht. Er hat auch offensichtlich immer mehr Spaß und Erfüllung im Investorendasein gefunden: Er weiß, wonach er sucht und was ihn begeistert, auch wenn sich das nicht mit den Standardkategorien messen lässt. Er sucht gezielt die Kooperationen mit anderen Löwen, scheut aber auch keine Konkurrenz. Er baut sein Netzwerk immer weiter aus, kann immer mehr und unterschiedlichere Startups mit immer mehr Power unterstützen.

Vielleicht passt Nils Glagau also nicht wirklich in die Standardkategorien für Investoren. Vielleicht ist er dabei, eine neue zu prägen. Eine ohne Angst vor Nischen, aber dafür mit dem Mut, wichtige Themen anzugehen. Eine, die über den Tellerrand schaut, aber Altbewährtes dabei nicht vergisst. Und einfach zeigt, dass solide Geschäftsmodelle, nachhaltiges Wachstum und Expertenwissen eben doch ziemlich cool sein können.

Der Investor Nils Glagau in a nutshell:

Investmentvehikel: Rock B(r)and oder Ortho Innovations

Fokus: Expertenwissen als Markenkern

Wachstum: Schnelle erste Zielgruppenvalidierung vor nachhaltigem Markenaufbau

Modell: oft Konsumentenprodukte, aber auch Digitales

Phase: häufig Seed, kurz nach Markteintritt

Investmentsumme: offen

Branchen: alle, häufig Food, Gesundheit, Sport und Lifestyle, zunehmend Tech und Nachhaltigkeit

No-Gos: fehlende Ehrlichkeit und Transparenz, fehlende Schutzrechte oder Studien

Mehrwert: Vertriebsaufbau, Expertenwissen, breites Netzwerk

Georg Kofler

Der leidenschaftliche Medienunternehmer

Der macht irgendwie alles, könnte man denken, schaut man sich Dr. Georg Koflers bisherige Investments an. Von Malkurs-Events über Rolllatoren und nachhaltige Verpackungssysteme bis hin zu Männer-Make-up: In seinem Startup-Portfolio scheint auf den ersten Blick wenig Harmonie zu herrschen.

Sein Werdegang hingegen erscheint recht geradlinig: Für die höhere Schulbildung erlangte der gebürtige Südtiroler ein Stipendium, arbeitete nebenher unter anderem als Skilehrer und studierte schließlich Publizistik und Kommunikationswissenschaften. Die Promotion schloss sich an, ORF-Intendant Gerd Bacher stieß auf seine wissenschaftlichen Arbeiten und Georg Kofler startete als sein Assistent ins Berufsleben. Hier kündigte er, als Bacher aus politischen Gründen abgewählt wurde. Er hat es wohl nie bereut, denn kurz danach rief Leo Kirch an.

Die nachfolgende Stelle als Büroleiter beim Medienunternehmer Kirch war der eigentliche Beginn seines Erfolgs. Denn der Besitzer des maroden Privatsenders Eureka suchte Kirchs Hilfe. Der junge Georg Kofler hatte so viele Ideen für das Privatfernsehen, dass er schließlich Kirchs Sohn Thomas davon überzeugte, dort zu investieren und ihm die Geschäftsführung zu übertragen. Auch in diesem Fall hätte er wohl andernfalls gekündigt, so sehr war seine Leidenschaft für das Projekt entfacht.

Als damals 31-Jähriger baute er Eureka als ProSieben zu einer großen Sendergruppe aus, führte den Sender in die Profitabilität und schließlich erfolgreich an die Börse.[162] Ein ganz besonders spannender Aspekt hierbei: Er verfasste einen äußerst ambitionierten

Businessplan, laut dem der Umsatz von 10 Millionen D-Mark im ersten Jahr auf 60 Millionen und schließlich 180 Millionen klettern sollte. Da dies niemand für möglich hielt, handelte der ambitionierte Jungmanager aus, mit 3 Prozent beteiligt zu werden, wenn er ihn erfüllen würde. Er machte das scheinbar Unmögliche möglich, verkaufte seine Anteile beim Börsengang und legte so den Grundstein zu einem nicht unerheblichen Vermögen.

Der nächste wichtige Schritt war nicht weit entfernt: Da Pro7 einen Schwerpunkt auf amerikanische TV-Serien und Filme legte, beschäftigte er sich viel mit dem Fernsehen in den USA und wurde auf das Konzept des Homeshoppings aufmerksam. Dies begeisterte ihn so sehr, dass er den Verkaufssender HOT als Joint Venture von Pro7 und des Versandhändlers Quelle ins Leben rief. Hierfür warb er auch Judith Williams von QVC ab[163], der Beginn einer Zusammenarbeit, die ihn schließlich sogar zu »Die Höhle der Löwen« führte. Nach einer Fusion und neuen Anteilsverteilung sowie drei weiteren eröffneten Sendern brauchte Kirch ihn jedoch für Premiere.

Der Bezahlsender steckte tief in den roten Zahlen, als Georg Kofler übernahm – trotzdem hätte er es feige gefunden, diese Aufgabe nicht anzutreten. Daher sagte er – eher untypisch für ihn – zu, ohne sich irgendeine Bilanz des maroden Unternehmens anzusehen.

Und innerhalb von nur drei Jahren schaffte es der noch junge Manager abermals – und verwirklichte den bis dahin größten Börsengang eines Medienunternehmens.[164]

Nun stand das nächste Ziel an: die Exklusiv-Rechte für die Übertragung der Bundesliga. Und das wohlgemerkt ohne die Sportschau, nach englischem Vorbild. Doch das schien politisch nicht gewollt, lieber gab man dem völlig neuen Sender Arena die Rechte, solange die Sportschau weiter über Fußball berichten konnte. Arena scheiterte, Premiere holte sich die Bundesligarechte Schritt für Schritt zurück, und Arena gab es schon bald nicht mehr. Dann standen die neuen Verhandlungen mit der DFL an – doch darauf hatte Georg Kofler keine Lust mehr, zumal ihn das Unternehmertum mehr reizte.

Nur zwei Wochen nach seinem endgültigen Ausstieg aus der Kirch-Gruppe gründete er seine erste Beteiligungsgruppe. Er startete mit Energie, vor allem im Bereich Gebäudesanierungen. Doch als »ausgewiesener Nichtingenieur«[165] lag ihm das operative Geschäft nicht, den Medienprofi führte es unweigerlich zurück in sein altes Betätigungsfeld.

Diesmal allerdings im modernen Gewand. YouTube habe ihn dazu verleitet, sagte er einmal auf dem Medienforum NRW. Er half dabei, die Reichweite eines Influencers über Produktwerbungen zu monetarisieren und stieß wenig später auf das Konzept der Glow. Die Messe mit Tausenden Besuchern, die praktisch nur über Influencer kamen, begeisterte ihn sofort.

Bald machte er sein erstes Investment in diesem Bereich in die Social Chain aus Manchester und beteiligte sich an immer mehr Unternehmen im Social-Commerce-Bereich. Zusammen mit Judith Williams gründete er die Glow Media Group, in die auch Judiths Investments aus »Die Höhle der Löwen« fließen sollten. In Staffel 4 vertrat er die Beauty-Unternehmerin dann erstmals auf dem Löwen-Stuhl, als diese krank war. Für Staffel 5 teilten sie sich einen Sitz unter den Investoren, Dr. Georg Kofler schien Gefallen gefunden zu haben.

Geschäftlich trennten sich die beiden allerdings wieder, und der ehemalige Pro7-Chef gründete ein neues Medienimperium: Die heutige Social Chain Group entstand aus der Glow Media Group, der Media Chain und der Social Chain heraus.[166] Neben seiner Lieblingsbeteiligung ArtNight aus der Fernsehshow übernahm er noch ein paar der gemeinsamen Investments in die Social Chain. Seit Staffel 6 sieht man ihn nun als einen von sieben Löwen im Wechsel auf den fünf Stühlen.

Mit dem Kauf der DS Gruppe von Ralf Dümmel im Herbst 2021 gelang Georg Koflers Medienunternehmen, der Social Chain AG, dann noch einmal ein Paukenschlag, der es allerdings vermutlich nicht mehr zulässt, dass die beiden gleichzeitig in der Sendung um Deals wetteifern. Zumindest nicht in direkter Konkurrenz. Für die bereits abgedrehte Staffel 11 bleibt aber noch alles beim Alten.

Doch Dr. Georg Koflers Netzwerk beschränkt sich ohnehin nicht nur auf seine Social-Commerce-Aktivitäten, auch wenn diese allein schon sehr weitreichend sind: Sein neuestes Engagement im Aufsichtsrat von Hertha BSC Berlin beispielsweise verankert ihn zusätzlich in der Fußballwelt.[167]

Eine hoch beeindruckende Karriere als Manager führte also schließlich zur Bildung einer eigenen Firmengruppe im Bereich der neuen Medien, die in die unterschiedlichsten Bereiche investiert. Auf den ersten Blick wirkt dieses Firmengeflecht genauso vielschichtig und verwirrend wie Georg Koflers Investments. Beides lässt sich mit einem genaueren Blick – und einem Perspektivenwechsel – aber durchaus enträtseln.

Die Social Chain Group: ein Imperium der neuen Medien – und eine moderne Firmenfamilie

Will man also Dr. Georg Kofler als Investor verstehen, gibt es keinen Weg vorbei an der Social Chain Group, sein »ziemlich einzigartiges, integriertes Social-Media-Unternehmen«.[168] Nicht nur, weil hier schlussendlich die Investmentvehikel liegen, also die Unternehmen, die tatsächlich die Anteile an den Startups halten. Sondern vor allem, weil die verschiedenen Unterfirmen und Tätigkeitsfelder der Gruppe erst verstehen lassen, wie der Medienexperte als Investor arbeitet. Denn ein Startup muss hineinpassen in das »Haus der Unternehmer«[169], wie er seine Firmenfamilie selbst gerne nennt. Und wie in jeder Familie muss man sich zunächst die Mühe machen, sie auch kennenzulernen, will man eines Tages dazugehören. Kein einfaches Vorhaben bei einer solchen Großfamilie.

Glücklicherweise gibt es eine klare Struktur, und wie in der Familienanalogie stehen zwei Hauptakteure im Mittelpunkt, die Hand in Hand zusammenarbeiten müssen, damit alle das Optimum aus sich herausholen können: Mutter und Vater der Social Chain Group sind sozusagen die beiden Geschäftsbereiche »Social Media« und »E-Commerce«.

Ersteres besteht wiederum aus drei Teilbereichen. Einer davon ist die Media Chain. Hier werden die Follower-starken Marken wie zum Beispiel SPORF (circa 13 Millionen Follower) verwaltet. Hierzu gesellen sich auch die spezialisierten Kanäle der Beteiligungen der Gruppe wie Planet Sports oder Glowcon, sodass die Media Chain eine Reichweite von über 80 Millionen Followern vorweisen kann. Im Juli 2018 erzielte sie damit rund 1,8 Milliarden Social-Media-Views[170].

Das nächste »Kind« hat der ganzen Gruppe seinen Namen gegeben: Die bereits erwähnte Social Chain war eine preisgekrönte Agentur aus Manchester mit extrem junger Belegschaft, selbst die Gründer waren zum Start gerade einmal Anfang zwanzig.[171] Mit 170 Mitarbeitern liegt hier die Social-Media-Marketing-Power der Gruppe, die neben eigenen Unternehmen auch Kunden wie Coca-Cola, Sony oder Superdry betreut.

Das dritte Feld könnte überraschen, erklärt aber Dr. Georg Koflers Erfolge mit Investments im Event-Bereich.

Denn hier liegt neben der zuvor erwähnten Messe GLOW by dm, die ihn sofort begeistert hatte, auch der World Fitness Day mit seinen Tausenden Teilnehmern.

Bei den drei gerade vorgestellten Unternehmensbereichen handelt es sich um stabile und etablierte Geschäftsbereiche mit ausgeprägten Fähigkeiten und Erfahrungen. Diesen ersten Teil der Gruppe könnte man daher als die erwachsenen Kinder der Familie bezeichnen.

Der andere Teil der Familie profitiert maßgeblich von diesen reifen Firmenschwestern. Denn im Bereich E-Commerce finden sich die zahlreichen Kinder, die durch die Investmentaktivitäten hinzugekommen sind: Es sind vor allem die E-Commerce-Unternehmen und Startups, die ihre Produkte größtenteils online direkt an den Endkonsumenten vertreiben. Ihre sogenannten »direct2consumer-Marken« profitieren von der Reichweite der Media Chain, den Kampagnen der Social Chain oder den Spezialfähigkeiten der Social Events. Oder allem auf einmal. Die »älteren« Kinder aus dem ersten Geschäftsfeld unterstützen die jungen also beim Wachsen.

Die jüngeren bilden aber längst keinen Kindergarten für Firmen mehr: In den vier Hauptbereichen Beauty, Sports, Home and Living sowie Food finden sich so bekannte und sehr erfolgreiche Marken wie KoRo, die haltbare Lebensmittel versenden und so circa 60 Millionen Euro Jahresumsatz generieren. Neue Familienmitglieder kommen nicht nur durch Georg Koflers Tätigkeit als Löwe in und außerhalb der Höhle hinzu, es werden auch neue Firmentöchter als Eigengewächse ins Leben gerufen. Es gibt hier also eigene und Adoptivkinder, und die Familie wächst immer weiter.

Dr. Georg Kofler zur Social Chain Group: »Bei uns sind Social Media und E-Commerce unter einem Dach. Darin sehe ich einen großen Wettbewerbsvorteil. Durch die Kombination von Medien, Marketing und E-Commerce werden wir schneller und nachhaltiger wachsen. Mit den Reichweiten unserer Social-Media-Kanäle und der Kreativität unserer Agentur- und Eventgruppe machen wir Produkte und Marken bekannt. Dies gilt insbesondere für unsere eigenen E-Commerce-Unternehmen, denen wir vielfältige Vermarktungschancen eröffnen.«[172]

Mittlerweile gehören rund 750 bis 800 Mitarbeiter zur Social Chain Group.[173] Sie erwirtschaften einen Umsatz von circa 320 Millionen Euro, der Hauptsitz ist in Berlin, außerdem hat die Gruppe Niederlassungen in Manchester, München, London, New York und San Diego. Sie verwaltet über 15 eigene Marken, über 50 Communitys und mehr als 86 Millionen Follower. Der Gewinn 2020 betrug 8 Millionen Euro, 2021 wahrscheinlich 15 Millionen, man ist weiter auf Wachstumskurs.

Im Herbst 2021 gab es wie bereits erwähnt noch einmal ein komplett neues Familienmitglied: Die DS Gruppe von DHDL-Mitinvestor Ralf Dümmel gehört nun zur Social Chain AG. Wenn man so will, wurde die Familie damit durch eine große Hochzeit erweitert, und das neue Familienmitglied ist bekanntermaßen Experte für den

Einzelhandel. Da die DS Gruppe aber ihr eigenes Investmentvehikel hat und die beiden Löwen wohl auch weiter bei DHDL zu sehen sein werden, sollen hier Dr. Georg Kofler und die Social Chain weiterhin im Fokus stehen.

Georg Kofler ist nach dieser Übernahme mit nun etwa 38 Prozent immer noch der Hauptanteilseigner und Aufsichtsratschef der Gruppe, der Löwe ist also praktisch der Vorsitzende eines Familienrats, in dem auch teilweise die Chefs der Tochterfirmen vertreten sind, die Anteile der Gruppe werden aber auch an der Börse gehandelt.

Irgendwann während dieses Kennenlernprozesses wird bestimmt das große »Aha« eingesetzt haben: Das Familiengeheimnis sind die Synergien, die Verzahnung der Kompetenzen und die Unterstützung rund um den Onlinedirektvertrieb. Und wie in allen guten Familien geht es nicht darum, was genau die Kinder machen oder wie sie aussehen. Es geht darum, sie bestmöglich zu unterstützen, damit sie wachsen, groß und stark werden können.

Daher finden sich nicht nur die verschiedensten Produkte, sondern alle Arten von Geschäftsmodellen – sogar App- und eventbasierte Modelle – im Startup-Portfolio der Social Chain Group. Aber alle profitieren von den Möglichkeiten der Gruppe als Ganzes.

Wer ist nun der Investor: Dr. Georg Kofler oder die Social Chain Group?

Dass man die Person nicht isoliert betrachten kann, ist bei dieser Marketingmaschinerie, die hinter dem früheren ProSieben-Chef steht, bereits klar geworden. Denn obwohl viele ehemalige Topmanager in Startups investieren, hat wohl kaum jemand eine solche Struktur aufgebaut. Doch wie ist es anders herum?

Soviel man aber über die Social Chain Group auch in Erfahrung bringt, es wird nie jedes Investment und jede Absage des Investors Dr. Georg Kofler erklären können. Denn Gründer haben es hier nicht mit einem reinen Repräsentanten dieser Medien-Firmenfamilie zu tun. Eher mit einem Familienoberhaupt. Und daher mit einer Unternehmerpersönlichkeit, deren Interessen, Vorlieben und persönliche

Werte sich in ihren Investmentkriterien widerspiegeln. So ist dann sein häufigster Absagegrund, dass ihm Thema oder Produkt der Startups einfach nicht gefallen, und zwar knapp in einem Drittel (circa 29 Prozent) der Fälle.

Doch so häufig wie kein anderer Löwe sagt der ehemalige TV-Manager ab, weil ihm die Umsatz- und Gewinnplanungen der Gründer missfallen. Gleichzeitig fragt er am häufigsten explizit danach. Wenn die Gründer hier schwächeln, zu utopische Vorstellungen oder zu unambitionierte Wachstumspläne präsentieren, ist er schnell raus.

Doch interessieren ihn wirklich die genauen Zahlen, oder hat diese Frage einen anderen Hintergrund?

Denn tatsächlich sieht er sich selbst nicht als ausgeprägten Zahlenmenschen, doch seine Erfahrungen als Firmenchef, insbesondere von börsennotierten Unternehmen, haben ihn geprägt. Denn hier wird schlicht erwartet, dass der Geschäftsführer einen klaren Plan und die wichtigsten Zahlen jederzeit im Kopf hat. Also sollte man das von GründerInnen definitiv auch verlangen können.

So zeigt die Antwort auf diese Fragen dem Social-Commerce-Löwen vor allem eines: Sind die GründerInnen ambitioniert genug? Planen sie also, in den nächsten Jahren einen guten zweistelligen Millionenbetrag zu erwirtschaften? Wie realistisch der Plan ist, kann man allein aus der Antwort heraus natürlich nicht sehen, es geht aber zunächst vor allem darum, ob das Startup eine solche Skalierung überhaupt anstrebt. Und generell überhaupt einen Plan hat.

Die meisten Investoren, die diese Frage stellen, wollen eher grundsätzlich die unternehmerische DNA und Einstellung der GründerInnen abklopfen. Das genaue Eintauchen in die Finanzen kommt erst später.

Dr. Georg Kofler: »Ich möcht gern in Firmen investieren, die in einem Zeitraum von 3 bis 5 Jahren also mindestens 10 bis 15 Millionen Euro Umsatzpotenzial haben oder mehr.«[174]

Ab und an stellt gerade Dr. Georg Kofler noch andere ungeliebte Zahlenfragen, die allerdings nicht immer im Schnitt zu sehen sind. Hier sind es vor allem die Kundenakquisekosten, die CAC, oder Kosten für das Kundenmanagement, die ihn interessieren. Denn als absoluter Profi in den neuen Medien weiß er nicht nur, wie viel Aussagekraft diese Zahlen haben – insofern das Startup schon entsprechend weit ist. Sondern er kann die Antworten der Gründer auch sehr gut im Verhältnis zur Konkurrenz einschätzen. Er weiß, dass es fast unmöglich ist, online Erfolg zu haben, ohne seine wichtigsten Kennzahlen präsent und voll im Griff zu haben. Sich auf diesem Gebiet auf eine Diskussion mit ihm einzulassen ist daher einerseits zwar gefährlich, bietet aber andererseits auch die Chance, ihn zu überzeugen. So konnten die STUR-Gründer[175] ihn mit ihrer »Pfannenhelden-Community«[176] rund um die perfekte Pfanne zum Kochen und Braten begeistern.

Doch viel wichtiger als die Zahlen sind für ihn die GründerInnen. Zu den Eigenschaften, die er besonders oft lobt, gehören Bodenständigkeit und Realismus. Beides sah er zum Beispiel beim Gründer Justus von Werksta.tt[177], der mit künstlicher Intelligenz die Überproduktion von Bäckereien und damit Lebensmittelverschwendung bekämpfen wollte. Andere Gründer – wie zum Beispiel die des Fahrerassistenzsystems CurveSYS[178] – schreckten ihn mit ihren allzu großen Wachstumsträumen ab.

Vor allem, wenn damit eine unrealistische Bewertung gerechtfertigt werden soll, stößt das Dr. Georg Kofler negativ auf. Zu hohe Bewertungen ärgern ihn oft mehr als die anderen Löwen. So ist dieser Absagegrund bei ihm auf Platz 2 aller Angaben bei einem »Ich bin raus«. In vielen Fällen – wie zum Beispiel beim Windelsensor Curaluna[179] – stieg er aus, sobald er sicher war, dass die hohe Bewertung nicht gerechtfertigt werden konnte. Manchmal macht er aber auch ein Gegenangebot, das die Diskrepanz verdeutlicht. Im Fall des veganen Milchersatzes Vly[180] wollte er schließlich 35 Prozent statt der angebotenen 8 Prozent haben – aber auch nur auf mehrfaches Drängen der Gründer. Eigentlich war er schon ausgestiegen. Auch bei

Tracktics[181] machte er ein stark abweichendes Angebot. Da der Medienexperte ebenso wenig Battles scheut und gerne das erste Angebot macht, ergibt sich das klare Bild eines Investors, der keine kritischen Verhandlungen scheut – vielleicht sogar ein wenig Spaß daran hat.

> **Dr. Georg Kofler: »So, Freunde, fängt irgendjemand mal an, über Geld zu reden oder so was?«[182]**

Der Emotionalste unter den Löwen
Doch gerade wenn man auf Bewertungen zu sprechen kommt, darf einer der legendärsten und medial mit am meisten beachteten Fälle von »Die Höhle der Löwen« auf keinen Fall fehlen. Denn die Gründer von Sirplus[183] reizten den leidenschaftlichen Unternehmer nicht nur mit ihrer Bewertung bis aufs Blut.

Das Prinzip fand zunächst durchaus Anklang: Lebensmittel, die sonst weggeschmissen werden, sollen günstig aufgekauft, geprüft und in speziellen Märkten oder online in zusammengestellten Retterboxen an Endverbraucher verkauft werden. Doch Dr. Georg Kofler störte vor allem die Selbstdarstellung der Gründer als soziale Unternehmer in Kombination mit ihrer Bewertung von über 11 Millionen Euro.

> **Dr. Georg Kofler bei Sirplus: »Was mich fundamental stört, ist euer moralisierendes Schöngerede von eurem Geschäftsmodell.«[184]**

Den Gründern war der Aspekt der Lebensmittelrettung besonders wichtig, doch für den Löwen war es ein »normales kaufmännisches Geschäftsmodell«. Schließlich ging es darum, günstig einzukaufen und teurer weiterzuverkaufen. Dafür war ihm aber die Bewertung viel zu hoch und ließ die Gründer als »obergierige Kapitalisten« erscheinen.

Doch Georg Kofler ist ganz und gar kein Feind des Themas Nachhaltigkeit. Sein Engagement beim Kölner Gastrosystem Vytal[185] katapultierte das Unternehmen innerhalb kürzester Zeit von 1000 Euro Monatsumsatz auf über 30 000 Euro. Bei knapp zweistelligen Wachstumsraten pro Woche stand bald die nächste Runde an, in der auch die Social Chain AG nochmalig investierte[186], allerdings wohl zu einer wesentlich höheren Bewertung als damals in der Sendung. Gerade steckt das Startup in den Gesprächen für eine weitere Wachstumsfinanzierung – und dürfte seinen Wert dann noch einmal steigern. Das hatte Dr. Georg Kofler schon damals in der Höhle geahnt.

Doch auch seine anderen zahlreichen Angebote an weitere nachhaltige Unternehmen unterstreichen sein Interesse in diesem Bereich.[187]

Für Georg Kofler muss alles zusammenpassen, die gute Absicht allein reicht nicht für ein Investment. Was bei einem erfolgreichen Unternehmer und Investor eigentlich nicht besonders betont werden müsste. Es geht eben immer noch um ein Startup-Investment, nicht um eine Spende an eine Wohltätigkeitsorganisation. Und der Medienunternehmer glaubt an diese Verbindung von Wirtschaft und Nachhaltigkeit, wie er auch in zahlreichen Talkshow-Auftritten vor der Bundestagswahl 2021 darlegte[188].

Etwas sollten GründerInnen sich unbedingt merken: Bewertungsvorstellungen sollten immer streng auf wirtschaftlichen Maßstäben beruhen. Weder das Thema (so sinnvoll und edel es auch sein mag) noch ein Hype im Markt wie beim Milchersatz Vly[189] sollten eine große Rolle spielen. Doch der oben erwähnte Fall Vytal zeigte dafür umso deutlicher, dass Dr. Georg Kofler mit sachlichen Argumenten durchaus überzeugt werden kann.[190] Denn auch hier lagen beide Parteien zunächst recht weit auseinander und einigten sich erst nach längerer Verhandlung. Aktuelle Zahlen und begründbare Planungen sind hier der Schlüssel, eben nicht Emotionen und große Visionen.

Besonders spannend also und ein bisschen ironisch, dass der Serieninvestor genau dann emotional wird, wenn GründerInnen versuchen, eigentlich ganz andere Emotionen zu wecken, um eine überhöhte Bewertung durchzusetzen. Womit man sich sowieso auf ganz dünnes Eis begibt: Es mag zwar Ausnahmen geben, doch die meisten professionellen Investoren – besonders die mit eigener Unternehmervergangenheit – sind schlichtweg zu erfahren, um auf so etwas hereinzufallen.

Von vielen wird Dr. Georg Kofler als der Löwe angesehen, der am deutlichsten seine Meinung sagt. Er redet nicht gern um etwas herum, spricht aus, wenn ihn etwas stört. Das sollte nicht weiter wundern, ist es ihm doch nie allzu schwergefallen, selbst einen hoch dotierten Job zu verlassen, wenn etwas ihm so gar nicht passte. Doch auch seine Begeisterung zeigt er. Für manche ist das ein riesiger Vorteil, andere können nicht so gut damit umgehen.

Vielleicht liegt es auch daran, vielleicht auch am mangelnden Wissen über die tatsächliche Unterstützerpower der Social Chain AG, dass Georg Kofler durchweg die niedrigste Erfolgsquote von allen Löwen mit seinen Angeboten hat. Viele GründerInnen scheinen immer noch mehr auf den Einzelhandel zu schielen. Das lässt sich vielleicht damit erklären, dass sie sich der Vorteile der Onlinewelt gar nicht so sehr bewusst sind. Ich mache immer wieder ähnliche Erfahrungen in meinen Beratungen. Tatsächlich vergessen einige, dass der Einzelhandel oft üppige Margen nimmt, die man online mit dem eigenen Webshop nicht abgeben muss. Auch die Vorteile des direkten Kundenkontakts werden von vielen schlicht missachtet: Das Feedback ist hier direkter, man kann damit arbeiten und auch bei einem Fehler immer noch versuchen, den Kunden zufriedenzustellen. Mit all diesen Vorteilen arbeitet die Social Chain AG. Und sucht daher auch Investments, mit denen sie diese richtig stark nutzen kann.

Dass nicht alle Startups das verstehen, stört ihn aber offensichtlich nicht, denn wie schon beschrieben taktiert er eher weniger, sondern macht auch sehr oft das eher »nachteilige« erste Angebot. Auffällig ist zudem, dass er oft nur kurz pitcht, also seine Vorzüge als Investor den GründerInnen nur knapp vorträgt. Es scheint, als ob er sich den Startups nicht allzu sehr »anbiedern« möchte, sondern – zu Recht – erwartet, dass sie sich über ihn informiert haben.

Viele berichten aber vor allem von den positiven Seiten im Umgang mit dem Medienunternehmer: Dr. Georg Kofler zeichnet sich vor allem durch eine starke Begeisterungsfähigkeit für spannende GründerInnen und Innovationen aus. Die wird auch in der Höhle immer wieder deutlich. Leider wurden Szenen wie bei Bideo oder überschwängliches Lob wie bei Werksta.tt medial nicht annähernd so thematisiert wie seine Aufreger. So sitzen mir immer wieder Gründer gegenüber, die dem Aufeinandertreffen mit ihm fast ängstlich entgegenblicken.

Dr. Georg Kofler über DHDL: »Ich bin bei der ›Die Höhle der Löwen‹ aus zwei Gründen. Erstens, weil ich die Sendung für ein gesellschaftlich wirklich nützliches Sendeformat halte. Wir sind mittlerweile eine große Inspirationsquelle für Tausende von jungen Menschen, die sich überlegen, selbstständig zu werden. Und zweitens bin ich Unternehmer und kein Portfolio-Manager. Insofern bin ich natürlich operativ im weiteren Sinne tätig (…)«[191]

Auch schenkt er den ZuschauerInnen immer wieder sehr unterhaltsame Szenen, in denen er praktisch mit sich selbst die Vor- und Nachteile eines Investments diskutiert. Ralf Dümmel nannte ihn einmal unberechenbar, Carsten Maschmeyer brachte es schließlich auf den Punkt: Er hatte den Eindruck gewonnen, dass der Social-Commerce-Löwe manchmal anfing zu reden, ohne zu wissen, wo genau er enden würde.

Ob Georg wirklich zu Beginn manches Monologs noch nicht weiß, ob er am Ende ein Angebot macht oder aussteigt, bleibt wohl sein Geheimnis. Doch seine Erfolge zeigen immer wieder, dass er alles andere als planlos ist.

Dr. Georg Koflers Sweet Spot

Nachdem nun etwas klarer ist, wie der Medien-Löwe tickt, kann man sich so langsam an die Details heranwagen. Wie immer helfen hierbei die bestehenden Investments. In »Die Höhle der Löwen« hat man zusätzlich den Vorteil, schon einen Schritt vorher – nämlich bei den Angeboten, die ein Löwe macht – ansetzen zu können.

Die Untergliederung innerhalb der Social Chain Group in die spezialisierten Investmentvehikel für Beauty, Sports, Home and Living und Food zeigt schon, dass es bei Dr. Georg Kofler Schwerpunktthemen gibt. Allerdings sind diese sehr breit gefasst, sind doch beispielsweise im Bereich Beauty sowohl die Gesundheitsprodukte von viralProtect als auch die Babypflege von Mabyen zu finden. Über die Jahre hat er sehr stark verteilt über die verschiedensten Branchen hinweg Angebote an Gründer abgegeben. Zwar gab es einen gewissen Schwerpunkt bei Food, allerdings gibt es hierzu auch sehr viel Gelegenheit in der Sendung.

Sein erstes DHDL-Investment ArtNight lässt sich in die vorgenannten Schwerpunkte auch nur mit viel gutem Willen einsortieren. Auch das bereits erwähnte Startup Vytal wird sowohl in der Social Chain bei Food verortet als auch von den meisten Medien so einsortiert, ist aber eher eine Dienstleistung für die Gastronomie. Vor allem aber ist es, genau wie ArtNight, eine Plattform. Und wer gut aufpasst, hört von Dr. Georg Kofler auch so einiges über diese Kategorie von Geschäftsmodellen.

Dr. Georg Kofler: »Also mich reizt das sehr. Du, solche Plattform-Businesses können auch in zwei Jahren eine halbe Milliarde wert sein.«[192]

Es ist schon fast zu erwarten, dass jemand, der im Social Commerce zu Hause ist, ein großes Verständnis für die hohe Skalierbarkeit von Plattformmodellen hat, und auch ganz genau weiß, was diese zum Wachsen brauchen. Der Social-Media-Bereich der Gruppe kann die Onlinekundengewinnung schließlich auch exzellent unterstützen und damit zu einer schnellen Skalierung beitragen. Plattformmodelle sind bei Georg Kofler also an der richtigen Adresse.

Noch ein anderes spezielles Geschäftsmodell kommt bei ihm öfter zur Sprache: die sogenannten Abomodelle. Das können Apps und andere Software, aber auch Food-Abonnements sein. Zum Beispiel bei Move it Mama[193] oder Routago[194] wurden sie unter den Löwen heiß diskutiert, und es wurde klar, dass der Medien-Löwe schon reichlich Erfahrung mit solchen Modellen hat. Hier sollte man vielleicht auch im Hinterkopf haben, dass schließlich auch Premiere/Sky ein solches Modell ist. Dabei werden besonders oft die Kundenakquisekosten genannt. Denn Dr. Georg Kofler weiß, dass gerade Abomodelle ein großes Investment für das Marketing verlangen und sich erst längerfristig auszahlen. Die Kosten, um Kunden zu gewinnen und dann lange genug zu halten, sind also essenziell. Auf diese Diskussionen sollte man als GründerIn unbedingt vorbereitet sein.

Auch nicht vergessen sollte man, dass die Social Chain AG börsennotiert ist. GründerInnen müssen also nicht nur davon ausgehen, dass besonders alle finanziellen und rechtlichen Aspekte während der Due Diligence genau überprüft werden.

Dr. Georg Kofler: »Ich bin gar nicht so ein ausgeprägter Zahlenmensch. Ich entscheide vor allem nach Bauchgefühl, das entpuppt sich selten als falsch. Dazu lasse ich mich beschützen und habe meine Schutzengel, die während der DD alles noch mal genau überprüfen.«[195]

Daher fragt er auch bei DHDL häufiger, ob es sich um eine GmbH handelt oder wie die bisherige Finanzierung aussah. Die Börsennotierung bringt auch die starke Verpflichtung mit sich, immer im Sinne der Aktionäre und der gesamten Gruppe zu handeln. Daher ist der zeitliche Rahmen, in dem sich ein Investment auszahlen sollte, etwas kleiner und die Wachstumschancen sollten besonders hoch sein. Dazu passt, dass fast alle von ihm auserwählten Startups bereits fünf-, teilweise sogar sechsstellige Umsätze erwirtschaftet hatten. Und das meist innerhalb weniger Monate, ein beeindruckendes Wachstum!

Der Großteil von seinen Angeboten geht erwartungsgemäß an B2C-Unternehmen mit Produkten, die sich gut für den Onlineverkauf eignen. Hier nimmt die Social Chain AG also dann neue »Kinder« in den Bereich E-Commerce auf. Also können Verwicklungen mit Produzenten und daraus resultierende Interessenkonflikte, die dem Wachstum des Startups im Wege stehen, leicht ein Dealbreaker sein.

Genauso wie beim Branchenfokus scheint Georg Kofler auch bei der Investmentsumme nicht sonderlich festgelegt zu sein: Sowohl die Deals als auch die tatsächlichen Investments bewegen sich zwischen 100 000 Euro und 450 000 Euro. Allerdings gab es auch das Angebot an Tracktics in Staffel 5 über 1 000 000 Euro, das die Gründer nicht annahmen. Daraus lässt sich schließen, dass er auch zu größeren Investments bereit ist.

Doch selbst bei dem bisher am stärksten identifizierten Merkmal, den Geschäftsmodellen, gibt es ab und an Abweichungen.

Dr. Georg Kofler über seinen Fokus: »Ich investiere in der Regel in jene Bereiche, die mich auch persönlich interessieren. Zu diesen zählen das Kommunikations- und Mediengeschäft und E-Commerce. In diesen beiden großen Welten bin ich auch als Unternehmer beheimatet. Und dann gibt es natürlich immer ein paar Produkte oder Dienstleistungen, die mich einfach überzeugen, die durchaus außerhalb meines angewohnten Unternehmerlebens stattfinden können. Das sind dann quasi die ›freien Radikalen‹, die ich mit einer besonderen Aufmerksamkeit pflege.«[196]

Gerade die App Skills4School[197] wird ihn wohl auch begeistert haben, da die junge Zielgruppe der Schüler hervorragend über seine Kanäle erreichbar ist. Der E-Rolllator ello[198] scheint jedoch ein Paradebeispiel für Georg Koflers »freie Radikale« zu sein, sollte er vor allem doch über Sanitätshäuser vertrieben werden.

Doch ein paar Ausnahmen bestätigen schließlich immer die Regel.

Dr. Georg Kofler – ein Medienunternehmer als Investor

Das Thema Medien taucht immer wieder auf – nicht nur in seinem Werdegang und seinen aktuellen Unternehmertätigkeiten, sondern auch in seinen Investments. Hierbei aber eben weniger direkt, sondern vielmehr als Enabler – ein stark unterstützender, oft sogar entscheidender Wachstums- und Erfolgsfaktor. Social Commerce ist hierbei das aktuelle Schlüsselwort.

Nach einer höchst erfolgreichen Laufbahn weiß der Selfmademillionär, was er kann und wie er jungen Unternehmen entscheidend helfen kann – und hat großen Spaß daran, das auch zu tun.

Diesen Spaß und die Leidenschaft fürs Unternehmertum strahlt er aus – in seinen Kommentaren, in seinen Kriterien, aber auch in seinen bekannten und gefürchteten emotionalen Momenten.

Doch wenn er GründerInnen mag, strahlt er noch mehr vor Begeisterung, läuft aufgeregt durchs Set oder ist genervt vom langen Taktieren seiner Löwen-Kollegen bei der Angebotsabgabe.

Gründer sollten vor allem bodenständig, zahlensicher, selbstständig als Unternehmer aber auch ambitioniert und begeisterungsfähig sein. Denn sie bekommen es mit einem Investor zu tun, bei dem unternehmerisches Know-how und Leidenschaft, ein riesiger Medienapparat, eine Firmenfamilie voller Marketing- und Vertriebspower und Persönlichkeit zusammenkommen.

Dr. Georg Kofler? Macht irgendwie alles – alles, was ihn begeistern kann.

Der Investor Dr. Georg Kofler in a nutshell:

Investmentvehikel: Tochterfirmen der Social Chain AG

Fokus: Unternehmen mit starker Social-Media-Komponente

Wachstum: starke Skalierbarkeit vor allem über Onlinekanäle, mittlerer Investmenthorizont

Modell: Schwerpunkt direct2consumer B2C-Produkte oder Plattformen – auch mit analogem Aspekt

Phase: meist späte Seed-Phase bis Wachstumsphase

Investmentsumme: circa 100 000 bis 1 000 000 Euro oder mehr

Branchen: prinzipiell alles, Schwerpunkte Food, Home and Living, Sports, Beauty

No-Gos: keine oder unrealistische Planungen, wichtige Zahlen nicht präsent, zu hohe Bewertung, unsaubere rechtliche Konstruktion

Mehrwert: Reichweite und Marketingpower, Synergien in der Gruppe, Kontakte

Carsten Maschmeyer
Der personifizierte Venture Capitalist

»Die brauchste in der Show als Erstes, da brauchste keinen Kaffee mehr danach. Da biste fröhlich für 'ne Woche, da leuchteste nachts ohne Batterie.«[199] Dieses Zitat von Carsten Maschmeyer über die äußerst sympathischen Waschies-Gründerinnen lässt bestimmt jeden schmunzeln. Und es ist bei Weitem nicht das einzige seiner Art; der seit Staffel 3 aktive Löwe liebt Wortspiele. Und kann sich für starke GründerInnen extrem begeistern.

Doch oft stellt er auch viele detaillierte Fragen, schaut dabei ernst und kann recht streng mit den Gründern sein. Er ist auch der Löwe der Überraschungen und Rekorde – ob eine spontane Geldspende oder der höchste Löwen-Einzeldeal in der Geschichte von »Die Höhle der Löwen«:[200] All das geht auf das Konto von Carsten Maschmeyer.

Er selbst betont häufig, dass er sich als Venture Capitalist versteht. Und als solcher steigt er häufig auch aus, obwohl er Produkt oder Thema durchaus gut findet.

Was ein Venture Capitalist – oder kurz VC – ist, wurde bereits im letzten Kapitel genauer untersucht. Kurzer Recap: Von diesen Investoren werden vor allem Unternehmen mit besonders großem Wachstumspotenzial gesucht. Doch VCs sind eigentlich Institutionen – keine Einzelpersonen. Sie verwalten die Fonds, also das Geld, mit dem investiert wird. Die Entscheidungswege sind gestaffelt, mit integrierten Kontrollmechanismen. Hier entscheidet niemand allein, ob ein Startup Geld bekommt oder nicht. Doch Carsten Maschmeyer macht einfach mal Deals im Fernsehen – und das bisher sogar bis zu 1 Million Euro. Wie passt das also zusammen? Um das zu verstehen, ist auch ein Blick auf die Person Carsten Maschmeyer und ihre Geschichte wichtig.

Seine Kindheit beschreibt er oft als eher schwierig. Aufgewachsen ist er in einfachen Verhältnissen, doch schon der junge Carsten Maschmeyer war sehr zielstrebig und begann ein Medizinstudium. Um dieses zu finanzieren, jobbte er im Vertrieb einer Finanzberatung. Dort war er derart erfolgreich, dass er das Studium irgendwann aufgab. Mit Mitte zwanzig war er bereits Landesdirektor seines Arbeitgebers mit circa 3000 Mitarbeitern unter sich und verdiente so seine erste Million. Er scheint also der geborene Vertriebler zu sein, und diese Leidenschaft überstieg sogar das Interesse für Medizin. Später wird sie auch noch ein Grundpfeiler seiner Investorentätigkeit.

Carsten Maschmeyer zur MeDusch-Gründerin: »Sie erfüllen bei mir das wichtigste Kriterium, um zu investieren: Die Idee kann noch so gut sein, wenn da nicht verkäuferisches Können, Akquisewillen, Lust auf Kundengewinn, auf Verkaufenwollen, auf Erfolg im Vertrieb ist – dann ist das alles nichts.«[201]

Doch trotz seines großen Erfolgs verließ Carsten Maschmeyer seinen ersten Arbeitgeber und startete mit dem AWD durch: In nur wenigen Jahren expandierte die unabhängige Finanzberatung in zehn Länder und wuchs auf 10 000 Mitarbeiter, die einen Kundenstamm von zwei Millionen Menschen betreuten. Immer weiteres Wachstum und Rekordumsätze brachten AWD schließlich an die Börse, einige Jahre später wurde dann an Swiss Life verkauft. Carsten Maschmeyer selbst sitzt zunähst noch eine Weile im Vorstand, verlässt das nun in Swiss Life Select umbenannte Unternehmen aber zwei Jahre später endgültig. Doch sein erster großer Erfolg wird kein glücklicher Einzelfall bleiben, und sein Gespür für nicht nur finanzielles Wachstum soll er noch häufiger beweisen.

Zunächst widmet sich der erfolgreiche Finanzunternehmer der Unterstützung zahlreicher Kinderprojekte, wie auch Projekten im neurologischen Bereich. Sein Studienthema scheint ihn also immer noch zu interessieren. Auch der gute Zweck bleibt ein Thema für ihn.

Schließlich gründet er die Maschmeyer Group und beginnt, in Startups zu investieren. Sein erstes Engagement wird die HMNC Brain Health, die er 2010 gemeinsam mit dem ehemaligen Direktor des Max-Planck-Instituts für Psychiatrie, Professor Holsboer, gründet. Dem Arzt, der ihn auch von seiner Tablettensucht heilte. Die HMNC hat sich auf die Erforschung und Entwicklung personalisierter Medikamententherapien gegen Depressionen und Angsterkrankungen spezialisiert.

Zu seinem Einstieg als DHDL-Löwe gründet er mit seed+speed noch eine weitere Investmentgesellschaft für Startups, schließlich kommt noch ein Vehikel für seine US-amerikanischen Investments hinzu: die Maschmeyer Group Ventures, kurz MGV.

Alle seine Fonds und Unternehmen sind unter dem Dach der Maschmeyer Group organisiert, sein Privatvermögen wird als eines der 200 größten in Deutschland geschätzt.[202]

Vertrieb, starkes Wachstum und viel Geld, aber auch immer wieder die Medizin scheinen die großen Themen im Werdegang des Löwen zu sein, der meistens links außen sitzt. Diese Themen tauchen auch in seinen Büchern immer wieder auf.[203]

Hinter Carsten Maschmeyer steht also viel mehr als ein Venture-Capital-Vehikel, nämlich – neben vielen weiteren Unternehmungen – gleich mehrere. Doch warum so viele?

Carsten Maschmeyer und seine Fonds

Um den erfolgreichen Finanzunternehmer als Investor zu entschlüsseln, spielen seine Investmentvehikel natürlich eine zentrale Rolle. Und keine Sorge, es ist weder trocken noch kompliziert – und es dauert auch nicht lange. Carsten Maschmeyer hat alles sehr gut strukturiert, ganz so, wie man es von einem Finanzexperten erwarten würde.

Zunächst war da ALSTIN – der Name steht für ALternative STrategic INvestments, also alternative strategische Investments. Allerdings sind dies streng genommen bereits zwei Vehikel, da es zwei getrennte Investmentunternehmen gibt. Zum einen die ALSTIN Family GmbH mit dem ALSTIN I Fonds. Dieser hat nur mit Geld der Maschmeyer-Familie gearbeitet und ist seit 2017 »ausinvestiert«, macht also keine neuen Investments mehr, steht den bisherigen aber noch aktiv zur Seite. Dabei sind so bekannte Namen wie orderbird oder crealytics.[204]

Das zweite Unternehmen ist die ALSTIN II GmbH, sie tritt als ALSTIN Capital auf. Ihr aktueller Fonds trägt den Namen ALSTIN II.[205] Schon die Namensgebung verrät, dass man sich als strategischer Investor versteht und daher auch mit Know-how und Netzwerk unterstützt, nicht nur mit Kapital.

Carsten Maschmeyer über ALSTIN: »Mit der Investmentgesellschaft ALSTIN beteilige ich mich an erfolgreichen Wachstumsfirmen und gebe meine unternehmerischen Erfahrungen, die Vertriebsexpertise und das Netzwerk aus über 40 Jahren an Gründer weiter.«[206]

Und wer wollte nicht das Vertriebs-Know-how von Carsten Maschmeyer haben, das ihn schließlich selbst reich gemacht hat? B2B-Startups in der Wachstumsphase profitieren hiervon natürlich ganz besonders. Denn sie stehen genau der Herausforderung Vertriebsaufbau gegenüber.

Der Fokus des Fonds liegt insgesamt auf stark wachsenden Tech-Unternehmen, es gibt viele B2B-Unternehmen, aber auch ein paar B2C-Themen. Hier gab es schon erfolgreiche Exits wie die Studentenplattform studydrive oder die digitale Kundenkartenlösung Stocard.[207] Aber auch die aktuellen Investments wie Neodigital, usercentrics oder NECT schicken sich an, große Namen der deutschen Tech-Szene zu werden.

Auch sonst sind die Parameter klar umrissen: Es geht um Investments im unteren Millionenbereich, in den Wachstumsphasen A und B und vor allem Startups der DACH-Region. Der erklärte Fokus liegt auf technischen Innovationen, zum Beispiel in den Branchen Finanzen, Versicherungen, Recht, Cyber Security oder Mobilität.[208]

Jetzt aber zum »DHDL-VC«. Doch warum ein komplett neuer VC, wenn man prinzipiell einfach einen neuen Fonds auflegen könnte? Nun, die Ausrichtung von ALSTIN verrät es schon: Ein Wachstumsinvestor ist für die meist frühphasigen Startups, wie sie bei DHDL zu sehen sind, nicht das passende Vehikel. Gerade weil man auch mit Know-how und Netzwerk unterstützen will, braucht man jeweils eigene Strukturen, Prozesse, aber vor allem auch MitarbeiterInnen. Denn gerade erst am Markt gestartete Unternehmen, die ihre Kundengruppen vielleicht noch gar nicht so genau definiert haben, haben oft ganz andere »Baustellen« als Unternehmen in der Wachstumsphase. Hier braucht es jeweils die passende Expertise. Deswegen ist die Phase bei fast jedem VC Teil des Sweet Spots.

Weil in »Die Höhle der Löwen« oft Startups zu erwarten sind, die noch nicht ganz so weit sind und auch kleinere Investmentsummen anfragen, wurde der Frühphaseninvestor seed+speed ins Leben gerufen. Auch dieser konzentriert sich auf Software-Startups, die vorwiegend im DACH-Raum ansässig sind. Auch hier wird neben Kapital mit Vertriebsexpertise unterstützt. Es gibt sogar gezielte B2B-Vertriebstrainings für die Portfoliounternehmen. Zudem soll Wissen und Beratung, das speziell im Unternehmensaufbau benötigt wird, zur Verfügung gestellt werden. Das seed+speed-Portfolio ist über die Jahre auch stark gewachsen: Etwa 50 Startups, darunter alle von Carsten Maschmeyer getätigten DHDL-Investments, werden hier betreut. Allerdings fließt auch weniger Geld pro Startup, das Erstinvestment ist offiziell auf circa eine halbe Million beschränkt, was zumindest für die Höhle weniger streng gehandhabt wird.[209]

Als vierten im Bunde gibt es mit der bereits erwähnten MGV noch einen eigenen VC in San Francisco. Das Team dort investiert international, immer auf der Suche nach besonders innovativen und zukunftsweisenden Firmen in frühen Phasen.[210]

Im Portfolio finden sich abermals sehr viele B2B-Themen, und auch einige erfolgreiche Exits gab es schon. Die größte Bekanntheit hierzulande hat wahrscheinlich das mit zuletzt über einer Milliarde bewertete Startup Modern Health. Der Service für Unternehmen, die ihren Mitarbeitern psychologische Beratung anbieten wollen, hat damit den berühmten »Einhorn«-Status erreicht, von dem so viele GründerInnen – und natürlich auch Investoren – träumen.

Zwar ist MGV für »Die Höhle der Löwen« eher weniger relevant, allerdings legen die Investmenttätigkeiten dort ein gutes Know-how und Netzwerk des amerikanischen Marktes nahe. Hoch relevant für Startups, die irgendwann einmal auf den riesigen US-Markt wollen. Daher hat Carsten Maschmeyer diesen VC auch schon das ein oder andere Mal bei Pitches thematisiert.

Die verschiedenen Venture-Capitalist-Investoren sind also klar strukturiert, jeder mit einem bestimmten Fokus. Gemeinsam haben sie ihre Vorliebe für Software-Startups und B2B-Themen, bei denen sie mit dem Vertrieb helfen können. Man findet viele Finanz- und Versicherungsthemen in den drei Portfolios, ganz wie es auch Carsten Maschmeyers Werdegang vermuten lassen würde. Tatsächlich sind medizinische Themen, die man ihm oft zuschreibt, nicht ganz so zahlreich vertreten. Wieder einmal ein Beispiel, wie wichtig eine Analyse des bestehenden Portfolios ist, denn Eindruck und Berichterstattung können InteressentInnen leicht in die Irre führen.

> Carsten Maschmeyer: »Technologiethemen interessieren mich besonders. Und wenn die Idee etwas Bestehendes schneller, besser, günstiger oder einfacher für die Kunden bzw. Nutzer macht, weckt das mein Interesse ganz besonders.«[211]

Das alles gibt zwar schon ein wenig Aufschluss über den Investmentfokus des Finanz-Löwen, allerdings beantwortet es die Eingangsfrage noch nicht: Wie kann eine einzelne Person ein Venture Capitalist sein?

Dazu noch einmal eine kurze Wiederholung aus dem vorherigen Kapitel: Der Fonds, also das Geld, aus dem ein Venture Capitalist investiert, wird normalerweise von weiteren Investoren, den sogenannten Limited Partners, zur Verfügung gestellt. Daher haben Fonds auch generell eine bestimmte Laufzeit, nach der die Investoren ihr Geld – je nach Erfolg ganz, teilweise oder eben mit Gewinn – zurückerhalten.

Bei ALSTIN Family und seed+speed gibt es aber eine Besonderheit: Die Fonds wurden ausschließlich aus Carsten Maschmeyers Privatvermögen[212] aufgelegt. Es gibt also keine Limited Partners – außer dem Löwen selbst.[213] Im Unterschied zu ALSTIN Capital, denn hier gibt es diese sehr wohl.

Ein VC ohne Limited Partners ist schon eine Besonderheit und kommt äußerst selten vor – macht die Investorenfirmen aber auch in hohem Maße unabhängig von weiteren strategischen Interessen. So kann hier zum Beispiel kein Druck entstehen, in bestimmte Branchen oder Themen zu investieren, etwa um einen Limited Partner eng mit passenden innovativen Startups zu verknüpfen.

Doch das ist noch längst nicht alles: seed+speed zeichnet sich durch eine weitere Besonderheit aus, die bei kaum einem Venture Capitalist zu finden ist: Es gibt lediglich einen einzigen Fonds mit unbegrenzter Laufzeit. So gibt es keinen Druck, Anteile an Startups nach einer gewissen Zeit zu verkaufen, aber höchstwahrscheinlich auch weniger klar geregelte Mechanismen für Gewinnausschüttung. Dies könnte Limited Partners eher abschrecken, bzw. müssten entsprechende Mechanismen implementiert werden.

Zwar gibt es wohl Überlegungen, neben ALSTIN Capital auch seed+speed für weitere Investoren zu öffnen, allerdings wird das eher nicht die DHDL-Startups betreffen. Auch dies erklärt sich mit den typischen VC-Strukturen, hier allerdings mit den Entscheidungswegen. Denn die Investment- oder zumindest Term-Sheet-wertigen Entscheidungen, die die Sendung erfordert, lassen sich nicht mit den Entscheidungswegen, die Geldgeber eines VC erwarten, vereinbaren.[214]

Hier hat also praktisch ein sehr vermögender Privatmensch große Geldsummen als Investmentfonds organisiert, um die entsprechenden professionellen Strukturen des klassischen VC-Modells zu verwirklichen. Das ist nicht nur eine Managementerleichterung, sondern bietet vor allem auch den Startups und dem ganzen Vorhaben entscheidende Vorteile: Synergien sind in diesen klaren Strukturen besser zu erkennen und zu nutzen, Know-how wesentlich einfacher zu organisieren, und ein starkes Netzwerk an Partnern und Folgeinvestoren lässt sich effektiver aufbauen und nutzen. Denn VCs wollen am liebsten mit VCs arbeiten, vermögende Privatpersonen – selbst mit weiteren Angestellten – haben hier oft nicht den gleichen Stellenwert. Die Szene ist da etwas eigen.

Die »Maschmeyer-VCs« haben sich über die Jahre in der Branche einen guten Ruf als zuverlässiger und hochprofessioneller Partner erarbeitet, was übrigens ein großer Vorteil für die Startups ist: Sie bekommen deutlich leichter Folgeinvestments.

Es gibt noch eine Vielzahl weiterer Gründe, warum es ab einer gewissen Geldsumme und Häufigkeit der Investmenttätigkeit Sinn macht, einen Venture-Capital-Fonds ins Leben zu rufen. Doch dieser erste Eindruck sollte zunächst einmal reichen, um zu verstehen, was der einstige Finanzvertriebler hier geschaffen hat. Und wie professionell, aber gleichzeitig außergewöhnlich die von ihm geschaffenen Strukturen sind.

Ist Carsten Maschmeyer also nun ein Venture Capitalist? Nun ja, er hat zumindest vier davon, von denen bisher drei immer noch auf Geld aus seinem Privatvermögen basieren. Der größte Teil des wertvollen Know-hows und des Kontaktnetzwerks, das den nicht finanziellen Mehrwert für seine Portfoliounternehmen darstellt, beruht auf seiner einstigen Vertriebs- und Finanzlaufbahn (und natürlich allgemein auf seinem starken Netzwerk). Wenn also jemand den Begriff Venture Capitalist für sich als Person in Anspruch nehmen kann: dann wohl Carsten Maschmeyer.

Innovation und Wachstum – was sonst?
Damit ist doch eigentlich alles klar, oder? Innovative Softwareunternehmen mit möglichst starkem Wachstumspotenzial sollen es sein.

Frühe Phasen übernimmt seed+speed, spätere ALSTIN. Die Branche scheint dabei nicht ganz so beherrschend zu sein, obwohl es hier deutliche Schwerpunkte gibt.

Carsten Maschmeyer: »Ich als Venture Capitalist möchte echte Innovationen, Erfindungen, ja?«[215]

Eine solch oberflächliche Denkweise kann Gründer wie Zuschauer schnell auf einen falschen Pfad führen – denn was heißt schon »schnell wachsend«? Auch sagt Carsten Maschmeyer nicht ständig mit der gleichen Begründung ab – da muss also noch mehr sein.

Tatsächlich gehört auch bei ihm das persönliche »Nichtgefallen« von Produkt oder Thema zu den häufigsten Gründen für eine Absage. Hieran sieht man, dass natürlich auch immer die Person selbst mit auf dem Stuhl sitzt, nicht nur ein rein analytischer Investor. Wachstum hingegen ist wie schon mehrfach erwähnt ein ganz entscheidender VC-Faktor. Und dazu passende Absagegründe finden sich bei Carsten Maschmeyer noch wesentlich häufiger, der Venture Capitalist tritt also mehr als deutlich auch durch seine Beweggründe für eine Absage in Erscheinung.

Wie das vorherige Kapitel gezeigt hat, ist gerade ein Venture-Capital-Modell darauf angewiesen, möglichst Startups mit exponentiellem Wachstumspotenzial zu finden. Doch je früher die Phase des jungen Unternehmens, desto schwieriger ist es, dieses Potenzial einzuschätzen. Zwar kann man die grundsätzlichen Wachstumsaussichten eines Startups durch gezielte Analysen und die Untersuchung einer Reihe von Faktoren durchaus gut einschätzen. Vor allem aber sprechen manche Dinge gegen ein exponentielles Wachstum.

Zunächst einmal muss natürlich das Geschäftsmodell selbst so weit skalierbar sein, dass ein solch starkes Wachstum überhaupt möglich ist und nicht durch organisatorische Faktoren gebremst wird. Ein Produkt mit langer Produktionszeit oder eine Beratung mit viel persönlichem Einsatz sind beispielsweise sehr schwer skalierbar.

Auch muss der Markt einen solchen Weg überhaupt hergeben. Das heißt zum einen, dass er eine gewisse Größe haben muss, zum anderen aber auch, dass die potenziellen Kunden gut ansprechbar sein müssen. Daher kommt es häufiger vor, dass Carsten Maschmeyer ein Geschäftsmodell nicht überzeugend oder einen Markt zu klein oder nischig findet, um in das entsprechende Startup zu investieren. Oder die Vertriebswege zu schwierig. Um dies im Detail nachzuvollziehen, sind eigentlich langwierige Prüfungen nötig, was in der Höhle natürlich in der Form nicht möglich ist.

Doch seine häufigen Fragen zu einzelnen Kennzahlen eines Geschäftsmodells wie bei Lambus[216] veranschaulichen schon sehr gut die Herangehensweise. Denn im Fall des Reise-Startups wollte Carsten Maschmeyer ganz genau wissen, wie viele Nutzer sich registriert hatten, wie viele davon eine Reise in der App angelegt hatten und wie viele schließlich kostenpflichtig etwas gebucht hatten. Damit hat er praktisch den Funnel nachvollzogen (unser alter Bekannter aus Kapitel 2), also den Weg von der Installation zum zahlenden Nutzer nachverfolgt. Nun könnte er prinzipiell hochrechnen, wie viele Nutzer nötig wären, um einen Millionenumsatz zu erreichen. Bei solchen Fragen geht es also immer ans »Eingemachte«, der Investor prüft das Geschäftsmodell auf Herz und Nieren – und eben auf sein Potenzial, irgendwann einmal große Summen Geld zu verdienen.

In diesem Zusammenhang ist gerade für einen Venture Capitalist auch die Bewertung besonders wichtig die später auch noch ihr ganz eigenes Kapitel bekommt.

> **Carsten Maschmeyer im Fall eatapple: »Also der miese Geschmack und so eine saftige Bewertung, da bleibt einem (...) der Saft sonst wo stecken.«[217]**

Carsten Maschmeyer sagt besonders häufig wegen einer zu hohen Bewertung ab, in Staffel 6/7 nahm dies sogar die Spitzenposition unter seinen Absagegründen ein. Gerade für einen solchen Investor mit einem breiten Portfolio muss das Verhältnis von Wachstumspotenzial und Bewertung immer stimmen. Ausreißer kann er sich natürlich hier und da erlauben. Wenn ein Venture Capitalist aber zu häufig von seinen Richtlinien abweicht, stimmt das Gesamtverhältnis seines Portfolios nicht – und der Fonds könnte Geld verbrennen, statt es zu vermehren. Das erklärt zu einem großen Teil, warum der Finanzunternehmer hier besonders streng ist. Doch hin und wieder sieht man ihn auch stark nachverhandeln – vor allem, wenn ihm Geschäftsmodell und Gründer sehr zusagen.

Und das führt nun zu einem ganz besonderen Grund, den auch die Zahlen belegen: Carsten Maschmeyer steigt recht häufig aus, weil die Gründer selbst ihn nicht überzeugen. Er fragt aber auch besonders häufig nach dem fachlichen Hintergrund oder der Geschichte der Gründer.

Dies zahlt auf das Sprichwort der drei wichtigsten Faktoren für VCs bei einem Startup ein (man erinnere sich: Team, Team und Team). Denn ein Unternehmen zu schaffen und zu exponentiellem Wachstum zu bringen, dazu braucht es vor allem außergewöhnliche Menschen. Sein großes Interesse für die Gründer ist also tatsächlich keine Eigenart von ihm, sondern unterstreicht sein Investorenprofil als Venture Capitalist.

Dies tut natürlich auch der immer häufiger auftauchende Absagegrund der mangelnden Innovationskraft. Innovation ist schließlich ein Wettbewerbsvorteil, und gerade gepaart mit Software, in die die Maschmeyer-VCs ja erklärtermaßen am liebsten investieren, kann dies der Grundpfeiler für schnelles Wachstum sein. Nur wer den etablierten Großkonzernen in spannenden Märkten wirklich etwas voraushat, wird ihnen auch schnell viele Kunden abnehmen können.

Neben dem Fokus auf Innovation und Wachstum ist es aber auch sehr typisch für einen Venture Capitalist, im eigenen Sweet Spot zu bleiben. Und den haben alle Investmentvehikel von Carsten Maschmeyer sehr klar definiert.

Carsten Maschmeyers Sweet Spot
Da die DHDL-Investments des Vertriebsexperten in den seed+speed-Fonds fließen, sollen dessen Parameter auch hier als Grundlage dienen, um den Löwen-Sweet-Spot von Carsten Maschmeyer genauer zu untersuchen.

Wie erwähnt handelt es sich um einen Frühphaseninvestor, der vor allem auf der Suche nach B2B-Softwarelösungen ist. Die DHDL-Investmenthistorie zeigt allerdings ein wesentlich breiteres Themenspektrum, was natürlich auch – mal wieder – an dem Angebot liegt, das die Investoren hier überhaupt zu sehen bekommen.

> Carsten Maschmeyer: »Hier hat ja jeder von uns eigentlich einen Fokus für seine Investments. Ich nicht. Für mich ist der beste Fokus, keinen Fokus zu haben. Und für mich ist die beste Branche der Gründer oder die Gründerin oder das Gründerteam.«[218]

In Staffel 3, Carsten Maschmeyers erster Staffel, hatte nur ein Startup seiner fünf Deals – eBall im Bereich Mobility – überhaupt eine Softwarekomponente. Bei allen anderen handelte es sich um analoge Produkte aus den Bereichen Lebensmittel, Freizeit, Haushalt und sogar Mode. Ab Staffel 4 stieg der Tech-Anteil deutlich, in Staffel 8/9 spielte Software in der weit überwiegenden Anzahl der Deals zumindest eine Rolle.

Gerade im Tech-Bereich muss man erwähnen, dass viele der hochkomplexen technischen und rechtlichen Prüfungen in der Sendung kaum stattfinden können, da sie unter anderem ein aufwendiges Durchsehen umfangreicher Dokumente erfordern. Daher hat man Carsten Maschmeyer auch schon ein paarmal einen Deal unter Vorbehalt bestimmter Prüfungen machen sehen. Im Fall Curaluna sollte zum Beispiel der größte Teil des Geldes erst bei tatsächlicher Patenterteilung fließen.[219]

Bei einem solchen VC, der an die komplexen Vorgänge einer technischen Due Diligence gewöhnt ist, können Gründer einen ebenso hohen Grad an Professionalität natürlich auch in der weiteren Betreuung erwarten. Allem voran wird sicherlich das Reporting entsprechend gründlich und strukturiert aufgesetzt sein.

Doch spiegeln die Deals auch sein Interesse wider? Seine durchweg hohe Erfolgsquote von mindestens 75 Prozent lässt vermuten, dass es hier nicht allzu viel Unterschied geben kann. Schließlich wird von vier Angeboten, die Carsten Maschmeyer macht, im Schnitt nur eines von den Gründern ausgeschlagen.

Tatsächlich verlor er in Staffel 4 bis 7 auch Battles im technischen Bereich, hatte hier aber mit Frank Thelen auch einen als Tech-Investor bekannten Löwen-Konkurrenten.

Ab Staffel 8 ändert sich das, hier verliert er nur zwei Produktdeals an Judith Williams bzw. Nils Glagau, für die sich die Gründer wegen ihrer speziellen Expertise im jeweiligen Bereich entscheiden. Bei zwei weiteren Deals kann er sich mit den Gründern nicht auf eine Bewertung einigen. Ein erneutes Indiz, dass er bei diesem Thema sehr streng sein kann.

Allgemein sind bei Angeboten wie tatsächlichen Deals die Themen sehr breit gestreut. Der Vertriebsprofi unterstreicht damit seine Aussage, in prinzipiell fast jede Branche investieren zu wollen.

Mit seinem Angebot an gitti-Gründerin Jennifer machte er schließlich sogar eine Ausnahme von seiner »Keine Kosmetik«-Regel, Gründerin und Verkaufszahlen hatten ihn wohl klar überzeugt. Dieser Fall demonstriert damit eindeutig, dass GründerInnen für ihn den entscheidenden Erfolgsfaktor eines Startups darstellen. Team, Team und Team eben.

Carsten Maschmeyer beim Pitch von nao: »Manche kommen besser rein und manche ... weniger besser.«[220]

Schaut man sich die Modelle an, für die sich Carsten Maschmeyer in Staffel 5 bis 9 interessierte, liegen Apps und Plattformen zwar hinter den B2C-Produkten, ihr hoher Anteil zeigt aber schon eine gewisse

Affinität, kommen sie doch insgesamt in der Sendung auf einen wesentlich niedrigeren Anteil.

Vielleicht auch weil die technischen Fälle hier etwas unterrepräsentiert sind, hat der eigentliche Tech-Investor eine immer stärkere Vorliebe für Gesundheits- und Medizinthemen entwickelt und investiert auch sehr gerne in innovative Produkte. Beispielen wie dem geruchsbasierten Angelköder iCapio oder dem schlafverbessernden Nahrungsergänzungsmittel smartsleep, das auf mehrjähriger Harvard-Forschung beruht, kann man aber ihre Innovationskraft trotz fehlender Softwarekomponente sicher nicht absprechen.

Ebenfalls sehr spannend ist die große Bandbreite der Investitionssummen: Von 45 000 Euro bis zu einer vollen Million war so ziemlich alles dabei. Die meisten Angebote konzentrieren sich dabei auf Summen unter 200 000 Euro, was im Bereich der Frühphasen-VCs fast ein bisschen gering ist – und auch wohl wieder der Struktur der Sendung geschuldet.

Der links außen Löwe hat also – ganz VC – keine Angst vor großen Summen, DHDL scheint sein Investitionsspektrum eher deutlich nach unten erweitert zu haben. Auch finden sich dadurch wohl deutlich mehr Produkt-Startups im seed+speed-Portfolio, als es normalerweise schaffen würden – zudem werden noch ein paar mehr Branchen hinzugekommen sein.

Carsten Maschmeyer – der flexible VC

Er ist wohl der Löwe mit »den tiefsten Taschen« – wie auch die anderen Löwen oft problemlos zugeben. Er ist ein echter Venture Capitalist – und wahrscheinlich zumindest in Deutschland die einzige Person, die diese Beschreibung verdient. Sein Portfolio in vier Investmentvehikeln und bisher vier Fonds erstreckt sich über zahlreiche Branchen und Geschäftsmodelle – immer die Innovation und den Hockey Stick im Blick. Investiert wird je nach VC im Frühphasen- oder Wachstumsbereich – von wenigen 10 000 Euro bis hin zu mehreren Millionen ist alles möglich.

Bei insgesamt fast 100 Portfolio-Investments weiß Carsten Maschmeyer, was für ihn funktioniert und was ihm wichtig ist. Und bei allen Sweet Spots, Wachstums- und Innovationskriterien sind dies vor allem die Gründer.

Und für die ganz besonderen weicht er eben auch mal von den Kriterien ab. Denn der VC und Vertriebler Carsten Maschmeyer weiß, wie man gute Ideen skaliert und damit das ganz große Geld verdient. Doch der Mensch Carsten Maschmeyer weiß auch, dass ohne die Gründer dahinter die beste Idee nichts taugt. Und so kann man wohl nur in »Die Höhle der Löwen« einen Venture Capitalist erleben, der bei den richtigen Gründerqualitäten eine von VCs kaum bekannte Flexibilität zeigt. Dass ihm das Ganze auch noch richtig Freude bereitet, merkt man nicht zuletzt an den zahlreichen Wortwitzen. Denn glücklicherweise haben ihm nicht nur die Waschies-Gründerinnen Freude bereitet.

Der Investor Carsten Maschmeyer in a nutshell:

Aktive Investmentvehikel: seed+speed, ALSTIN Capital und MGV

Fokus: innovative und skalierbare Geschäftsmodelle

Wachstum: schnell, stark und auch international

Modell: B2B-Software und (technische) Produkte, innovative B2C-Produkte

Phase: Seed, Series A und B

Investmentsumme: circa 50 000 bis 3 Millionen Euro Erstinvestment

Branchen: Fokus auf B2B-Software-Themen jeder Branche, allgemein (technische) hoch skalierbare Innovationen

No-Gos: schwache Gründer, zu hohe Bewertung, nicht stark genug skalierbares Modell, zu kleiner Markt

Mehrwert: Vertriebsaufbau, Werbekooperationen, Netzwerk inklusive potenzieller VIP-Testimonials

Nico Rosberg

Ein Sport-VIP wurde Nachhaltigkeitsunternehmer

Obwohl man ihn als Formel-1-Champion von 2016 kennt, steht bei den meisten GründerInnen etwas ganz anderes im Vordergrund, wenn es um Nico Rosberg geht. Und spätestens seit Staffel 8 wissen auch die ZuschauerInnen von DHDL, dass es dem Jüngsten unserer Investorenrunde ganz besonders um Nachhaltigkeit geht.

Gelegentlich gewinne ich von GründerInnen den Eindruck, sie sehen es als zu schwierig und vielleicht auch ein bisschen überflüssig an, sich über einen recht jungen Investor entsprechend zu informieren. Gerade Nico Rosberg ist hier wohl das beste Beispiel dafür, wie falsch diese Annahme sein kann. Denn auch wenn der erste Teil seines Lebens – zumindest insoweit er mit Autorennen zu tun hat – immer noch weithin bekannt und äußerst medienpräsent ist, ist seitdem doch unglaublich viel passiert. Nicht nur hat der dienstjüngste Löwe in wenigen Jahren ein beachtliches Startup-Portfolio aufgebaut, das viel Aufschluss bietet. Auch seine Arbeitsweise und seine Werte können GründerInnen mindestens genauso viel verraten, wie das bei den anderen, langjährig tätigen Löwen der Fall ist.

Das kann nicht nur die Erfolgschancen erhöhen, sondern ist auch enorm spannend, eröffnet es doch einen Blick auf ein völlig anderes Investorenprofil – ein Investor einer neuen Generation, könnte man sagen. Denn hinter Nachhaltigkeit steckt für ihn noch weitaus mehr, als viele andere darunter verstehen mögen. Und auch seine Geschichte – inklusive seiner ersten Karriere – beeinflusst sein Investorenverhalten mehr, als man auf den ersten Blick vermuten könnte.

So mag seine Entscheidung, seinem Leben nach dem Gewinn des Weltmeistertitels eine völlig andere Richtung zu geben, einige überrascht haben, vielleicht gab es jedoch auch vorher schon ein paar Anzeichen.

Als Sohn des Finnen Keke Rosberg, der 1982 ebenfalls die Formel 1 gewann, und der Deutschen Gesine, hat Nico Rosberg beide Staatsangehörigkeiten. Geboren wurde er in Wiesbaden, dann wuchs er in Monaco und Ibiza auf und spricht fünf Sprachen fließend. Und obwohl er schon mit sechs mit dem Gokart-Fahren begann und mit sechzehn zum Autorennen wechselte, räumte er seiner Bildung immer einen wichtigen Stellenwert ein. Nicht nur machte er ein gutes Abitur, auch bewarb er sich danach am berühmten Imperial College in London, um Luftfahrttechnik zu studieren. Er wurde angenommen, jedoch gewann er im gleichen Jahr die GP2 Series und die Formel 1 rief. Doch selbst dieser große Schritt in seiner Rennkarriere konnte ihn nicht ganz vom Lernen abhalten, denn er studierte nebenbei Psychologie und Philosophie.

Beim ingenieurwissenschaftlichen Aufnahmetest bei seinem ersten Formel-1-Team Williams legte der vielfältig interessierte junge Fahrer dann auch das beste Ergebnis der Teamgeschichte hin, was im Gesamtbild nicht weiter verwundert. In seiner späteren Laufbahn war er der Teamkollege der beiden erfolgreichsten Formel-1-Fahrer aller Zeiten. Doch nicht nur konnte er sich sowohl gegen Michael Schumacher als auch Lewis Hamilton erfolgreich behaupten, Letzteren schlug er 2016 schließlich auch im Kampf um den Titel. Dann kam der große Richtungswechsel: Nur fünf Tage nach dem Gewinn des Weltmeistertitels gab Nico Rosberg das Ende seiner Rennfahrerkarriere bekannt, denn er wollte mehr Zeit für seine Familie haben. Später sollte er noch erzählen, dass er schon lange irgendwie gewusst habe, dass die Formel 1 nicht für immer sein Lebensinhalt bleiben sollte. Und so begann die spannende zweite Karriere des Sportlers, der zum Nachhaltigkeitsunternehmer wurde.

Vom Rennfahrer zum Investor – ein ganz besonderer Karrierewechsel
Doch wie wird ein 30-jähriger Formel-1-Rentner zum Investor und Nachhaltigkeitsunternehmer? Bei Nico Rosberg fing alles mit einer ausgiebigen Orientierungsphase an, bei der wohl vor allem Ex-Arbeitgeber Daimler half. Dem stark technikinteressierten Weltmeister wurde das ganze Unternehmen geöffnet, und er durfte Einblicke in die Zukunftspläne des Automobilgiganten nehmen.[221] Besonders die Elektromobilität faszinierte ihn, er sprach mit unzähligen Leuten und besuchte die Formel E, die erste elektrische Rennserie. Diese begeisterte ihn so sehr, dass er später selbst als einer der ersten Investoren einstieg.

Doch dabei blieb es nicht, denn Besuche unter anderem im Silicon Valley, der weltgrößten Tech-Messe CES in Las Vegas oder des Weltwirtschaftsforums in Davos brachten weitere Begegnungen mit inspirierenden Menschen, Technologien – und Startups.

Weitere Investments ließen nicht lange auf sich warten, und so gehören heute so spannende Unternehmen wie die Flugtaxi-Pioniere Volocopter und Lilium, der E-Scooter-Anbieter Tier oder Elon Musks SpaceX-Projekt zu Nico Rosbergs Investmentportfolio. Gerade bei diesen kann man schon einige Gemeinsamkeiten erkennen: Es handelt sich nicht nur um Mobilitätskonzepte oder sogar neuartige Mobilitätsvehikel mit einem nachhaltigen Aspekt, sondern um völlig neue Modelle, die dafür gemacht sind, den Verkehr und die Mobilität der nahen Zukunft grundsätzlich neu zu denken. Als Investor in solche Projekte zeigt der ehemalige Rennfahrer also, dass er bereit ist, neue Wege zu gehen, um die Zukunft aktiv mitzugestalten – zum Besseren für die Gesellschaft und die Umwelt.

Nico Rosberg: »Ich habe nach mehr Sinn in meinem Leben gesucht, um ein stärkeres Gefühl der Erfüllung in dem zu finden, was ich tue. Ich habe mir selbst gesagt, dass ich als Unternehmer mehr ein Leben im Dienste anderer leben würde, indem ich sicherstelle, dass von meinen Projekten viele Menschen auf der Welt profitieren.«[222]

Doch sein Engagement beschränkt sich nicht nur auf Mobilitätsthemen, wie weitere seiner Investments klarmachen. So bietet das Londoner Software-Startup What3Words Drei-Wörter-Codes zur eindeutigen Identifizierung jedes 3-mal-3-Meter-Quadrats der Erde an, die sich nie ändern werden.[223] Dies ist besonders in entlegenen Gegenden oder sogar Kriegsgebieten unglaublich wertvoll, denn so können selbst ohne feste Straßen und offizielle Adressen Verlorene gefunden oder dringend benötigte Hilfsgüter zugestellt werden. Auch hier werden Dinge also völlig neu gedacht, auch hier wird ein positiver Wandel angestrebt, der nicht nur irgendwie einen Nachhaltigkeitseffekt hat, sondern Dinge langfristig positiv ändern kann.

Dann gibt es zum Beispiel noch Planetly, welches Unternehmen hilft, mit einer eigens entwickelten Software ihren CO_2-Fußabdruck zu ermitteln und Einsparpotenziale zu identifizieren. Hier finden sich in der Startup-Szene recht bekannte Namen in der Unternehmensleitung: Anna Alex, ehemals Outfittery, sowie Benedikt Franke, der Helpling mitgegründet hat.

Bis heute hat Nico Rosberg in rund 30 Startups investiert, sein dafür gegründetes Unternehmen Legacy and Partners in Monaco umfasst inzwischen ein Team von 18 Mitarbeitern.[224]

Seine Engagements brachten ihm bereits mehrere Preise ein: darunter den GreenTech Award für den Entrepreneur of the Year. Bei der Verleihung war er von der Kombination aus Technologie, Nachhaltigkeit und Networking so begeistert, dass er mit den Initiatoren das GreenTech Festival gründete,[225] in das er bis heute unglaublich viel Energie und Leidenschaft steckt. Bereits beim ersten Event nahmen 40 000 Interessierte und 60 Aussteller teil, es engagierten sich große Unternehmen wie Google oder BCG. Mittlerweile ist das GreenTech Festival eine weitreichende Plattform für Unternehmen aller Art, von innovativen Startups bis hin zu großen Partnern wie Audi, die ihre nachhaltigen Produkte und Konzepte auf der zugehörigen Ausstellung vorstellen. Die Green Conference bietet als zweite Säule ein Forum für die verschiedenen Branchen und Industrien. Hier diskutieren

PolitikerInnen, AktivistInnen, NGOs und natürlich Unternehmen aller Art, wie ihre Branche grüner und nachhaltiger werden kann. Nico Rosberg nutzt sein Netzwerk jedoch nicht nur, um das Festival um spannende Unternehmenspartner zu bereichern. Auch bekannte Persönlichkeiten wie Robert Redford, Sting oder EU-Kommissionspräsidentin Ursula von der Leyen konnte er schon gewinnen.

Doch das GreenTech Festival ist noch in ganz anderer Hinsicht vorbildlich: Auf der Speaker-Liste des Jahres 2021 fanden sich von insgesamt 54 Speakern 20 weibliche, was einem Anteil von 37 Prozent entspricht – für eine solche Konferenz sticht das in Deutschland wirklich heraus. Die meisten Veranstalter von Tech- und Startup-Konferenzen ruhen sich hierzulande dagegen viel lieber auf der Behauptung aus, es gäbe nicht genügend Frauen in diesem Bereich.

Nico Rosbergs Grundidee, mit dem GreenTech Festival eine Plattform ähnlich der CES in Las Vegas zu schaffen – nur eben für nachhaltige Technologien –, hat nicht nur schon weithin sichtbare Formen angenommen. Es wächst sogar so stark, dass es nun auch ins Ausland expandiert.[226]

Nun könnte man meinen, in kürzester Zeit ein Event von dieser Größe auf die Beine zu stellen – und jedes Jahr weiterzuentwickeln und auszubauen – könnte auch einen Formel-1-Weltmeister bereits auslasten.

Doch weit gefehlt – er hat sogar noch ein zweites großes Projekt, das für die meisten wohl auch wieder einem Vollzeitengagement gleichkäme. Für einen ehemaligen Rennweltmeister nicht ganz überraschend gehört ihm ein Rennteam. Doch nicht irgendeines – Rosberg X Racing konkurriert erfolgreich in der Extreme-E-Rennserie. Und wie Nico Rosberg es gerne tut, geht auch diese Rennserie komplett neue Wege. Die Offroad-Serie für vollelektrische SUVs will vor allem auf die Folgen des Klimawandels aufmerksam machen und Lösungen aufzeigen. Und findet dazu in Gegenden statt, die bereits stark betroffen sind, wie der Wüste Saudi-Arabiens oder der grönländischen Arktis. Ihre erklärten drei Grundsäulen sind Elektrifizierung,

Umwelt und Gleichstellung – so hat auch jedes Team jeweils einen männlichen und einen weiblichen Fahrer[227].

Doch Nico Rosberg nutzt das Team und die Rennserie auch wieder als Plattform: So arbeitet das Team auch vor Ort mit Wissenschaftlern und Ortsansässigen zusammen, um mit verschiedenen Projekten die Regionen zu unterstützen und eine positive Langzeitwirkung zu erreichen. Bereits in der ersten Rennsaison wird eine Initiative unterstützt, die ländlichen Gemeinden im Senegal helfen soll, verfügbare Wasserressourcen und den Status der Vegetation zu überwachen.[228] Natürlich bezieht er auch hier wieder sein Netzwerk mit ein, so sind zum Beispiel das GreenTech Festival und Planetly Sponsoren von Rosberg X Racing, aber auch bei den Projekten dabei.

Als Markenbotschafter macht er von seiner medialen Reichweite für nachhaltige Produkte und Marken wie die Deutsche Bahn, Heineken, Sky, EnBW, die Bank Julius Bär oder die Hotelkette Kempinski Gebrauch. Hierbei geht es immer darum, Unternehmen zu unterstützen, die nachhaltige Strategien aufbauen oder entsprechende Produkte herausbringen, wobei Nico Rosberg selbst auch unterstützt. So ist ein Netzwerk entstanden, das wiederum den jungen UnternehmerInnen bei seinen nachhaltigen Projekten zugutekommt.

Doch auch das ist noch längst nicht alles, was das zweite Leben des Ex-Rennfahrers ausmacht. Neben seinem Engagement als Formel-1-Kommentator ist der Nachhaltigkeitsunternehmer noch Miteigentümer der von seinem Vater gegründeten Firma TRE, die heute vor allem Chassis-Entwicklung betreibt und zusammen mit Schaeffler hierfür bereits den German Mobility Award gewinnen konnte.[229]

Des Weiteren hat er die Berliner Agentur Green Window mitgegründet[230], die auf die Kommunikation von nachhaltigen Produkten spezialisiert ist. Diese wurde schon für so bekannte Marken wie Adidas, Bionade oder Hyundai tätig.[231]

Als Investor ist Nico Rosberg außerdem noch an weiteren Nachhaltigkeitsfonds beteiligt, so zum Beispiel bei Future Positive Capital. Dieser Fonds finanziert europäische Frühphasenunternehmen, die mithilfe fortschrittlicher Technologien die dringendsten Probleme der Welt lösen wollen.[232]

Als Person engagiert er sich außerdem für viele Projekte und Stiftungen zu den Themen Nachhaltigkeit und Umwelt, aber auch zum Beispiel für Kinder in Not.

Vom Fokus auf die Formel 1, hinter der alles andere zurückstehen musste, führte der Weg ihn über sein starkes technisches Interesse und den Willen, einen neuen und starken Sinn im Leben zu finden, zu einem vielschichtigen nachhaltigen Unternehmertum.

Was genau bedeutet Nachhaltigkeit für Nico Rosberg?

Für GründerInnen geben Nico Rosbergs Engagements und Investments sehr viel genaueren Aufschluss darüber, was er sucht und wie er zu überzeugen sein könnte. Denn unter dem Schlagwort »Nachhaltigkeit« versteht er offensichtlich viel mehr als einfach nur einen umweltfreundlichen Aspekt eines Produkts.

Aus praktisch allen Projekten und Engagements sticht heraus, dass er Dinge dauerhaft verändern will. Er sucht Startups, die sich trauen, den Status quo infrage zu stellen, und mit komplett neuen Konzepten wirklich etwas bewegen wollen. Nicht nur mit Mobilitätsthemen wie Volocopter und Lilium hat er dies bewiesen, auch in »Die Höhle der Löwen« ist es präsent: revolutionäre Materialien wie von Hyconnect[233] und KOHPA[234] konnten ihn hier besonders begeistern, aber auch Insekten als vielversprechende Proteinquelle der Zukunft fanden mit Beneto Foods[235] seinen Zuspruch.

Gerade für GründerInnen ist bei der Häufigkeit seiner sehr technischen und zukunftsorientierten Investments wichtig zu erkennen, dass es sich hierbei um sehr langfristige Themen handelt. Ein Investor muss hier besonders stark an diese Themen glauben und einen langen Atem haben – denn schnelle Gewinne werden sie wohl kaum abwerfen. Nico Rosberg hat also tendenziell einen wesentlich längeren Investmenthorizont, als man das von Investoren gerade in frühen Phasen erwarten würde.

Doch es gibt noch weitere übergreifende Themen, die stark herausstechen. Bei seinen Projekten fällt auf, dass sie stark integrierend sind und sehr häufig den Plattformgedanken betonen. Ob das GreenTech Festival, die Rennserie Extreme E oder seine Tätigkeit als Markenbotschafter: Immer verbindet er verschiedene Teilnehmer miteinander, und auch Synergien zwischen seinen verschiedenen Tätigkeiten werden gehoben. Vielleicht ist es neben seinem fast 20-köpfigen Team auch das, was es ihm ermöglicht, all diese Aktivitäten überhaupt stemmen zu können. Der ehemalige Rennfahrer denkt stark integriert, denn die großen Probleme der Welt wie den Klimawandel kann man schließlich nicht allein lösen. Der auch in der Formel 1 prägende Teamgedanke ist hier zu erkennen, und so können auch GründerInnen bei einem Investment sicher sein, Teil dieses umfangreichen Netzwerks zu werden.

Andere bereits identifizierte Themen wie Geschlechtergerechtigkeit stehen auch nicht allein, schaut man sich einmal die 17 Ziele für nachhaltige Entwicklung der Vereinten Nationen an.[236] Dieses erklärte Leitbild verdeutlicht Nicos Verständnis von Nachhaltigkeit, umfasst es doch so viel mehr als reine Umweltfreundlichkeit. Und für Startups bietet es eine einfache Möglichkeit der Überprüfung, ob sie potenziell interessant sein könnten für den Investor Nico Rosberg. Es kann aber auch nicht schaden, sich hier die ein oder andere Argumentationshilfe zu holen, um die eigene Nachhaltigkeit noch prägnanter darstellen zu können.

Wie entscheidet der Investor Nico Rosberg?

Sein Verständnis von Nachhaltigkeit richtig zu begreifen, ist ein sehr wichtiger Schritt, wenn man sich als GründerIn für ein Investment des jüngsten Löwen interessiert.

Doch man kann auch nicht sagen, seine Karriere als Rennfahrer hätte nichts mit seinen jetzigen Tätigkeiten zu tun. In wenigen Interviews hat Nico Rosberg sogar selbst eine direkte Verbindung gezogen. So hat er das hohe Level der Ingenieurskunst in der Königsklasse des

Rennsports betont, und die Geschwindigkeit, mit der man die Probleme dort lösen muss. Er überträgt so das Mindset, dass alles lösbar ist und besonders Technologie ungeahnte Möglichkeiten bereithält, auf die drängenden Probleme unserer Zeit.

Geschichten über ihn aus dieser Zeit geben ebenfalls Aufschluss über seine Denk- und Arbeitsweise: So geht er in kleinste Details, um Verbesserungen zu erreichen, hat wohl auch den Lack von seinem Helm abgekratzt und seine Socken abgeschnitten, um jedes bisschen zusätzliches Gewicht zu sparen. GründerInnen können also erwarten, dass er sich weiterhin tief in Dinge hineindenkt und auf kleinste Details achtet, und daher im Gegenzug von ihnen erwartet, immer noch etwas verbessern zu wollen. Wie bereits erwähnt hat er einen starken Teamgedanken aus seiner Rennfahrerzeit mitgebracht, und diesen sollten Startups ja generell teilen.

Auch die Lust an der Konkurrenz und vor allem am Gewinnen hat er noch lange nicht verloren, schließlich scheut er sehr zur Freude der ZuschauerInnen keineswegs ein Battle mit den anderen Löwen. Seine stark kompetitive Ader, die schon beim Tennis als Kind durchgeschlagen hat und einen Sportler nie loslässt, schlägt also auch als Investor immer wieder durch. Einen gewissen »Biss« will er daher auch bei GründerInnen sehen.

Nico Rosberg: »Hingabe, Mut und der unbedingte Wille zum Sieg haben mich in der Formel 1 an die Spitze gebracht. Diese Eigenschaften sind nicht nur auf der Rennstrecke, sondern auch bei Startups gefragt. Als neuer Löwe freue ich mich am meisten darauf, spannende Gründerinnen und Gründer zu unterstützen, nachhaltige Ideen zum Erfolg zu führen. Wer den Wettbewerb liebt und der oder die Beste in seinem Feld werden möchte, ist bei mir richtig.«[237]

Dieses kurze Abtauchen und die Verbindungsherstellung zwischen Werdegang und Werten hat also schon einmal wesentlich mehr zutage gefördert als viele bei einer nur wenige Jahre alten Investorenhistorie vermuten würden.

Nico Rosberg sucht vor allem Startups, die etwas zum Besseren verändern wollen, und dafür bereit sind, völlig neue Wege zu gehen. Vor allem auch mithilfe neuartiger Technologien. Er setzt auf Teamarbeit, Austausch, will Plattformen und Netzwerke schaffen. Er legt Wert auf Details, überprüft Dinge genau und strebt nach ständiger Verbesserung.

Starke Teams mit den richtigen, ambitionierten Vorhaben und einer modernen, integrierten Denkweise haben also die besten Chancen.

Wie arbeitet Nico Rosberg mit Startups?
Mittlerweile ist es fast modern geworden, dass ehemalige – und teils sogar noch aktive – bekannte SportlerInnen sich in Startup-Investments versuchen. Häufig bekommen sie dann Anteile am jungen Unternehmen und nutzen als Gegenleistung ihre Reichweite oder sind sogar eine Zeit lang das offizielle Werbegesicht.

Doch Nico Rosberg ist das viel zu wenig. Nicht nur will er hartes Geld investieren, sondern er versteht sich auch als umfassenderer Begleiter – was er auch immer wieder in »Die Höhle der Löwen« klarmacht. Ob Hilfe bei Einzelhandelslistungen oder Unterstützung im Social-Media-Marketing – der Junginvestor stellt seinen zukünftigen Portfoliounternehmen eine große Bandbreite von Unterstützung in Aussicht.

Denn natürlich ist seine große Bekanntheit überaus hilfreich, wenn er zum Beispiel seine neuesten Investments den über 1,8 Millionen Followern auf Instagram vorstellt, hat das mit Sicherheit einen ordentlichen Werbeeffekt für das Startup. Und vor allem, weil er aus Überzeugung investiert, will er diese Reichweite auch zugunsten der Startups nutzen.

Doch wenn man sich seine Social-Media-Accounts genauer anschaut, sieht man die Professionalität, die dahintersteckt: Content ist einheitlich, Postings sind optimiert, Stories unterstützen die Posts und vieles mehr. Auch sein YouTube-Kanal mit weit über einer

Million AbonnentInnen wirkt äußerst durchdacht und professionell gemanagt. Dahinter steckt ein Team, das eben auch die Portfolio-Investments mit Social Media, Öffentlichkeitsarbeit und anderen Marketingmaßnahmen hervorragend unterstützen kann.[238] Vor allem mit Videos wurden hier in den letzten Jahren weitreichende Erfahrungen gesammelt, und ein ordentlicher Presseverteiler ist selbstverständlich auch vorhanden.

Ebenfalls auf der B2B-Seite, also wenn es nicht um die EndbenutzerInnen geht, hat er einiges zu bieten: Durch sein großes Netzwerk und die bereits etablierten Plattformen kann er längst nicht mehr nur als Türöffner in die Automobilindustrie fungieren, sondern hat wertvolle Kontakte in vielen anderen Bereichen. Kontakte, die etwa durch gemeinsame Nachhaltigkeitsprojekte sehr interessiert an Neuerungen in diesem Bereich sind.

So wird aus dem reichweitenstarken Ex-Weltmeister ein Team von Social-Media- und E-Commerce-Profis, aber auch der Mittelpunkt eines weitreichenden B2B-Netzwerks. Das Team Nico Rosberg bietet seinen Startups also viel mehr als kurzfristige Aufmerksamkeit – nämlich die Aufnahme in ein Netzwerk voller wertvoller Kontakte, Know-how und starker Reichweite.

Nico Rosbergs Sweet Spot

Nach Klärung der zentralen Themen und Werte stellt sich noch die Frage nach mehr Details. Grundsätzlich ist festzuhalten, dass der Sweet Spot des Nachhaltigkeitsunternehmers insgesamt etwas breiter ist, als seine Angebote und Deals in der Höhle das vermuten lassen, zumal nicht alle Details aus seinen vorherigen Investments bekannt sind. Dennoch lassen sich ein paar Eckdaten zur groben Orientierung herausziehen.

Nico Rosberg: »Ich mache immer kleine Tickets. Neun von zehn Start-ups gehen den Bach runter, deshalb möchte ich meine Investments breit streuen.«[239]

Neben bahnbrechenden Materialien und Technologien gab er auch Angebote in den Bereichen Food, Gesundheit und Sport ab – natürlich immer bei Themen mit deutlichem Nachhaltigkeitsaspekt.

Zudem vergleicht er seinen Stil als Rennfahrer ein bisschen mit seiner Strategie als Investor. So verstand er sich – auch im Vergleich mit seinem Vater – als eher konservativer Fahrer und muss sich als Investor manchmal sogar zu einem Investment pushen.[240] Das passt durchaus zu seiner Angebotshäufigkeit: In Staffel 8 lag diese bei nur knapp 24 Prozent der Fälle, in Staffel 9 machte er nur in 22 Prozent der Fälle, in denen er dabei war, ein Angebot. Damit gehörte er wiederum zu den Löwen mit den seltensten Angeboten. Allerdings muss man hierzu sagen, dass er durch seine starke Fokussierung eine stärkere Einschränkung hat und wesentlich »nischiger« unterwegs ist als andere.

Zwar konnten wir ihm zum Glück einige spannende – und auch sehr technische Themen – präsentieren. Doch gerade solche Themen sind oft am Anfang schwer einzuschätzen und benötigen eher ein langfristiges Commitment.

So ist sein häufigster Grund für das gefürchtete »Ich bin raus« eine noch zu frühe Phase und damit verbundene Unsicherheiten. Bei insgesamt sechs der 17 Startups, die er in Staffel 8 und 9 hat pitchen sehen, war dies ein Grund für seinen Ausstieg.

Seine Investmentsummen in der Höhle lagen zwischen 75 000 Euro und 250 000 Euro, wobei es sich bei Letzterem um den Fall von Hyconnect handelte, in dem eine Auszahlung in zwei Tranchen mitverhandelt wurde, um das Risiko der noch ausstehenden Lizenzen zu minimieren. Auch in Staffel 9 blieb der junge Investor den kleineren Tickets treu und beteiligte sich an Geboten zwischen 80 000 Euro und 200 000 Euro. Im letzteren Fall stieg er aber schnell wieder aus, als die GründerInnen dem Verlangen der Investoren nach mehr Anteilen so gut wie gar nicht entgegenkamen. Denn zu hohe Bewertungen mag er auch nicht: Mit vier Fällen war dies sein zweithäufigster Absagegrund.

Allgemein liegen seine Angebote zwischen 15 und 40 Prozent der Anteile, wobei die 40 Prozent bei MySleepMask[241] eine deutliche

Ausnahme darstellen. Bei dem Großteil seiner Angebote bietet Nico Rosberg 25 Prozent.

Manchem mag das für die frühen Phasen, in denen er investiert, recht viel vorkommen, jedoch muss man sich immer auch die Konstellation anschauen, denn in vielen Fällen handelt es sich um Kombiangebote mit anderen Löwen. Bei vier von sechs Angeboten tat sich der Formel-1-Champion zuvor mit anderen Löwen zusammen, dabei am häufigsten mit Carsten Maschmeyer. Der zusätzliche Einstieg eines weiteren Investors bedeutet nicht nur eine weitere positive Meinung und damit Bestärkung. Auch bringen mehrere Investoren zusammen eine breitere Palette von Unterstützungsmöglichkeiten ein. Zugleich spürt man hier aber auch wieder deutlich den starken Team- und Netzwerkgedanken des ehemaligen Weltmeisters. Co-Investments sind für Nico Rosberg ebenso außerhalb der Höhle wichtig, und er kennt und schätzt die positiven Effekte der sich ergänzenden Kompetenzen sehr.

Nico Rosberg: »Meistens co-investiere ich mit anderen Kapitalgebern. Zum Beispiel mit Atomico. Da spielen wir uns gegenseitig die Bälle zu, etwa durch deren Branchenkompetenz und meine Kontakte. Für mich ist es ein großer Mehrwert, an deren Unternehmensanalyse und langjähriger Expertise teilhaben zu können.«[242]

Eine tiefgehende Analyse und damit auch eine detaillierte Due Diligence ist für den analytisch veranlagten Nico Rosberg bei seinen Investments absolute Voraussetzung. Hier geht es vor allem darum, ob das Vorhaben wirklich nachhaltig ist. Er selbst soll sich dabei tief in das Thema hineinarbeiten, und seine Detailverliebtheit kommt hier wiederum zum Zug.

So sieht er es als besondere Herausforderung an, seine Entscheidungen in »Die Höhle der Löwen« in so kurzer Zeit und ohne die vorherigen Recherchen seines Teams treffen zu müssen.[243] Trotzdem spiegelt die Bandbreite seiner Ausstiegsbegründungen wider, dass er sich sehr viele Gedanken in der kurzen Zeit macht. So hörte man in Staffel 8 und 9 insgesamt 14 verschiedene Begründungen in 20 Absagen. Oft gab er mehr als einen Grund an, und nur die bereits erwähnten Gründe von zu früher Phase und zu hoher Bewertung kamen mehr als zweimal vor.

Neben dem dominierenden Thema, durch eine nachhaltige Lösung eines Problems die Welt ein kleines Stückchen besser machen zu wollen, kristallisieren sich – zumindest in der Höhle – als Sweet Spot eher kleinere Tickets in Co-Investments heraus. Vorzugsweise in starke Technologien, die jedoch bereits möglichst positives Feedback vom Markt erhalten haben – wie etwas Hyconnect und KOHPA.

Nico Rosberg – technologieorientiert, stark vernetzt und mit großem Veränderungswillen

Nico Rosbergs Investorenprofil zeigt wichtige Erkenntnisse auf.

Nach wie vor begeistern ihn vor allem die starken technischen Innovationen mit viel Potenzial zur nachhaltigen Veränderung. Doch nicht nur Umwelt und Klimaschutz, sondern getreu der etwas weiteren UN-Definition von Nachhaltigkeit kann er sich auch für entsprechende Vorhaben in den Bereichen Food, Sport und Gesundheit begeistern.[244]

Genauso wie bei den anderen Löwen lässt sich eine gewisse Entwicklung und Neugier für weitere Branchen feststellen. Nur ist Nico Rosberg getreu seiner ersten Karriere hier zusammen mit Nils Glagau der Schnellste. Es ist wohl kein Zufall, dass es sich bei den beiden gleichzeitig um die jüngsten Löwen handelt, und man demzufolge vielleicht ein wenig mehr Abenteuerlust unterstellen kann.

Trotzdem ist er als Investor kein Draufgänger – mit eher kleinen Tickets in frühen Phasen, in denen es meistens, aber nicht immer erste Umsätze gab. Ausgleichend wirkt auch seine starke Tendenz zu Co-Investments mit anderen Löwen, vor allem dem erfahrenen Multi-Investor Carsten Maschmeyer.

Der Formel 1-Weltmeister bricht ab und an einmal durch, denn er liebt den Wettbewerb, sowohl unter den Löwen als auch in der Einstellung der Gründer. Und natürlich gewinnt er gerne Battles.

Nico Rosberg will etwas verändern. Ob neue Materialien in der Schifffahrt oder für Transportbehälter, Grillen als neue Proteinquelle in der Ernährung oder effiziente Heizung durch die Tapete. Gründer müssen zeigen, dass sie die richtigen dafür sind, in jeder Hinsicht.

Klar, Formel 1-Weltmeister zu werden ist ein wirklich großes Ding. Nachhaltigkeit voranzutreiben und Dinge wirklich zum Guten verändern zu wollen aber ein noch viel, viel größeres. Und daher wundert es nicht, dass immer mehr GründerInnen den WM-Titel dann doch kaum mehr erwähnen und ihnen zu Nico Rosberg als Erstes das Schlagwort Nachhaltigkeit einfällt. Wie man sieht, hat dieses bei ihm viele Facetten.

Der Investor Nico Rosberg in a nutshell:

Investmentvehikel: Legacy and Partners

Fokus: Nachhaltigkeit, insbesondere gepaart mit Mobilität und neuen Technologien

Wachstum: hoch skalierbare, meist technologische Themen, gelegentlich aber auch kleinere, die ihm am Herzen liegen

Modell: meist starke Technologieprägung, auch Grundlegendes, gerne B2B

Phase: Pre-Seed und Seed, kurz vor und nach Markteintritt

Investmentsumme: circa 75 000 bis 150 000 Euro

Branchen: Fokus GreenTech, aber auch gelegentlich Food, Sport und Gesundheit

No-Gos: größere Unsicherheiten bei Produkt und Rahmenbedingungen, unangebrachte Witze, fehlende Kompetenz der Gründer

Mehrwert: Marketing und Reichweite, E-Commerce und Kontakte

Ralf Dümmel

»Mr. Regal«

Eigentlich wollte er einmal der jüngste Bundesliga-Schiedsrichter werden, doch heute ist er unser »Mr. Regal«. Bei den Minibuben im Fußballverein war er noch der Torschützenkönig, heute nennen ihn die begleitenden Medien gerne »Dealkönig«. Und die wenigsten haben ihn je in der schwarzen Kluft des Unparteiischen gesehen, aber heute kennen ihn Millionen Menschen als den Mann, bei dem Hemd, Socken, Einstecktuch und mittlerweile sogar die Schuhsohlen immer zusammenpassen.

Seine berufliche Zukunft sah der große Fußballfan im örtlichen Möbelhaus, bei dem bereits sein Vater arbeitete. Unbedingt wollte er seine Ausbildung dort machen – aber ganz ohne Papas Schützenhilfe. Und das, obwohl die Ausbildungsplätze dort heiß begehrt waren.

Zwar lehnte der Personalchef seine Bewerbung zunächst ab, doch Ralf Dümmel handelte mit ihm aus, dass er einen Ausbildungsplatz bekäme, wenn er seinen Realschulabschluss schaffen würde – sein erster Deal, der dann auch hielt. Erst 33 Jahre später erfährt er, dass besagter Personaler ihn ohnehin haben wollte – und nur Befürchtungen hegte, der noch sehr junge Ralf würde bei den Kunden untergehen.[245]

Nur fünf Monate nach Abschluss seiner Ausbildung wirbt Dieter Schwarz ihn für seine Firma DS Produkte ab. Ralf Dümmel ist hier nun der elfte Mitarbeiter, die Firma hat zu dieser Zeit nur etwa 100 Artikel im Sortiment, die vor allem an Versandhäuser wie Quelle und Otto geliefert werden. Rund 3 Millionen Mark Umsatz erwirtschaftet sie damit im Jahr.

Nach etwa einem halben Jahr übernimmt das aufstrebende Verkaufstalent die Leitung des Vertriebs, später zusätzlich noch den Einkauf. Besonders die Wiedervereinigung verhilft dem Handelsunternehmen dann zu stark wachsenden Umsätzen, doch dabei bleibt es nicht. Als der Firmenchef für ein Jahr ins Ausland geht, übernimmt Ralf Dümmel die Verantwortung über die nun 70 Mitarbeiter. Und verdoppelt den Umsatz.

Später wird Ralf Dümmel am Unternehmen beteiligt, vier Jahre später Geschäftsführer.

Und der Fußball? Den Traum vom jüngsten Schiedsrichter in der Bundesliga hat er nie umgesetzt. Zwar wurde er mehrmals vom DFB zum Lehrgang eingeladen, doch seine Arbeit bei DS ließ ihm einfach nicht die Zeit.

Wenn man den Dealkönig heute in Aktion sieht, darf man wohl hoffen, dass die Startups ihm mindestens genauso viel Spaß und Aufregung bieten.

Die von Dieter Schwarz gegründete Firma DS Produkte ist heute eines von mehreren Unternehmen der DS Unternehmensgruppe mit insgesamt über 550 Mitarbeitern. Die Produktpalette umfasst nun mehr als 4.000 Produkte, pro Jahr kommen circa 500 neue hinzu, es fallen aber auch alte wieder weg.

Das Vertriebsnetz umfasst rund 40 000 Handelsfilialen, außerdem wird online und im Teleshopping vertrieben. Damit werden über 270 Millionen Euro pro Jahr umgesetzt – eigener »Innenumsatz« wohlgemerkt, nicht Handelsumsatz. Im Herbst 2021 wurde die DS Gruppe von Dr. Georg Koflers Social Chain AG übernommen, in dessen Vorstand Dümmel rückt. Die Gruppe bleibt aber in Strukturen und Standorten autark. Auch wenn dort natürlich Synergien gehoben werden, sollen die beiden Löwen hier auch weiterhin als eigenständige Investoren betrachtet werden.

Vom Firmenchef zum Unternehmer und zum Löwen

Auch wenn Ralf Dümmel DS Produkte nicht ursprünglich gegründet hat, packte ihn doch früh die unternehmerische Leidenschaft. Schließlich stieg der Löwe, der meistens ganz rechts am Kaminfeuer sitzt, bereits als elfter Mitarbeiter dort ein. Und half maßgeblich dabei, das kleine Handelsunternehmen mit damals etwa 100 Produkten auf eine ganz neue Stufe zu heben.

Ralf Dümmel ist heute geschäftsführender Gesellschafter der gesamten Gruppe, die eine Reihe in- und ausländische Tochterfirmen hat, zu denen auch DS Produkte gehört. Auch verschiedene Marken wie der Kaffee- und Teegerätespezialist BEEM oder Landmann, Deutschlands ältester Grillhersteller, sind darunter. Weiterhin gibt es einige vor allem funktionale Tochterfirmen, wie in-trading oder DSQ, die das Qualitätsmanagement vor allem in Asien managt. Und natürlich DS Impact, in der die Beteiligungen liegen, zu denen auch Ralfs mittlerweile 123 »Die Höhle der Löwen«-Investments[246] gehören.

Hier hat sich also aus dem einstigen kleinen Handelsunternehmen, das Versandhäuser belieferte, eine riesige Maschinerie entwickelt, die auch einen strategischen Investmentarm hat.

Und so ist Ralf Dümmel der Chef, Miteigentümer und – gerade bei »Die Höhle der Löwen« – Hauptentscheider über Investments, auch wenn die DS Impact einen eigenen Geschäftsführer hat.

Und die DS Gruppe braucht sein unternehmerisches Denken, schließlich werden auch eigene Produkte entwickelt. Denn praktisch täglich werden Neuheiten für das riesige Handelsnetzwerk gesucht. Was liegt da näher, als selbst Investor zu werden und sich Anteile der innovativen Unternehmen zu sichern, die man anschließend mit dem eigenen Vertrieb groß machen kann?

»Die Höhle der Löwen« scheint also perfekt, um hier die neuesten Ideen zu bewerten – und direkt zu sichern. Das ist schließlich so, als ob einigen wenigen Fußballklubs ständig die allerneuesten, sorgfältig vorausgewählten Talente exklusiv vorgestellt würden.

Ralf Dümmel: »(…) Ich bin immer wieder begeistert von den mega Start-ups, sensationellen Produkten und großartigen GründerInnen.«[247]

Doch der Mann, von dem es vor seinem Einstieg bei DHDL nur ein einziges Foto im Internet gab, dachte zunächst, man wolle ihn als Kandidaten für die Sendung gewinnen – also als Gründer –, als die Produktionsfirma bei ihm anrief.[248] Zum Glück klärte sich dieser Irrtum schnell auf, denn eine Höhle ohne »Mr. Regal« wäre heute wohl ähnlich undenkbar wie ein Team ohne Stürmer.

Das »DS-Konstrukt«: So kommen Produkte ganz groß raus

Um zu verstehen, wie Ralf Dümmel als Investor tickt, muss man zunächst verstehen, wie es für ein Startup bei seiner DS Unternehmensgruppe funktioniert. Die DS Impact bekommt also die Anteile für eine bestimmte Investmentsumme. Mit dem Vertriebsunternehmen gibt es dann einen Vertrag, und die Mühlen fangen daraufhin an zu mahlen. So ähnlich wie im Falle eines jungen Talents, das ein etablierter Verein unter Vertrag nimmt. Klar, Fußball gespielt wird in der Mannschaft selbst, aber drum herum passiert ganz viel, und auch hier sind mehrere Unternehmen und Akteure aktiv, die Hand in Hand arbeiten müssen. Und gerade da gibt es oft das Management, das durch seine Aktivitäten erst für die erfolgreichen Vertragsabschlüsse sorgt, also ähnlich wie DS Impact die Fäden über DS Produkte in den Handel spannt – und in andere Kanäle.

»Multi-Channel« ist hier das Zauberwort. Denn mittlerweile ist auch Teleshopping und Onlineverkauf so stark, dass selbst 12 000 geschlossene Filialen im regulären Netzwerk während der Coronazeit hierüber ausgeglichen werden konnten. »Mr. Regal« füllt also auch schon längst die Regale auf den Bildschirmen.

In der DS Gruppe werden im Schnitt 200 der über 550 Mitarbeiter für das Startup aktiv, unterstützen bei Produktion, Design und eben vor allem beim Vertrieb. Hier wird der exakt richtige Weg gesucht. Egal also, ob offline oder online, ob Teleshopping oder alles kombiniert – die DS Gruppe hilft, so richtig den Turbo einzulegen.

In der Sendung versprach Ralf Dümmel schon ein paarmal, die Produkte von Gründern in mindestens 10 000 Filialen zu platzieren – und hat dies bisher immer geschafft. Kein Wunder bei einem Team, das genau darauf spezialisiert ist. So schafft er in wenigen Monaten, was sonst Jahre dauern würde – falls es überhaupt jemals eintreffen würde. Denn seine Kunden aus dem Handel vertrauen ihm – und wissen oft schon bei Drehstart, dass sie bald wieder spannende neue Produkte erwarten dürfen.[249]

Ralf Dümmel: »Alle meine Gründer haben meine Handynummer, ich sitz bei jedem Meeting am Tisch.«[250]

Viele glauben nicht, dass die Gründer ihn nach dem Deal noch viel zu Gesicht bekommen – doch Ralf Dümmel ist bei fast allen wichtigen Meetings und Gesprächen selbst dabei. Kein Wunder, dass er nur circa fünf Stunden pro Nacht schläft. Fast so, als ob ein Trainer alle Aspekte der Entwicklung seiner Schützlinge persönlich beaufsichtigen würde – eine Mammutaufgabe. Doch der Dealrekordhalter ist nicht zu bremsen. Unterstützung erhält er von rund 50 seiner Teammitglieder, die innerhalb der DS Gruppe rein für die DHDL-Startups da sind. Darunter allein vier beim Investmentarm DS Impact und drei im Bereich Presse.

Ein wichtiger Faktor ist hier noch nicht genannt worden, der aber dringend benötigt wird, um ein Produkt dermaßen flächendeckend im Handel und Online zu platzieren: ganz viel Geld. Ohne das berühmte »Working Capital« aus der Sendung kommt praktisch keines der Produkt-Startups aus, in die Ralf Dümmel investiert. Bis zur zehnten Staffel hat er bei DHDL insgesamt rund 15 Millionen Euro investiert, es wurde aber noch einmal pro Jahr rund 30 Millionen Euro an Working Capital benötigt, was die DS Gruppe ebenfalls gestellt hat. Denn schließlich müssen die oft Hunderttausende, manchmal sogar Millionen von Produkten zunächst produziert werden. Manchmal ist Working Capital sogar Teil des Deals, wie im Fall von aspUraclip.[251]

Für Ralf Dümmel ist es wichtig, dass Gründer mit ihm kein Geld verlieren. Selbst dann, wenn es nicht ideal läuft.

Ralf Dümmel: »Alle verdienen, aber viele eben nicht das, was sie sich erhofft haben.«[252]

Die DS Gruppe trägt also das ganze Risiko. Denn es kommt vor, dass ein Produkt nicht ganz so funktioniert, wie sich das Gründer und Investor vorgestellt haben. Wenn ein Produkt in Tausenden Filialen verfügbar ist und durch einen immensen Marketing-Boost auch unzähligen Menschen bekannt ist, kommt es nur noch auf einen an: den Kunden. Man erinnere sich an den Funnel[253] – Aufmerksamkeit muss erst über Interesse bis hin zum Kauf konvertieren. Genau deswegen schaut sich Ralf Dümmel gerne die Präsentation in den Läden selbst an oder versteckt sich sogar hinter den Regalen. Und fragt Kunden, die ein Produkt anschauen und zurückstellen, wieso sie das tun.

Trotz aller Bemühungen kann es sein, dass diese Conversion eben zu gering ist – dass das Produkt bei den Kunden einfach nicht ankommt. Denn auch nicht jedes junge Supertalent wird automatisch zum Weltfußballer – gerade auf den ganz großen Rasen dieser Welt kann es höchst individuelle Effekte geben, die man nicht vorhersehen konnte, oder eine Verletzung macht alle Träume zunichte.

Der große Markt bringt die Wahrheit, mit der sich UnternehmerInnen irgendwann auseinandersetzen müssen: der unmissverständliche Beweis, ob die Kunden das Produkt mögen. Und ob man nichts übersehen hat, was zum Beispiel rechtliche Schwierigkeiten birgt. Wenn man als GründerIn die unglaubliche Chance hat, seine Produkte so breit platzieren zu können, gibt man den Menschen die Möglichkeit, darüber abzustimmen. Und da sind Kunden eben oft unerbittlich. Oder auch die Konkurrenz, die schnell einmal mit harten rechtlichen Bandagen kämpft, wenn sie sich bedroht fühlt.

Glücklicherweise kommt dies unter dem Dach der DS Gruppe aber tatsächlich nicht häufig vor[254] – denn die Erfahrung mit Tausenden von Produkten über viele Jahre hilft, Zielgruppen und Märkte sehr präzise einzuordnen. Und die eigene Rechtsabteilung prüft auf Namensähnlichkeiten oder andere wichtige Wettbewerbsfragen.

Mir ist noch niemand begegnet, der so viele Märkte so gut einschätzen kann wie Ralf Dümmel. Und sein Ausspruch: »Das ist ein Riesen-Markt« ist ein ums andere Mal ein Zeichen dafür, dass er ganz genau weiß, was er tut. So hat wohl viele Menschen der Erfolg von Rokitta's Rostschreck verblüfft – wer hätte gedacht, dass rostende Küchenutensilien für so viele Menschen ein solches Problem sind? Wer außer Ralf Dümmel.

Und hier kommt auch schon die ganz große Besonderheit des Investors Ralf Dümmel: Marktgröße und mögliche Marktanteile spielen eine zentrale Rolle.

Ja genau, obwohl ich immer behaupte, dass man als Startup unbedingt »bottom-up« mit dem Funnel planen muss und den Umsatz nie »top-down« herleiten darf.[255] Und natürlich bleibe ich dabei, denn auch der »Ralf-Dümmel-(DHDL-)Funnel« sieht nicht anders aus als sonst. Doch normalerweise beträgt die Aufmerksamkeit, die man als Startup für seine Produkte erreichen kann, nur einen Bruchteil der Marktgröße. Und zwar einen ziemlich kleinen Bruchteil. Die Reichweite, also der »Awareness«-Teil des Funnels, ist in diesem Fall aber viel, viel größer. So groß, dass er einem erheblichen Teil des Marktes entspricht. So, als ob der DFB statt eines kleinen Ortsvereins versuchen würde, alle Fußballfans Deutschlands mit einer Botschaft zu erreichen. Denn wollten beide, dass bald nur noch mit grünen Bällen Fußball gespielt wird, wäre der Aufwand für den kleinen Verein wesentlich höher, und er müsste zunächst namhafte Unterstützer als Multiplikatoren für seine Idee suchen – fast wie ein Startup, das für die ersten Listungen kämpft. Der große Verband erreicht aber einen sehr hohen Anteil der gesamten Zielgruppe auf einmal, sodass die Idee zumindest schon einmal fast jedem bekannt ist. Ob Zuschauer und Spieler dann die grünen Bälle wirklich annehmen und nicht viel lieber bei den alten, besser sichtbareren bleiben, würde sich dann allerdings noch zeigen.

Aber Ralf Dümmel will keine grünen Fußbälle verkaufen. Wenn sein Team sich eines Startups annimmt, wird alles gründlich geprüft und wenn nötig überarbeitet. Das Produkt selbst, die Verpackung, das Marketing und eben alle wichtigen Aspekte. So stellt er sicher, dass alles Mögliche getan wird, um das bestmögliche Produkt auf den Markt zu bringen. Und Dauerbrenner wie die Abschminkpads Waschies[256], der Spülmaschinenrostfänger Rokitta's Rostschreck[257] oder die Abflussfee[258] zeigen, dass Vorwürfe einer zu schnellen Vermarktung, die dann zur »Verramschung« der Artikel führt, nicht angebracht sind.

Denn auch die DS Gruppe will Marken aufbauen – Marken, die für Problemlösungen für möglichst große Gruppen stehen. Hier gibt es auch Unterstützung bei der Internationalisierung. Wie zum Beispiel für die Waschies, die es neben vielen anderen Ländern sogar bis ins Kosmetikland Südkorea geschafft haben. Ein absoluter Ritterschlag für ein deutsches Produkt in dieser Branche.[259]

Doch kaum ein Produkt hält sich lange ohne jede Weiterentwicklung, denn irgendwann ist jeder noch so große Markt gesättigt, und die Konkurrenz schläft schließlich nicht. So unterstützt das DS-Team auch hierbei – ein Grund, warum wir in so vielen Wiederbesuchen von Ralf Dümmels Investments die Startups mit ihren neuesten Produktentwicklungen sehen können. Und auch Schwierigkeiten, kleine und große Dramen wurden schon mehrfach gelöst. Das Vertriebsgenie und sein Team bieten wirklich einen Rund-um-Service für GründerInnen.

Wenn also irgendjemand grüne Fußbälle verkaufen könnte – dann wohl Ralf Dümmel. Aber nichts liegt ihm ferner.

Wie begeistert man den Supervertriebler?

Nun stellt sich die Frage, wie ein Startup Ralf Dümmel für sich gewinnen kann. Was braucht man, um die Chance auf ein tolles Team als Unterstützung, enormes Marktwissen und ein kaum vorstellbares Vertriebsnetz zu bekommen?

Ralf Dümmel für sein Unternehmen begeistern zu wollen ist einerseits ein bisschen so, als suchte man ein Geschenk für jemanden, der schon alles hat. Andererseits ist seine Begeisterungsfähigkeit sprichwörtlich. Niemand scheint die Deals so sehr zu wollen wie der Löwe, der eigentlich sowieso die meisten macht. Niemand krallt sich dermaßen spannungsgeladen in seinen Löwen-Stuhl, wenn sich die Gründer beraten. Und keiner springt derart begeistert auf, wenn er den Zuschlag bekommt.

> **Ralf Dümmel: »Ich sage Ihnen jetzt vier Sachen: Mega, mega, mega, mega.«[260]**

Ralf Dümmel will den Deal, wenn er ein Angebot macht, unbedingt. Erst recht, wenn er in einem Battle mit anderen Löwen ist. Er verliert nicht gerne. Er ließ wohl nicht einmal seine Kinder beim Mensch-ärgere-Dich-nicht gewinnen. Und auch in der Höhle muss er nicht oft leiden: Fast immer hat er die höchste Erfolgsquote mit seinen Angeboten. Und das, obwohl er mit die meisten Angebote macht und damit fast unweigerlich auch in die meisten Battles einsteigt.

> **Ralf Dümmel: »Es gibt manchmal ganz schön Stress – auch jetzt in der zehnten Staffel. Es könnte sein, dass ein Löwe oder eine Löwin stinksauer das Studio verlässt. Und kleiner Tipp: Ich bin es nicht.«[261]**

Warum es so relevant ist, wenn ein Investor ein schlechter Verlierer ist? Hierfür gibt es gleich mehrere Gründe: Zum einen kann es offensichtlich in der Verhandlung ein leichter Vorteil sein, wenn solch ein potenzieller Geldgeber sich noch weiterer Konkurrenz gegenübersieht. Zum anderen aber sind ein gewisser Biss und starker Wille Eigenschaften, die auch bei den GründerInnen sehr gern gesehen sind.

Ebenso hält es sich mit der Begeisterungsfähigkeit: Ralf Dümmel zeigt seine ganz offen und steckt damit immer wieder sein gesamtes Team an. Daher ist es ihm erst recht wichtig zu sehen, wie sehr GründerInnen für ihr Produkt brennen. Kein Trainer will schließlich mit jungen Talenten trainieren, die sich nicht voll einbringen und nicht voller Leidenschaft jeden Tag wieder auf dem Trainingsplatz stehen, wenn er selbst seinen Job liebt. Und ein Investor, der einen Deal so sehr will, wird sich auch über den Abschluss hinaus noch überdurchschnittlich engagieren.

Und wie genau kann man ihn nun in eine solche Begeisterung versetzen? Wie jeder Investor begeistert er sich für starke GründerInnen, gerade ihn muss aber auch das Produkt überzeugen.

> Ralf Dümmel: »Ich habe irgendwann mal gelernt: Was du suchen musst, ist eigentlich Toilettenpapier. Toilettenpapier ist mit das beste Produkt, das es gibt. Weil du brauchst es von circa drei Jahren bis fast unendlich, und es verbraucht sich. Ein besseres Produkt gibt es fast nicht.«[262]

Sein enormes Marktwissen hilft ihm einzuschätzen, was die Menschen einer bestimmten Zielgruppe brauchen, welche Probleme sie am dringendsten lösen wollen. Und genau das sucht er dann auch in neuen Produkten: echte Problemlöser eben. Keine grünen Fußbälle.

Die Suche nach diesen Problemlösern und sein Blick auf große Märkte spiegelt sich sehr deutlich in seinen Absagegründen: Im Gegensatz zu allen anderen Löwen spielt bei ihm sein persönlicher Geschmack für Thema und Branche kaum eine Rolle. Während bei seinen Kollegen auf den anderen Stühlen ein Nichtgefallen von Produkt oder Thema bzw. Branche fast immer der führende Grund für ein »Ich bin raus« ist, ist das bei Ralf Dümmel ganz anders. Zwar lehnt er ab und an ein Produkt ab, weil es ihm nicht zusagt. Ein »Das ist nicht mein Thema, das interessiert mich nicht so sehr« hört man von ihm jedoch nie. Ein echter Händler eben: Auch wenn Toilettenbürsten nicht jedes Herz höherschlagen lassen, die Chancen der neuartigen Loomaid auf diesem riesigen Markt konnten Ralf Dümmel begeistern. Und er behielt recht: Verkauften die Gründer vorher circa 20 000 ihrer Bürsten im ganzen Jahr, knackten sie kurz nach der Ausstrahlung bereits die Million.[263]

Bei Gründern geht dieser Fakt allerdings unter. Oft habe ich zum Beispiel Bedenken gehört, mit einem alkoholischen Getränk überhaupt eine Chance beim Handels-Löwen zu haben. Schließlich trinkt Ralf Dümmel keinen Alkohol. Doch bei Noveltea war ihm zum Beispiel schlicht die Bewertung zu hoch.

Sein häufigster Absagegrund ist dagegen der, dass er selbst nicht helfen kann, der falsche Investor für ein Geschäftsmodell ist. B2B-Modelle oder Software haben es schwer bei seinem Handelsimperium, obwohl er zum Beispiel durchaus in Supply-Chain-nahe Themen investiert, die müssen dann aber auch genau passen.[264]

Er ist sich absolut bewusst, wo er wie helfen kann. Und hat oft schon im Moment des Zuschlags genaue Vorstellungen, wie er ein Produkt groß rausbringen will. Wenn es nicht passt, sagt er – oft auch schweren Herzens – eben ab.

Dieser Löwe vertritt also ganz klar den strategischen Investmentarm seines Unternehmens und bleibt diesem auch treu. B2C-Software, Apps und zu nischige Produkte haben wenig Chancen. Doch je länger er Teil der Sendung ist, desto besser erkennt man, dass es ihn ab und an doch reizt, einmal neue Wege zu gehen.

Ralf Dümmel: »Und irgendwann werd ich die ganze Welt auch überraschen und werd in meinem Leben noch in eine App investieren.«[265]

Man darf also gespannt sein, wann dieser Tag kommt.

Ralf Dümmels Sweet Spot

Bei Ralf Dümmel geht es also um Produkte für den großen Konsumentenmarkt, so viel ist klar. Kein einziges seiner Angebote ging an ein Startup im Bereich B2B oder Dienstleistungen.

Die Branche scheint hingegen nicht wirklich relevant, alle großen Sparten von Sport über Haushalt und Lebensmittel bis hin zu Tierbedarf sind regelmäßig bei seinen Deals vertreten.

DS Impact investiert offiziell in der Seed- und Pre-Seed-Phase mit Summen zwischen 25 000 Euro und einer halben Million Euro. Auch in »Die Höhle der Löwen« ist das ziemlich genau die Spanne, in der Ralf Dümmel aktiv wird. Der größte Teil seiner Angebote liegt im Bereich 100 000 bis 200 000 Euro, doch wie erwähnt kommt hier normalerweise noch einmal ordentlich Working Capital dazu. Häufig interessiert er sich für Startups, die bereits erstes positives Marktfeedback für ihre Produkte erhalten haben. Er ist aber auch einer der mutigsten Löwen, wenn es um Produkte vor dem Markteintritt geht.

Was vielleicht aufgrund seiner Dealmenge gar nicht so sehr auffällt: Ralf Dümmel ist gemeinsam mit Carsten Maschmeyer der Löwe, der am häufigsten wegen einer zu hohen Firmenbewertung aussteigt. Und er hat auch schon einige Male erklärt, warum: Er bringt sein komplettes Team ein, oft arbeiten Rechts-, Marketing- und Vertriebsexperten für das Startup mit. Diese werden jedoch natürlich nicht berechnet, die DS Gruppe kosten sie aber wohl wesentlich mehr als die Investmentsumme. Ralf Dümmel investiert also nicht nur beispielsweise 100 000 Euro für 15 Prozent, sondern anteilige Gehälter von vielleicht mehreren Hunderttausend Euro zusätzlich. Außerdem übernimmt er häufig weitere mehrere Hunderttausend Euro Working Capital. Das sind natürlich nur Schätzwerte, die von Fall zu Fall stark schwanken können. Aber sie geben eine Vorstellung davon, dass der Investmentwert schnell bei circa einer halben Million statt 100 000 Euro liegen kann. Und entsprechend mehr Anteile will ein solcher Investor dann natürlich auch haben. Schließlich muss es eine Perspektive geben, das komplette Investment auch irgendwann – möglichst mit Gewinn – wieder reinzuholen.

Ein großer Vertriebsschub kann einem Startup außerdem eventuelle Folgeinvestmentrunden ersparen. Da dies aber auf alle Löwen zutrifft, wird das im Kapitel Bewertung noch einmal genauer unter die Lupe genommen.

Dafür stellt sich diese Struktur aber auch sehr stark auf die Gründer ein: Ralf investiert genauso in Tüftler, die ein Rundum-sorglos-Paket brauchen, um weiterhin in der heimischen Garage die nächsten Produkte entwickeln zu können, wie in echte Unternehmer, die selbst alle Entscheidungen treffen und eine echte Firma aufbauen wollen. Letztere werden dann wahrscheinlich auch ein paar Prozente weniger anbieten können, da das Gesamtinvestment hier geringer ist.

> Ralf Dümmel: »Ich nenne mal die Abflussfee Karl-Heinz Bilz. Karl-Heinz Bilz hat kein so großes Interesse, ein Unternehmen aufzubauen mit Mitarbeitern. Karl-Heinz Bilz: Seine Lieblingsbeschäftigung ist, in seiner Garage zu sitzen und zu tüfteln und Produkte zu entwickeln. Der hat mit der Abflussfee ein unglaubliches Produkt. (…) Der ist happy, der sucht das Rundum-sorglos-Paket. (…) Der hat halt uns vertraut und hat gesagt: Bitte entwickelt ihr das, also produziert ihr das, vertreibt ihr das. Und so weiter.«[266]

Mit allein bei DHDL über 15 Millionen Euro Investmentvolumen, 123 Deals und 217 unterstützten GründerInnen (bis Staffel 10) hat er ein riesiges Portfolio aufgebaut. Das erklärt, warum er auch der Löwe ist, der am häufigsten aufgrund eines Portfoliokonflikts absagt. Natürlich ist es fast unmöglich, alle seine aktiven Investments zu kennen, aber GründerInnen, die einen großen Investor für sich begeistern wollen, sollten sich zumindest einen guten Überblick verschaffen, um im Zweifel auch gegen eine eventuell wahrgenommene Konkurrenzsituation argumentieren und sich doch noch investierbar machen zu können.

Dass Vertriebspläne und Geschäftsmodell für den großen Roll-out passen müssen, ist ebenfalls klar. Häufige Absagegründe von ihm sind entsprechend zu kleine Märkte und ein zu aufwendiger oder schwieriger Vertrieb. Auch die Marktcharakterisierung gehört also in diesem Fall zum Sweet Spot.

Hiervon leiten sich auch Ansprüche an die Struktur des Unternehmens ab. Denn ein ungünstiger Cap Table taucht immer wieder als Absagegrund bei ihm auf, wie bei Mimik Skincare[267] oder KOFU[268].

Meistens bezieht sich das dann darauf, dass der Produzent Anteile am Unternehmen hat, was natürlich einem Handelsunternehmen gar nicht gefällt. Schließlich könnte dieser Probleme machen, wenn man aus Preis- oder Logistikgründen den Produzenten wechseln müsste, um die großen Stückzahlen zu verwirklichen.

Ralf Dümmel sucht also echte Problemlöser, die er ganz groß machen kann. Wer behauptet, er will einfach nur Dinge schnell in den Handel bringen und im Zweifel verramschen, liegt also komplett falsch. Im Fall von Gymbutler[269] machte er sogar deswegen kein Angebot. Denn er sah durchaus die Möglichkeit, schnell große Stückzahlen zu verkaufen, aber keine langfristige Perspektive. Im Übrigen wurden in seinen Investments auch schon insgesamt 350 Arbeitsplätze geschaffen.

Starke B2C-Produkte, die einen großen Markt ansprechen und GründerInnen, die dafür brennen, sind bei ihm also an der richtigen Adresse, auch in recht frühen Phasen.

Ralf Dümmel – eine Art Franz Beckenbauer des Handels

Kein Handelsunternehmen in Deutschland – und wahrscheinlich in Europa – ist so breit aufgestellt wie die DS Gruppe. In zahlreichen Branchen werden Produkte mit dem Multi-Channel-Ansatz vertrieben – also über weit mehr als einen Kanal. Egal ob stationärer Handel, online, Fernsehen –, alles beherrscht man, überall gibt es starke Partner mit enormer Reichweite. Von großen Kaufhäusern bis zum Fachhandel, vom Discounter bis zur Apotheke, alles ist Teil der Palette.

Ralf Dümmel hat Verkaufen von der sprichwörtlichen Pike auf gelernt, ist durch die verschiedenen Abteilungen gegangen und hat den jetzigen Handelsriesen fast von Grund auf mit aufgebaut. Viele Entscheider bei seinen Handelskunden vertrauen ihm mittlerweile fast blind – und auch prominente Testimonials gewinnt er immer wieder für seine Produkte.

Die DS Gruppe macht fast alles selbst – Logistik, Recht, Kommunikation, Vertrieb, Produktentwicklung, Qualitätsmanagement, Import,

Kundenservice und noch mehr – praktisch nichts wird outgesourct, und von allem profitieren die GründerInnen.

Und die Erfolgsgeschichten finden noch lange kein Ende. Sicherlich wird das für ihn auch als neuer Vorstand für Produkt, Einkauf, Handelsmarketing, Logistik und Vertrieb der Social Chain AG so bleiben.

Zwar ist Ralf Dümmel kein Schiedsrichter bei den Profis geworden, aber ein absoluter Vermarktungsprofi, der mit seinen Produkten wohl schon mehr Menschen begeistert hat als die ganze Bundesliga.

Der Investor Ralf Dümmel in a nutshell:

Investmentvehikel: DS Impact

Fokus: echte Problemlöserprodukte

Wachstum: starker Multi-Channel-Roll-out

Modell: B2C-Handelsprodukte, die eine breite Zielgruppe ansprechen

Phase: Pre-Seed bis Seed, gelegentlich frühe Wachstumsphase

Investmentsumme: circa 25 000 bis 500 000 Euro plus Working Capital

Branchen: praktisch alle, Modell ist vorherrschend

No-Gos: falsches Modell, ungünstiges Setup (zum Beispiel Produzent mit Anteilen), zu kleiner Markt, schwieriger Markt oder Vertrieb

Mehrwert: Know-how in fast allen Bereichen, starkes Multi-Channel-Vertriebsteam

Judith Williams
Viel mehr als eine Beauty Queen

Wenn ich GründerInnen auf »Die Höhle der Löwen« vorbereite und die Sprache kommt auf Judith Williams, höre ich oft den Satz »Ja, die macht Beauty-Sachen«. Manchmal kommt noch irgendwas mit Homeshopping hinterher. Wenn sie mich dann mit dem Kopf schütteln sehen, blicke ich in große Augen.

Es ist leicht erklärbar, wie dieser Eindruck zustande kommt, doch als GründerIn auf Kapitalsuche ist es wichtig, den Unterschied zwischen UnternehmerIn und InvestorIn zu verstehen. Im Fall der wohl schillerndsten Persönlichkeit unter den Löwen wird dies durch ihre medial präsente Lebensgeschichte wohl noch zusätzlich erschwert.

Denn es gibt wohl kaum einen Artikel über sie, in dem ihr schwerer Schicksalsschlag nicht thematisiert wird. So folgte sie ursprünglich dem Weg ihres Vaters, eines erfolgreichen Opernsängers, studierte klassischen Gesang und stand für Rollen in »West Side Story« oder »Die Zauberflöte« auf der Bühne. Doch ein gutartiger Tumor, der durch die notwendige Hormontherapie den Verlust ihrer professionellen Gesangsstimme bedeutete, beendete ihre Künstlerkarriere.

Ihr neuer Lebensweg, der am Empfang eines Fitnessstudios startete, wird nicht ganz so häufig erwähnt. Doch gerade dieser Teil ihrer Lebensgeschichte hat nicht nur die Grundlagen für ihren heutigen Erfolg gelegt, sondern bestimmt einiges zu den Werten und Grundsätzen der Investorin Judith Williams beigetragen.

Allein der Umstand, dass sie nicht aufgab und versuchte, aus den neuen Umständen das Beste zu machen, nötigt vielen Menschen zu Recht Respekt ab. Außergewöhnlich ist zudem das Engagement, mit dem sie das tat. Dies verhalf ihr schließlich zu ihrer zweiten Karriere und ihrem heutigen Erfolg als Geschäftsfrau. Denn das Ziel, den Job am Empfang eines Fitnessstudios möglichst gut zu machen, führte zu einer gründlichen Auseinandersetzung mit den Kunden, ihren Bedürfnissen und wie man diese besser erfüllen konnte – und so schließlich zu mehr Verkäufen. Ein neues Talent, aber auch eine neue Leidenschaft war entdeckt.

Häufig unerwähnt dagegen bleibt, wie sehr Williams dieses Talent pflegte und entwickelte. Sie vertiefte sich in das Thema und testete sogar Reaktionen von VerkäuferInnen in Geschäften aus. Dieselbe Leidenschaft, die ihre Kunden und später die Zuschauer ihrer Verkaufssendungen spürten und begeisterten, machte sie vom Talent zur Expertin.

Ihr anschließender Werdegang von QVC über HSE24 und den Start ihrer eigenen Kosmetiklinie zusammen mit dem Kosmetikfachmann Roland Kohl bis hin zu ihrem Einstieg bei »Die Höhle der Löwen« ist wieder häufiger in den Medien vertreten.

Mit ihrem Mann Alexander-Klaus Stecher bildet Judith Williams ein tatkräftiges Team, er ist Medienunternehmer und der Manager hinter ihr und ihrer Marke. Zusammen haben sie auch von Roland Kohl, dem mittlerweile pensionierten Gründer der Firma CURA, die Anteile übernommen. Dass das Kosmetikunternehmen von damals 15 Mitarbeitern auf heute rund 200 ausgebaut werden konnte, verstehen sie jedoch als Teamwork: Die drei geschäftsführenden Mitgesellschafter Manuel Reinalter, Hannes Kohl und Gerhard Kaiser kümmern sich um Produktentwicklung, Logistik und den Einzelhandel mit so bekannten Partnern wie dm oder Rossmann und trugen so erheblich zur Erfolgsgeschichte bei.

Heute vertreibt Judith Williams in 14 Linien über 800 Produkte in mindestens zehn unterschiedlichen Ländern und erwirtschaftet einen Jahresumsatz von über 150 Millionen Euro. Das Hauptquartier ist in Innsbruck, es gibt eine enge Kooperation mit der Universität Ferrara und mehrere weitere wissenschaftliche Kooperationen. Auch bestehen Partnerschaften mit Betreibern von Rosen-, Edelweiß- und Gojifeldern. Neben HSE24 in Deutschland verkauft die

Unternehmerin ihre Produkte auch im russischen und englischen Verkaufsfernsehen.

Doch sie scheint noch lange nicht am Höhepunkt ihrer Laufbahn angekommen zu sein: Nach wie vor ist Judith Williams beim Verkaufssender HSE24 zu sehen, treibt Forschung und Entwicklung für ihre Kosmetiklinien voran, managt und erweitert ihr Startup-Portfolio und hält Vorträge über Persönlichkeitsentwicklung. Ihre ganze Geschichte erzählt sie in ihrem Buch »Wie Träume fliegen lernen«.

Und auch im Fernsehen ist sie immer häufiger zu sehen. In ihrer neuesten ZDF-Primetime-Show »Mein Lied für Dich« performen ihre Gäste einen ganz besonderen Song für jemanden. Das Thema der Sendung sollte wenig verwundern, ist ihr doch die Liebe zur Musik immer erhalten geblieben.

Die Investorin Judith Williams

Von den aktuellen InvestorInnen in »Die Höhle der Löwen« ist Judith Williams die einzige, die seit der ersten Staffel mit dabei ist. Damals hatte sie wohl lange überlegt und zunächst sogar abgesagt, weil die Vorstellung, GründerInnen und ihre Ideen beurteilen und sogar ihre Träume zerstören zu müssen, ihr überhaupt nicht behagte. Ihr Mann überzeugte sie schließlich, zumal auch keine steife Businesspersönlichkeit, sondern eben eine echte, nahbare Person gesucht wurde.

Bis heute überwiegt in der Wahrnehmung der Zuschauer und Medien das Bild der Beauty Queen, die fast ausschließlich in Kosmetik und allenfalls noch angrenzende Branchen investiert. Doch wird das der Investorin Judith Williams gerecht?

Wie bereits erwähnt machen GründerInnen oft den Fehler, einen Investor zu schnell abzustempeln. Ihr Geld mag vor allem aus der Kosmetikbranche kommen, das heißt aber noch lange nicht, dass sie es nicht auch in andere Konsumgüter, Food oder Software investieren könnte. Ihre bisherigen Themen und Werte mögen klar sein, doch das wird sie nicht daran hindern, für ihre Investments weitere oder neue festzulegen. Nur weil die Person oder Geschäftsfrau Judith Williams so vertraut erscheint, ist das die Investorin Judith Williams noch lange nicht.

Andererseits heißt das jedoch nicht, dass ihr Werdegang in der Kosmetikbranche hier außer Acht gelassen werden soll, im Gegenteil. Doch die Perspektive muss sich ändern, denn die Kernfrage ist, wie ihr Investitionsverhalten dadurch geprägt worden ist.

Offensichtlich ist ihre Expertise als Branchenexpertin im Bereich Kosmetik besonders groß, und ebenso wertgeschätzt wie gefürchtet. Zu Recht, denn ihr Urteil kann auch andere Löwen von einem Investment abhalten, selbst wenn sie grundsätzlich interessiert sind. Als GründerIn in diesem Bereich sollte man sich also seiner Sache (bis hin zu den Inhaltsstoffen) sehr sicher sein.

Als Kosmetikexpertin hat Judith Williams ein hohes Qualitätsbewusstsein, was auch auf andere Bereiche ausstrahlt. So betont sie häufig, dass sie großen Wert auf die Qualität der Materialien und die Verarbeitung legt. Das Yogaboard[270] beispielsweise erntete dafür großes Lob, auch wenn es schlussendlich nicht ihr Investment-Case war.

Die Tatsache, dass der Kosmetikmarkt ein Massenmarkt ist, sowie der Erfolg und die Reichweite ihrer eigenen Produkte lassen weiterhin vermuten, dass allzu kleine Nischen nicht ihr Ding sind. Ihre Präferenz sollte damit auf Geschäftsmodellen liegen, die größere Zielgruppen ansprechen, da sie die Mechanismen hier besonders gut kennt. So sagt sie häufiger als andere Löwen aus dem Grund ab, dass sie Markt und Vertrieb als zu schwierig erachtet oder ein Produkt als zu erklärungsbedürftig.

Auch sind gerade im Kosmetikbereich Themen wie die Abhängigkeit von Produzenten, Schutzrechte und Lizenzvereinbarungen kritischer als in manch anderen Branchen. Daher muss man davon ausgehen, dass Judith Williams bei diesen Themen ganz besonders vorsichtig ist. Auch war sie wohl schon häufig mit staatlichen Vorschriften, Deklarationspflichten und Wirksamkeitsstudien konfrontiert. Hier fragt sie auch bei »Die Höhle der Löwen« oft besonders kritisch nach.

Die Kosmetikunternehmerin Judith Williams zählt also Qualitätsbewusstsein, Vermarktung an große Zielgruppen, wissenschaftliche Belegbarkeit und Sensibilität mit rechtlichen Themen zu den Grundlagen ihres Erfolgs. Die Investorin Judith Williams wird daher auch in anderen Bereichen auf diese Themen ein besonderes Augenmerk legen.

Ihr persönlicher Werdegang oder die Anfänge ihrer zweiten Karriere erlauben ebenfalls ein paar Rückschlüsse. Hier ist das Thema Verkaufen natürlich unumgänglich. Ein Kundenproblem zu lösen ist für Judith Williams essenziell. GründerInnen sollten sich so früh wie möglich fragen, ob ihr Produkt wirklich einen Nutzen stiftet. Legendär ist in diesem Zusammenhang ihre Performance im Fall einer vermeintlichen Autodiebstahlsicherung. Hierbei kletterte sie kurzerhand durch das Fenster auf den Sitz, um zu zeigen, wie leicht die Sicherung zu überwinden wäre. Die Verkaufsikone will also auch bei ihren potenziellen Investments die Liebe zur Problemlösung für die KundInnen sehen und dass sie von allen Seiten durchdacht worden ist.

Mindestens genauso wichtig sind aber die KundInnen selbst. Als Unternehmerin ist sie schon längst über das Verkaufsfernsehen als einzigen Vertriebskanal hinausgewachsen und vertreibt ihre Produkte mit einem Multi-Channel-Ansatz. Sie weiß, dass man gerade im Onlinemarketing sehr schnell viele Informationen über die eigene Zielgruppe und die Passung des Produkts gewinnen kann. Sie wird also Zahlen zur ersten Marktresonanz ganz genau unter die Lupe nehmen und zu interpretieren wissen.

Judith Williams: »(…) Du musst den Markt testen (…) und nicht einfach ins Blaue hinein ein Produkt entwickeln (…). Du musst unbedingt wissen, wer dein Kunde ist. Auch ein Nischenmarkt kann ein supererfolgreicher Markt sein. (…) Du musst das heutzutage genau targeten können, wenn wir über online sprechen.«[271]

Schließlich bleibt noch eines der Themen, die bei ihr immer wieder auftauchen: Frauenförderung. Judith Williams investiert gerne in starke Gründerinnen, was aber nicht heißt, dass Frauen allgemein einen Vorteil bei ihr haben. Einen Nachteil, wie bei vielen deutschen Investoren anhand ihrer Portfolios deutlich erkennbar[272], haben sie jedoch definitiv nicht. Da man bei Investorinnen davon ausgehen kann, dass sie empfindlicher für eventuelle Benachteiligungen von Frauen sind, sollte man sich bei einer ungleichen Anteilsverteilung in gemischten Gründerteams aber zumindest einmal über die tatsächlichen Gründe dafür klar werden. Denn besonders eine Investorin, die sich zu diesem Thema schon mehrfach öffentlich geäußert hat, könnte hier unangenehm nachfragen.

Wie viele andere Faktoren könnte daher auch dieser zur Entstehung ihres Bauchgefühls beitragen, das wie so häufig maßgeblich an der letztendlichen Entscheidung beteiligt ist.

Bisherige Investments – und was sie verraten

Judith Williams ist einsame Rekordhalterin: Kein anderer Löwe war von Staffel 1 bis 11 dabei. Diese lange Investmenthistorie gibt spannende Einblicke nicht nur auf den Unterschied ihrer Schwerpunkte als Unternehmerin und Investorin, sondern auch ihre Entwicklung als Letztere. So wurden ihre Deals schon sehr bald seltener, ihre Investitionssummen stiegen, und sie wagte sich auch immer wieder in neue Branchen. Seit Staffel 9 gehören mit B'n'Tree sogar IT-Themen dazu, und auch in Staffel 10 und 11 gibt es hier weitere Überraschungen.

Mittlerweile kann man ihr also eine große Erfahrung darin zuschreiben, mit nur wenigen Fragen ein Geschäftsmodell einzuschätzen.

Die Löwin ist an vielen DHDL-Erfolgsgeschichten beteiligt, und natürlich sind darunter auch Kosmetikthemen zu finden, doch ihre größten Erfolge feierte sie im Lebensmittelbereich. Sie selbst bezeichnet Little Lunch als ihr erfolgreichstes Investment und auch die bekannteste Marke, die aus DHDL hervorgegangen ist.

Doch bei allem Erfolg behaupten Kritiker immer wieder, dass gerade bei den bekannten Food-Deals die von Judith Williams so oft betonte Problemlösung kaum zu erkennen ist. Doch wenn man »Problem« umformuliert in »starkes Bedürfnis«, stellt sich schnell heraus, dass es sich hier um genau den gleichen Mechanismus handelt.

Ein Außenstehender kann ohnehin schlecht beurteilen, ob jemand etwas als echtes Problem empfindet oder »nur« ein Bedürfnis hat. Während der Schließung der Friseurläden im Lockdown 2020/21 werden Millionen Menschen in Deutschland den Zustand ihrer Haare wohl als sehr gravierendes Problem gesehen haben. Glatzenträger würden ihnen hier wohl maximal ein Bedürfnis zugestehen. Die Grenzen verschwimmen schnell. Natürlich kann man alles moralisch und ethisch diskutieren. Wirtschaftlich ist aber unumstößlich, dass sich auch mit der Lösung rein subjektiver »Probleme« gutes Geld verdienen (und nebenbei sehr viel Freude verbreiten) lässt.

Schätzt man die Stärke des Problemempfindens richtig ein, kann man auch den idealen Preispunkt finden. Nach Jahren im Bereich Kosmetik, Mode und Parfum kennt Judith Williams sich bestens mit derartigen »Problemen« wie Bedürfnissen aus. Sie kann hervorragend einschätzen, ob ein Produkt diese befriedigen kann. Und ihre Investments in diesem Bereich kommen am Markt hervorragend an, genau wie von der Investorin vorhergesehen. Ihr Einfühlungsvermögen in die KundInnen hat sie also nicht nur seit dem Fitnessstudio zu einer besseren Verkäuferin gemacht, sondern macht sie auch zu einer treffsichereren Investorin. Passend dazu drehen sich viele ihrer Absagen um die Produkte und ihre Schwächen, KundInnen und Probleme richtig zu adressieren.

Als noch wichtigeren Faktor nennt Judith Williams immer wieder die GründerInnen selbst.

Judith Williams über die Rolle der GründerInnen bei der Investmententscheidung: »Ich investiere immer in Menschen, nie in Produkte.«[273]

Tatsächlich stimmen die anderen Löwen bezüglich der GründerInnen auch mit ihr überein, wenn sie ein Angebot macht. Fast immer werden die entsprechenden UnternehmerInnen von allen anwesenden Investoren entweder für ihre herausragende Expertise oder für ihren besonderen Einsatz und ihre sympathische Art gelobt. Oft sogar für beides. Auch konnte man bereits ein paarmal beobachten, dass Judith Williams GründerInnen so toll fand, dass sie sie nicht ohne Deal gehen lassen wollte. Ihren Fokus auf die Menschen hinter den Produkten macht das sehr glaubwürdig.

Und Frauenförderung? Von 18 Startups, denen sie in Staffel 5 bis 9 ein Angebot unterbreitete, waren an neun Frauen beteiligt, vier Teams waren sogar rein weiblich bzw. es handelte sich um einzelne Gründerinnen. Im Gegenzug zu der statistisch belegten extremen Bevorzugung von männlichen Gründern in der deutschen Startup-Szene ist diese also bei ihr nicht einmal im Ansatz zu erkennen. Zumal auch in der Sendung insgesamt die Beteiligung weiblicher Gründerinnen gegenüber dem Bundesdurchschnitt zwar überdurchschnittlich, aber eben längst noch nicht ausgeglichen ist.

Eine Investorin, für die es keine Schublade gibt

Für kein Profil habe ich so lange gebraucht wie für das von Judith Williams, keines hat sich als derart komplex erwiesen. Nicht nur, weil die Dauer ihres Engagements bei »Die Höhle der Löwen« so herausragend ist oder wegen der Fülle der Informationen, die über sie verfügbar sind. Sondern vor allem deswegen, weil sie so vielfältig und einfach unmöglich zu kategorisieren ist.

Natürlich ist das von ihr aufgebaute Beauty-Unternehmen – heute die Judith-Williams-Markenwelt – der Kern des Ganzen. Auch ist die StartNow, das Investmentvehikel, das die Anteile der verschiedenen Startups hält, eine Tochter davon, gehört also nicht der Privatperson Judith Williams. Trotzdem kann man hier bei Weitem nicht von einem Investmentarm des Kosmetikunternehmens sprechen. Denn ein solcher Investor würde wohl vor allem in verwandte Themen investieren und diese eventuell auch in die eigene Produktpalette integrieren. Oder sich deren Technologien zunutze machen. Aber eine Investorin, die gleichzeitig eine solche Firma führt, nutzt Synergien, wo es möglich und sinnvoll ist, bringt ihre Expertise und Kontakte ein, hat aber nicht vorrangig die eigene Agenda eines Corporate Investors. Für Startups ist diese Konstellation so selten wie vorteilhaft, birgt sie doch praktisch das Beste aus beiden Welten.

Judith Williams: »Wichtig ist: nicht zu große Schritte machen. Kein erfolgreiches Unternehmen ist über Nacht aufgebaut worden.«[274]

Weiterhin ist ihr solider Markenaufbau wichtig, es wird nicht der schnelle Erfolg um jeden Preis forciert. Gleichzeitig aber sollte die Nische nicht zu klein sein, die GründerInnen müssen einen stabilen Wachstumsplan haben. Wachstum, das sie besonders im Drogerie- und Lebensmittelbereich stark mit ihren Einzelhandelskontakten unterstützen kann. Doch auch der Multi-Channel-Ansatz, in dem online eine wichtige Rolle spielt, wird bei ihr immer präsenter. Dies sieht man vor allem an ihren zunehmenden Fragen zu Onlinekennzahlen wie den Kundenakquisekosten (CAC).

Ein weiterer Grund, der gegen eine Eingruppierung als Investmentarm eines Unternehmens spricht, sind die bisherigen erfolgreichen (Teil-)Verkäufe. Neben Little Lunch, das mittlerweile an den niederländischen Bio-Food-Konzern Wessanen (heute ecotone) verkauft wurde[275], fanden auch 3Bears und BitterLiebe[276] ganz oder teilweise neue Eigentümer.

Abseits der Food-Branche gehen die Erfolgsgeschichten weiter: Die Babypflegemarke Mabyen wurde 2018 veräußert, genauso der Pferdeschwanzverschönerer Pony Puffin. Der Wille zum Exit scheint also durchaus vorhanden zu sein – wenn es gut läuft, auch schon nach relativ kurzer Zeit –, eigentlich ein typisches Zeichen eines Finanzinvestors und ein Gegenindiz zum Unternehmen, das nebenbei investiert.

Judith Williams sucht also Eigenschaften in GründerInnen, die sie aus ihrer eigenen Historie zu schätzen gelernt hat, und bringt gleichzeitig viel professionelle Expertise aus ihrer Laufbahn mit ein. So ähneln ihre Kriterien weitestgehend denen eines Business Angels aus dieser Branche. Das Investmentvehikel ist eher das eines Unternehmens, Wachstum und Exit-Willen aber eher nahe an einem Finanzinvestor. Doch dafür hilft Judith Williams natürlich viel zu tatkräftig beim Wachstum mit, was wiederum vor allem bei Branchen-Acceleratoren gefunden werden kann.

Eine Investorin also, die macht, was sie will. Und das sehr erfolgreich.

Judith Williams' Sweet Spot

Trotz aller Vielfältigkeit geben die Zahlen natürlich zumindest ein wenig Antwort darauf, in welche Art von Startup und zu welcher Phase Judith Williams am liebsten investiert.

Da sie die Dienstälteste aller Löwen ist, sieht man bei ihr auch am deutlichsten eine Entwicklung in den Bereichen Investmentsumme und -anteile.

Während die Unternehmerin in den Staffeln 1 bis 4 nur Deals unter 125 000 Euro zusagte, sich aber bis zu 53 Prozent der Anteile sicherte, war das Bild ab Staffel 5 ein etwas anderes. Hier investierte sie zunächst gemeinsam mit Frank Thelen 500 000 Euro in Calligraphy Cut – und die Investoren sagten dem Gründer weitere 500 000 Euro Mediavolumen zu.

In den Staffeln 6 bis 9 sagte sie Summen zwischen 75 000 Euro und 300 000 Euro zu, letzterer Deal mit gitti sogar nur zu 8 Prozent. Alle angebotenen Deals lagen zwischen 8 und 50 Prozent, wobei sowohl das untere als auch das obere Ende der Skala nur Einzelfälle darstellten, der Großteil bewegte sich zwischen 20 und 40 Prozent

Ihre Investmentsummen sind also deutlich gestiegen, die Anteile, die sie dafür bekommt, sind allerdings eher gesunken. Das hat wahrscheinlich viel damit zu tun, dass sich das Angebot für die Investoren in der Sendung über die Zeit verändert beziehungsweise ausgeweitet hat.

Judith Williams: »Ich investiere wenig, aber das, was wir machen, das machen wir komplett 100 Prozent mit Herz und Verstand und bringen das, wie bewiesen, zum Erfolg.«[277]

Bei der Abgabe von Angeboten ist sie recht wählerisch, dafür ist ihre Erfolgsquote aber mit 50 bis 75 Prozent eine der höchsten unter den Löwen. Im Durchschnitt entschied sich nur jedes dritte Startup gegen sie, wenn sie ein Angebot unterbreitete. Bei Themen im Beauty-Bereich war es sogar nur jedes vierte Startup. Mal wieder ein Hinweis darauf, dass sie stärker als Beauty-Investorin wahrgenommen wird, als es ihr insgesamt gerecht wird. So richten sich dann auch weit über die Hälfte ihrer Angebote an Startups, die nicht in der Kosmetikbranche zu verorten sind.

Was die Geschäftsmodelle angeht, gibt es eine deutlichere Ausrichtung der DHDL-Investorin, denn bisher bevorzugte sie klar die Konsumentenprodukte, allerdings interessieren sie auch zunehmend B2B- und Software/Technologie-Modelle, wie auch Staffel 10/11 gezeigt hat.

Der überwiegende Teil der Startups, die ein Angebot von ihr erhielten, war bereits am Markt. Hierbei reicht die Spannbreite von sehr jungen Startups mit noch geringem Umsatz bis hin zur Wachstumsphase und deutlich siebenstelligen Jahresumsätzen.

Im Gegensatz zur Branche ergibt sich bei den Phasen also etwas mehr Einheit: Judith Williams investiert eher selten vor Markteintritt, sehr gerne in der Markteintrittsphase. Hier können mit ihrer Unterstützung schnell ein paar große Schritte gemacht werden. Auch etwas später in der Wachstumsphase findet sie spannende Investmentfälle für sich.

Die leichten Inkonsistenzen passen zu sehr individuellen, stark gründerbezogenen Investmententscheidungen, bei denen letztendlich auch das berühmte Bauchgefühl »Ja« sagen muss. Die deutlich erkennbaren Logiken bei Investmenthöhe, Anteilen und Bewertung wiederum spiegeln die überlegte Geschäftsfrau wider.

Einmal mehr verheiratet Judith Williams also die Vorteile zweier Welten miteinander.

Judith Williams – eine erfahrene Geschäftsfrau wird zur vielseitigen Investorin
Eine starke Lebensgeschichte und eine erfolgreiche Laufbahn als Unternehmerin mit all dem dazugehörigen Wissen fließen natürlich in die Entscheidungen als Investorin mit ein. Auch die grundsätzliche Lebenseinstellung und persönliche Werte wird man fast immer hier wiederfinden. Daneben sind es aber vor allem die abgeleiteten Werte und Erfolgsgrundsätze, die zwar nicht zu entgegengesetzten Entscheidungen, aber zu einem wesentlich breiter gefassten Fokus führen können. So schätzt die Investorin Judith Williams auch an GründerInnen ähnliche Eigenschaften, die sie an sich selbst als erfolgskritisch einschätzte, und hat sich die Vorliebe für Qualität und die Sensibilität für viele bestimmende Themen der Beauty-Branche erhalten. Doch dieses Wissen, die erworbenen Fähigkeiten und Kontakte als Unternehmerin lassen sich als Investorin auch weit jenseits von Kosmetik- und Schönheitsthemen gewinnbringend nutzen, wie sie immer wieder beweist.

Judith Williams? »Ja, die macht Beauty-Sachen.« Und noch so viel mehr.

Die Investorin Judith Williams in a nutshell:

Investmentvehikel: StartNow, Tochterfirma des Unternehmens zu Judith Williams' Markenwelt

Fokus: Kundenzentrierung und Markenaufbau bei großen Zielgruppen

Wachstum: schnell, nach gründlichem Unternehmens- und Markenaufbau

Modell: niedrig- bis mittelpreisige »Nachkaufprodukte« und gelegentlich B2B-Themen

Phase: Seed, kurz nach Markteintritt und in der frühen Wachstumsphase

Investmentsumme: circa 75 000 bis 300 000 Euro

Branchen: Lebensmittel, Beauty, Körperpflege und viele weitere

No-Gos: mangelnde Qualität und Inhaltsstoffe, fehlende Kunden-/Problemlösungsorientierung

Mehrwert: Vertrieb, Expertenwissen, Forschungskompetenz

Von den Löwen lernen

Willkommen zurück! Kein alltäglicher Aufenthaltsort, so eine Löwenhöhle, nicht wahr? Vielleicht wirken die Löwen jetzt nicht mehr ganz so einschüchternd oder sogar etwas »entschlüsselter« – zumindest dürften viele ihrer Fragen und Reaktionen nachvollziehbarer sein.

Natürlich hatte ich bei der Erstellung der Löwenprofile den riesigen Vorteil, dass mir die Löwen und ihre Teams Feedback gegeben haben, ob ich sie denn auch richtig eingeschätzt habe. Doch auch generell sind die sieben bunten Investorenbilder der Löwen hervorragende Beispiele dafür, wie sich Investoren ein Stück weit entschlüsseln lassen, um als GründerIn seine Chancen zu erhöhen.

Denn genau das kann man mit jedem Investor machen, egal ob Institution oder Person. Und ja, das ist Arbeit. Aber es kann eben nicht nur den entscheidenden Tipp bringen, sondern auch tiefe Einblicke, was ein Investor wirklich für das eigene Startup tun kann.

Im Folgenden gebe ich einen kurzen Überblick über die Bereiche mit den entscheidendsten Erkenntnissen, das heißt welche Art des Löwengebrülls entschlüsselt wurde und wie die gewonnene Erkenntnis auch auf Investoren außerhalb der Höhle übertragbar sein könnte, bevor es im nächsten Kapitel noch einmal so richtig ans Eingemachte geht.

Investorentypus. Die grundlegende Art eines Investors zu verstehen sollte immer der erste Schritt sein. Handelt es sich um eine Person oder eine Institution? An den Löwen konnte man sehen, dass es tatsächlich auch eine Art »Mischform« geben kann, da gerade PrivatinvestorInnen, die ihr Geld ihrem unternehmerischen Erfolg verdanken, natürlich auch mit und für ihr Unternehmen handeln.

Bei reinen Investmentinstitutionen sind Hierarchien und Entscheidungswege besonders wichtig, doch auch hier landet man irgendwann bei einzelnen Personen. Und die Geschichte und der Werdegang einer Person verraten oft vieles über die jeweiligen Werte und

Überzeugungen, auf denen viele Investmententscheidungen aufbauen.

Und der Mensch spielt immer mit hinein. Denn wenn alle rechtlichen Rahmenbedingungen geprüft, alle Zahlen auf links gedreht und alle Prognosen gerechnet sind, trifft die letzte Entscheidung fast immer das Bauchgefühl, und das ist nun mal etwas sehr Menschliches. Und nur, wenn man den entsprechenden Menschen etwas zu verstehen gelernt hat, kann man sein Bauchgefühl vielleicht ein wenig zu den eigenen Gunsten beeinflussen.

Häufig gestellte Fragen. Ein Mensch lässt sich natürlich immer am besten in Aktion einschätzen. Bei den Löwen haben wir den großen Vorteil, dass wir sie ständig in Aktion sehen. Aber auch die meisten anderen Investoren kann man, wenn man sich ein wenig bemüht, in freier Wildbahn beobachten, zum Beispiel bei Pitch-Events. Besonders häufig gestellte Fragen, die über die »Standardnachfragen« zu den Pitch-Inhalten ein wenig hinausgehen, verraten einiges über die FragestellerInnen.

So habe ich mir selbst über die Jahre einen gewissen Ruf erarbeitet, die »gemeinen Zahlenfragen« zu stellen. Das dürfte niemanden überraschen, der ein bisschen etwas von meinem Hintergrund weiß: Ich will vor allem verstehen, ob es generell möglich ist, mit dem jeweiligen Geschäftsmodell irgendwann einmal ein wenig Geld zu verdienen. Ein, zwei sinnvolle Kennzahlen in den Pitch beim Punkt »Geschäftsmodell« eingebaut, und schon bin ich glücklich. So einfach kann es manchmal sein, wenn man bestimmte Fragen ein paarmal gehört hat.

Neben besonderen Schwerpunkten können sie auch Aufschlüsse über den Sweet Spot geben, also sollte man sie sich merken!

Doch noch mehr Informationen gibt oft ein Blick auf diejenigen, die die Fragen wohl besonders gut beantwortet haben – und so im Startup-Portfolio des Investors gelandet sind.

Bisherige Investments. Da Investoren normalerweise nur dann investieren, wenn wirklich alles zu passen scheint, ist die Analyse des bestehenden Portfolios natürlich besonders wichtig. Es kann praktisch die Antworten auf alle Fragen geben, die trotz genauer Beobachtung und Analyse noch offen sind.

Der Sweet Spot sollte hieran ziemlich gut abzulesen sein, ebenso die Bereitschaft eines Investors, gelegentlich davon abzuweichen. Geht man ein wenig tiefer in die Analyse, kann man wahrscheinlich auch ableiten, welcher Gründertyp bevorzugt wird, wie der Investor zu Themen wie Einzelgründung oder externer Entwicklung stehen könnte und mit wem er besonders gerne gemeinsam investiert.

Besonders dringend empfehle ich GründerInnen im Fundraising auch immer, mit den Portfolio-Startups des Wunschinvestors zu sprechen. Das kann nicht nur extrem hilfreiche Tipps für Pitch und Verhandlungen bringen, sondern auch helfen, besser einzuschätzen, wie gut der Investor wirklich zu einem passt und wie er arbeitet.

Ich muss jetzt allerdings kurz einen warnenden Finger heben: Das Portfolio eines Investors kann je nach Rahmenbedingungen – vor allem schlicht dem Angebot – ein wenig verzerrt sein. Und schließlich kommt auch ein noch so guter Investor nicht in jeden Deal rein, den er gerne hätte. Gerade in der Höhle kann man das gut beobachten.

Und GründerInnen entscheiden oft nach recht undurchsichtigen Kriterien, mit wem sie letztlich zusammenarbeiten wollen. Ich wette, niemand versteht wirklich alle Entscheidungen von GründerInnen, die mehrere Angebote erhalten. Mich eingeschlossen. Doch genauso spannend sind natürlich die Gründe eines Investors, eine Investmentmöglichkeit nicht weiter zu verfolgen.

Absagegründe. Das berühmte »Ich bin raus!« der Löwen wird man von Investoren außerhalb der Höhle vielleicht nicht immer so klar und deutlich hören. Da es hier keine fernsehtechnischen Vorgaben gibt, fällt die Absage meistens etwas »weicher« aus. Vielleicht fällt es dem Gegenüber schwer, vielleicht will es auch weiter in Kontakt bleiben. Manchmal nennt es klare Absagegründe vom Sweet Spot bis zu rechtlichen Themen, manchmal windet es sich ein wenig heraus. Immer sollte man mit Fingerspitzengefühl agieren, aber möglichst viele Informationen für sich mitzunehmen versuchen und diese in Ruhe auswerten.

Wie gesagt, die Löwen sind hier sehr transparent, daher kann man auch anhand ihrer Absagegründe viel über Investoren lernen, ein paar Details dazu kommen später noch dran.

Trotz aller Erfahrung der Löwen und aller Appelle der Transparenz an die Startups gibt es aber auch bei DHDL immer wieder Dinge, die erst im Due-Diligence-Prozess der Löwen auftauchen.

Und das führt mich nun endlich zu einem lange angekündigten und mir sehr am Herzen liegenden Thema: der Bewertung der nicht zustande gekommenen Deals. Warum ich vom Ausdruck »geplatzt« so gar nichts halte, habe ich bereits im ersten Kapitel erklärt. Noch unschöner finde ich die Rankings, die teilweise von den begleitenden Medien erstellt werden und dann den Löwen einen Grad von »Zuverlässigkeit« zuweisen.

Denn zunächst einmal hat sich die Sendung über die Jahre sehr stark entwickelt. Vor dem Hintergrund, dass sich alle Beteiligten erst noch finden mussten, sollte also verständlich sein, dass sich die Quote der tatsächlich zustande gekommenen Deals über die Jahre stark gesteigert hat. Und, wie in Kapitel 1 beschrieben, kann man einen Deal in der Höhle mit einem Term Sheet gleichsetzen, da die notwendigen Prüfungen vor laufender Kamera nicht stattfinden können. Im Vergleich mit anderen Investoren ist die Quote bei DHDL also sowieso recht hoch.

Tatsächlich kommen die meisten Deals auch nicht zustande, weil GründerInnen vor den Kameras nicht ganz ehrlich waren oder unangenehme Dinge verschwiegen haben. Das kann eine nicht ganz saubere Patentsituation sein oder ein Exklusivvertrag mit einer Einzelhandelskette, sodass die Löwen gar nicht mehr ihre volle Vertriebspower ausspielen können.

Leider kommt es trotz aller Auswahlverfahren gelegentlich vor, dass GründerInnen im Nachhinein gar nicht so sehr daran gelegen ist, die Löwen an Bord zu holen. Ich habe mittlerweile einige Anzeichen identifiziert, die mich mit ziemlicher Sicherheit erkennen lassen, wie ernst es jemandem ist, einen echten Deal zu machen. Nein, diese verräterischen Zeichen bleiben wirklich mein Geheimnis. Doch ab und an gelingt es jemandem, uns alle zu täuschen. Betreffende KandidatInnen sind dann mehr an der Reichweite der Sendung interessiert, verstehen aber nicht, dass es sehr schwer wird, diese ohne die Unterstützung eines Löwen auch nur annähernd zu nutzen.

Manche Startups sehen auch die Ernsthaftigkeit eines Deals nicht ein und wollen im Nachhinein plötzlich doch noch eine höhere Bewertung durchsetzen. So etwas ist ziemlich unfair, sowohl gegenüber den Löwen, mit denen man schließlich ein gegenseitiges Versprechen eingegangen ist, als auch gegenüber dem gesamten DHDL-Team, den ZuschauerInnen und nicht zuletzt gegenüber denjenigen, die sich sehr über einen Drehplatz gefreut hätten, weil sie ihn als die große Chance begreifen, die er ist. Man kann also sicher sein, dass wir unsere Antennen immer weiter verfeinern werden, bis wir auch die letzten dieser schwarzen Schafe entdecken. Versprochen.

Insgesamt haben also alle Löwen normalerweise eine recht hohe Umsetzungsquote ihrer Deals. Dass sich hier dennoch Unterschiede ergeben, liegt meiner Meinung nach vor allem an den unterschiedlichen Investorentypen, die mit den verschiedenen Faktoren auch aufgrund ihrer eigenen Rolle unterschiedlich streng sein müssen.

So gibt es unglaublich viele Einflussfaktoren, die ich hier leider nicht alle behandeln kann. Ganz grob könnte man aber sagen: Je komplexer das Produkt oder das Geschäftsmodell, desto höher die Gefahr, dass etwas falsch rüberkommt und eine genaue Überprüfung dem ersten Eindruck nicht standhält. Auch ein höherer Reifegrad impliziert oft eine höhere Komplexität, da sich schlicht ein größeres »Zahlenwerk« ergibt, das geprüft werden muss.

Man erahnt es vielleicht schon: Die GründerInnen haben es eigentlich größtenteils selbst in der Hand. Je transparenter und ehrlicher, desto geringer die Wahrscheinlichkeit, dass später etwas auftaucht, was den Investor wieder vom Deal zurückschrecken lässt. Um aber wirklich transparent sein zu können, muss man sich mit den wichtigen Themen auch genügend auskennen. Vorbereitung ist also – mal wieder – alles.

Ich konnte durch dieses Kapitel hoffentlich einige GründerInnen von dem großen Mehrwert, sich im Vorfeld mit einem potenziellen Investor zu beschäftigen, überzeugen. Für alle anderen gab es sicherlich ein paar Überraschungen und spannende Hintergründe. Und vielleicht liest der ein oder andere (zukünftige) Investor mit, den ich ein wenig zur eigenen Sweet-Spot-Findung inspirieren konnte.

Dieses Wissen hilft natürlich auch im folgenden Kapitel, dem großen Finale, in dem endlich die von Löwen und ZuschauerInnen am heißesten diskutierten Themen auf den Verhandlungstisch kommen. Die Ohren sind also gespitzt, die Krallen geschärft, denn der alles entscheidende Moment naht!

KAPITEL 4

Die Verhandlung

Bei meiner Arbeit für »Die Höhle der Löwen« ist sie der Dreh- und Angelpunkt: die Verhandlung. Zu ihr zählen natürlich die Fragen, die sich an den Pitch anschließen und die bereits ausführlich behandelt wurden. Doch damit ist noch keine Verhandlung beendet. Im Gegenteil, danach kann sie überhaupt erst beginnen.

In Kapitel 2 konnte man schon erahnen, dass sich die meisten Investorenfragen einem bestimmten Themenbereich zuordnen lassen. Diesen Aspekt will ich noch einmal aufgreifen, denn diese Themengebiete unterteilen den gesamten Frage-Teil in mehrere Abschnitte. So kann man während einer Investorenverhandlung ganz gut erkennen, wo man gerade steht.

In der Höhle folgt auf eine kurze Vorstellung und den Teaser der Deal, den die GründerInnen den Löwen anbieten wollen. Dann geht es los mit dem Pitch, in dem vor allem das Produkt vorgestellt wird. Bis dahin ist der Ablauf sehr ähnlich zu einem »normalen« Investoren-Pitch, nur dass man außerhalb der Höhle tunlichst davon Abstand nehmen sollte, ein Statement à la »Wir benötigen 100 000 Euro und bieten dafür 10 Prozent unseres Unternehmens« abzugeben. Das würde man immer weglassen und erst viel später über den Deal sprechen. Dieses Eingangsstatement ist tatsächlich eines der wenigen Dinge, die bei »Die Höhle der Löwen« dem Zuschauer und daher der Tatsache geschuldet sind, dass es sich um eine Fernsehsendung handelt.

Wie bereits erwähnt endet der Pitch der DHDL-KandidatInnen nach den Teilen Problem und Lösung meistens, und die Fragen der Löwen starten. Häufig geht es damit los, dass diese versuchen, das Produkt oder Vorhaben der GründerInnen erst einmal vollends zu verstehen. Es liegt in der Natur der Sache, dass Löwen wie sonstige Investoren diese Fragen gerne zuerst klären, denn wie sollte man das Erlösmodell oder die Konkurrenz bewerten, wenn man das, worum es eigentlich geht, noch gar nicht richtig verstanden hat?

Dann schließen sich in der Höhle normalerweise die Fragen nach dem Geschäftsmodell, Markt, Wettbewerb, bisher Erreichtes und zukünftige Planung, Roadmap, Finanzen und Team an: All das bekommen Investoren normalerweise in mundgerechten Häppchen und von Präsentationsfolien untermalt serviert, während die Löwen sich dies alles erarbeiten müssen.

Hier wäre dann der Pitch auch bei Investoren außerhalb der Höhle vorbei, und wenn es keine Nachfragen zu den Inhalten mehr gibt, starten dann wie auch bei DHDL die rechtlichen Fragen (beschrieben in Kapitel 2).

Der große Unterschied ist hier nur wieder einmal, dass man es in der Höhle mit fünf unterschiedlichen Parteien statt nur mit einem Team zu tun hat. Wenn hier also jemand sicher ist, das Produkt verstanden zu haben, geht es meist schon direkt weiter mit den Fragen zu anderen wichtigen Punkten, ohne auf die anderen Löwen zu warten.

Eine ziemliche Herausforderung, dies für sich zu sortieren und immer noch alle Fragen zufriedenstellend zu beantworten. Zum Glück für die Zuschauer gibt es am Ende eine gekürzte und etwas sortierte Version dieses Fragenbeschusses von allen Seiten.

Das Gute daran für GründerInnen, die sich in die Höhle wagen: Eigentlich kann es hier keine großen, unangenehmen Überraschungen geben, wenn man für sich selbst bereits einen inhaltlich guten Pitch erarbeitet hat.[278] Denn fast alle Fragen lassen sich einer dieser Kategorien zuordnen, und sollten auch in einem guten Investoren-Pitch beantwortet werden.

Der Nachteil ist natürlich, dass man in der Höhle keine Folien zur Verfügung hat, auf denen alle wichtigen Punkte zum jeweiligen Thema bereits dargestellt sind. Ich empfehle deshalb auch immer, sich die zwei oder drei wichtigsten Punkte, die man unbedingt ansprechen will, vorher zurechtzulegen.

In jedem Fall ist es übrigens am besten, wenn man diese mit einer Zahl illustrieren kann, das kommt bei Investoren immer besonders gut an. Statt »Unsere Kunden lieben unser Produkt«, ist »Unsere Kunden lieben unser Produkt und bewerten es im Schnitt mit 4,5 von 5 Sternen, außerdem ist unsere Retourenquote mit unter 1 Prozent extrem niedrig« wesentlich aussagekräftiger. In einem klassischen Pitch sollten diese Fakten ebenfalls besonders viel Raum bekommen. Die Zahlen dazu sind die Key Performance Indicators (KPIs), die definieren, wie gut das Geschäftsmodell schon funktioniert, und sind daher hoch entscheidungsrelevant für Investoren. Eine gute Übung also, wenn man gerade seinen Pitch erarbeitet.

Mit der Frage nach der Bewertung beziehungsweise deren Rechtfertigung läuten die Löwen dann oft die eigentliche Verhandlung ein, ihre Artgenossen in freier Wildbahn lassen sich jedoch mit diesem Thema Zeit.

Da an diesem Punkt der Finanzbedarf und die Verwendung des Investments meistens schon besprochen wurden, fehlen im Prinzip nur noch die Anteile, die das Startup dafür abgeben muss. Hiernach fragen Investoren irgendwann, oft jedoch nicht beim ersten Treffen.

Manche Investoren oder auch Berater empfehlen, hier eine Spanne anzugeben. Klar, das kann man machen, allerdings habe ich die Erfahrung gemacht, dass Investoren sich dann immer auf die höchsten Prozente einschießen. So wie sich ein zukünftiger Arbeitgeber bei Gehaltsverhandlungen immer auf das untere Ende einer Spanne bezieht. Ich persönlich bevorzuge daher einen festen Wert, den man komplett durchdenkt und begründet. Nachverhandeln kann bzw. muss man den natürlich immer noch, aber erfahrungsgemäß sieht sich dann auch die Gegenseite zu einer stichhaltigeren Argumentation genötigt.

Die erste Nennung eines konkreten Prozentanteils führt auf Investorenseite häufig nur zu einem »Hm-hm«. Das bedeutet allerdings noch keine Zustimmung, ist aber eher ein gutes Zeichen. Die häufigste Übersetzung dafür ist wohl: »Da müssen wir noch drüber reden, aber prinzipiell gibt es Chancen, dass wir uns einig werden.« Damit wird das Thema dann oft vertagt, kann aber bei einem der folgenden Treffen unvermittelt wieder aufgegriffen werden.

Das gefürchtete »Ich bin raus« der Löwen mag für manchen Zuschauer oft etwas unvermittelt kommen, doch geschieht es – sehr ähnlich wie bei anderen Investoren – meistens zu bestimmten Punkten: Wenn Thema und Produkt klar sind, wenn das Geschäftsmodell klar ist und wenn Haken auf der Checkliste nicht gesetzt werden konnten.

Direkt nach der Produkterklärung ist oft einer der häufigsten Absagegründe der Löwen »Das ist nicht mein Produkt/meine Branche« zu hören. Denn die Löwen haben schließlich nicht die Möglichkeit, die Startups vorher zu sichten und nur die anzuhören, die sie grundsätzlich interessant finden – dieser Punkt liegt außerhalb der Höhle, also zum Beispiel nach der Sichtung des Pitch Decks –, es gibt dann gar nicht erst einen Termin.

Nach den Fragen zu den restlichen klassischen Pitch-Inhalten werden dann häufig Begründungen wie ein zu nischiger Markt, eine zu geringe Skalierbarkeit oder generelle Zweifel am zukünftigen wirtschaftlichen Erfolg bei einem Ausstieg genannt. Es ist kein Zufall, dass das genau an dieser Stelle passiert, denn außerhalb der Höhle passiert nach einem Pitch schließlich etwas ganz Ähnliches: Der Investor hat sich seine Meinung gebildet, ob das grundsätzlich eine interessante Möglichkeit für ihn ist.

Doch wer es geschafft hat, sowohl sein Produkt an sich als auch sein Geschäftsmodell schmackhaft zu machen, auf den warten die Fragen zur Investierbarkeit, also die Checklisten aus den ersten vier Abschnitten von Kapitel 2. Diese werden nämlich selten von Investoren gestellt, die noch nicht richtig überzeugt sind. Auch außerhalb der

Höhle gehören diese Themen nicht unbedingt in einen Pitch, bei komplexeren Cap Tables, Patentsituationen oder dergleichen macht es jedoch Sinn, dazu eine Folie im Back-up zu haben. Das zeigt, dass man sich der Thematik bewusst ist und absolut transparent ist.

Wenn die Löwen an diesem Punkt aussteigen, begründen sie das häufig sehr konkret und nennen den Haken, den sie nicht setzen konnten. So empfand Ralf Dümmel die Struktur bei Darguner Klostervogt[279] als sehr problematisch, da der Produzent auch am Unternehmen beteiligt war.

So weit also ein kleiner Überblick über die Verhandlungsblöcke. Im Groben könnte man also bei Löwen wie auch bei ihren Artgenossen in freier Wildbahn sagen: Produkt, Geschäftsmodell, andere wichtige Fakten, gesellschaftsrechtliche Themen, Bewertung und finale Verhandlung. Nur eben mit ein bisschen mehr »Durcheinander« in der Höhle, das der außergewöhnlichen Konkurrenzsituation geschuldet ist. Und dann folgt hoffentlich der ersehnte Deal bzw. das Term Sheet.

Dieser kurze Verhandlungsabriss verdeutlicht in vielerlei Hinsicht, wie wichtig eine gute Vorbereitung ist. Denn praktisch alle Fragen sind mehr oder weniger zu erwarten, wenn man sein Business durch und durch kennt.

Doch einen Punkt habe ich hierbei nur kurz angerissen. Und zwar genau das Thema, zu dem ich von ZuschauerInnen, Investoren und Startups am meisten befragt werde, und das bei jeder Investorenverhandlung eine große Rolle spielt: die Firmenbewertung. Das bekommt nun einen eigenen Abschnitt.

Ich werde erklären, warum GründerInnen hier so oft falschliegen, wieso man seinen Steuerberater niemals sein Startup bewerten lassen sollte, und natürlich auch, wie man denn nun eine vernünftige Bewertung ermitteln und hoffentlich auch durchsetzen kann.

Ein paar Mysterien rund um Investoren wird es aber auch dann immer noch geben, wie mir meine Erfahrungen mit vielen Startups gezeigt haben. Daher nehme ich mir am Ende dieses Kapitels die Fragen von GründerInnen vor, die mir immer wieder gestellt werden, in die bisherigen Themengebiete aber nicht hineinpassten. Denn auch vor Gesprächen mit anderen Investoren fragen sich die GründerInnen oft: »Duzen oder siezen?« Oder: »Darf und sollte ich bei Äußerungen, die ich widerlegen kann, widersprechen?«

Zum Abschluss dürfen die Löwen also noch einmal richtig brüllen, aber nun geht es darum, wie man am besten zurückbrüllt!

Die Rolle der Bewertung

Die häufigste Herangehensweise, die mir bei Startups immer wieder begegnet, ist die »pragmatische«. Das bedeutet, man überlegt, wie viel Geld man braucht und wie viele Anteile man dafür bereit ist abzugeben. Dann geht man mit einem etwas niedrigeren Prozentsatz in die Verhandlung, um noch etwas Spielraum zu haben. Kann man so machen, funktioniert aber eher selten. Denn Investoren brauchen eine wesentlich solidere Begründung.

> **Carsten Maschmeyer: »Aber ein Kapitalbedarf ist natürlich keine Größe für die Bewertung. Das ist die Not, wie viel Sie brauchen, damit es klappt.«[280]**

Allerdings kann man diese Überlegung am Anfang durchaus einmal anstellen, das Ergebnis aber dann erst einmal auf die Seite stellen. Ist man schließlich mit einer belastbareren Methode auf ein Ergebnis gekommen, kann man den Anfangswert noch einmal sichten und schauen, wie weit man davon weg ist.

Doch es gibt so viele Methoden zur Berechnung einer Unternehmensbewertung. Und mit die häufigste Frage, die mir von Startups und interessierten Studierenden gestellt wird, lautet: »Wie berechne ich so etwas?« Und ich muss alle immer wieder enttäuschen: Es gibt einfach nicht die eine Formel zur Berechnung eines Unternehmenswertes von

Startups. Und ich wäre die Erste, die eine solche Formel lehren und propagieren würde.

Man kann sich ihr jedoch annähern. Leider sind die meisten Bewertungsmethoden völlig ungeeignet für Startups. Man kommt hiermit eher auf Werte, die entweder Investoren sofort in die Flucht schlagen oder GründerInnen verzweifeln lassen. Doch woran genau liegt es, dass die konventionelle Betriebswirtschaftslehre hier weitgehend versagt?

Schaut man sich zum Beispiel das Ertragswertverfahren[281] an, wird ein Punkt ganz schnell klar. Und dazu muss man die Methode noch nicht einmal vollends beherrschen. Es reicht schon zu verstehen, dass hier eine Plan-Gewinn-und-Verlust-Rechnung (GuV) gemacht wird und die daraus errechnete Bewertung vor allem auf den ermittelten Erträgen beruht. Also dem Gewinn, den das Unternehmen zukünftig erwirtschaften wird.

Doch Startups sind oft noch auf Jahre hinaus nicht profitabel, und haben das auch gar nicht vor. Denn was erwirtschaftet wird, soll sofort wieder ins weitere Wachstum fließen. In Schick heißt das dann »eventuelle Gewinne werden reinvestiert«. Der Unternehmenswert nach einer ertragsbasierten Methode ist also meistens erschreckend niedrig.

SteuerberaterInnen der alten Schule wenden meistens Ertragswertverfahren an, können hier aber noch strenger sein. Wenn ich auf diese Weise erstellte Bewertungen sehe, tut es mir immer leid, dass die GründerInnen dafür Geld ausgegeben haben. Die SteuerberaterInnen können aber auch nicht wirklich etwas dafür, denn sie müssen sich an gewisse Standards halten, die bei Startups meistens einfach nicht funktionieren.[282]

Die Methoden, die einem schon etwas häufiger im Startup-Bereich begegnen, sind meistens vom Typ der Discounted-Cash-Flow-Methoden, gerne auch mit DCF abgekürzt.[283] Sie haben alle gemeinsam, dass sie sich, wie der Name schon sagt, auf den Cashflow eines Unternehmens konzentrieren, also auf den Zufluss von Geldmitteln.[284]

Schwierig hierbei ist aber unter anderem, dass bei einigen dieser Verfahren steuerliche Effekte eine Rolle spielen können, die durch die Zusammensetzung des Kapitals entstehen. So werden hier Faktoren in die Bewertung miteinbezogen, die den meisten Frühphaseninvestoren ziemlich egal sind. Oder denen sie sogar gar nicht zustimmen können.

Den oder die SteuerberaterIn fragt man also im Normalfall lieber nicht um Hilfe, klassische BWL-ProfessorInnen auch nicht unbedingt. Obwohl es in beiden Fällen auch bestimmt Startup-kundige Exemplare gibt, die Zugehörigen dieser Berufsgruppen mögen mir also verzeihen.

Doch prinzipiell schienen die DCF-Verfahren schon in die richtige Richtung zu gehen. Daher blieb man in der Startup-Welt erst einmal irgendwie daran hängen, wandte aber verschiedene Anpassungen und Vereinfachungen an, bis von den ursprünglichen Verfahren nicht mehr viel übrig war. So bedient man sich heute gerne des Ansatzes, einen nahen zukünftigen Jahresumsatz als Bewertung heranzuziehen. Mit Vorliebe ist dies der Jahresumsatz in drei Jahren, schließlich geht die Finanzplanung eh nur bis dahin (eine Fünf-Jahres-Planung ist dagegen wieder etwas für ausgewachsene BWLer und in der Startup-Welt fast schon als Glaskugellesen verpönt). Dieser Ansatz birgt natürlich die Eigenart, dass die errechnete Bewertung mit der Qualität der Planung steht und fällt. An dieser Stelle spare ich mir einen weiteren Appell für eine saubere und durchdachte Finanzplanung.

Eine andere Variante ist die Vervielfachung des gegenwärtigen Jahresumsatzes. Den Faktor, den man darauf anwendet, nennt man gerne den »Multiple« oder auf Deutsch Multiplikator. Beträgt die Bewertung also das Doppelte des Jahresumsatzes, spricht man von einem Multiple von 2. Und dann wird darum gestritten, welcher Multiple denn nun Phase und Branche gerecht wird. Dieses Konzept wird später noch einmal relevant, also wer es noch nicht gehört hat, sollte es sich gut merken.

Doch auch diese »Multiple-Methode« oder Multiplikator-Methode hat erhebliche Schwächen, denn was macht man mit frühen Startups vor oder kurz nach Markteintritt? Ist dann ein Medizintechnikunternehmen, das jahrelang an einer neuen Therapie geforscht hat und nun kurz vor der Zulassung steht, einfach noch fast nichts wert? Oder dem Food-Produkt, das mit viel Mühe in die erste Supermarktfiliale gekommen ist, hier aber innerhalb kürzester Zeit ausverkauft ist? Diese Reihe könnte man noch eine ganze Weile fortführen. Die oben erwähnten – nennen wir sie mal »DCF-angelehnten« Ansätze – sind also auch, wenn überhaupt, erst für spätere Phasen brauchbar.

Insgesamt könnte man sagen, die Startup-Welt ist ziemlich dreist vorgegangen. Sie hat sich einer wissenschaftlich fundierten Methode bedient und diese so lange zurechtgestutzt, bis etwas dabei rauskam, was man einfach berechnen kann und für frühe Phasen mehr schlecht als recht funktioniert. Und wozu? Man braucht nun mal einen halbwegs validierbaren Verhandlungsstart. Doch ein Bewertungsansatz kann vor allem auch eines: einen gewissen Vergleich zulassen. Und vergleichen ist hier tatsächlich das Schlüsselwort, das ein wenig Licht in das Bewertungsdunkel bringt.

Denn wenn man sich darauf besinnt, wofür eine Bewertung eigentlich da ist, werden Vergleiche besonders wichtig. Ganz platt heruntergebrochen braucht man diese Bewertung schließlich nur, damit die Beteiligung zwischen Investor und Startup einigermaßen fair zustande kommen kann. Das heißt wiederum: Der Investor akzeptiert ein gewisses Risiko, will dafür aber auch eine gewisse Rendite im Erfolgsfall erwarten können. Das Startup will aber im Erfolgsfall auch nicht nur für den Investor gearbeitet haben. Es geht also – wie so oft – nur ums Geld. Und insbesondere um das Verhältnis von Risiko und Renditeaussicht für den Investor. Legt man rein das Verhältnis von Investment und erwartetem Gewinn, zum Beispiel im Exit-Fall, zugrunde, spricht man auch gerne von der VC-Methode[285]. Hierbei werden einige Vergleiche mit ähnlichen Unternehmen angestellt, um den wahrscheinlichsten Exit-Wert möglichst treffsicher zu ermitteln. Die Finanzplanung ist dann wieder einmal die Basis. Je mehr Vergleichs- und Erfahrungswerte insbesondere der frühen KPIs man gesammelt hat, desto sicherer kann man sagen, welche Bedingungen sich für einen Investor gelohnt hätten. Doch in ganz frühen Phasen ist auch das durch die fehlenden Zahlen sehr unsicher.

Hier sind vielleicht ganz andere, eher »weiche« Faktoren ausschlaggebend, die bei der VC-Methode gar nicht wirklich miteinbezogen werden. Trotzdem könnte ein Vergleich mit anderen Unternehmen hier tatsächlich weiterhelfen.

Die Vergleichsfaktoren könnten also wie zuvor harte Zahlen wie Umsätze oder Anzahl der Nutzer sein, Fakten wie ein erhaltenes Patent oder eben auch eher weiche Faktoren wie die Stärke des Gründerteams. Auf diese Faktoren muss man sich natürlich einigen, ebenso wie auf die Referenzunternehmen. Wenn klar ist, was verglichen wird und mit wem, kann man sich eine Skala und Gewichtungen für die verschiedenen Faktoren überlegen. Dann muss man nur noch das eigene Startup in den entsprechenden Kategorien bewerten und kann zum Beispiel die Ergebnisse mitteln, um zum finalen Resultat zu kommen.

EXTRA-WISSEN: Bewertungsmethoden im Detail

Ertragswertverfahren: Wie beschrieben basiert das Ertragswertverfahren auf den zukünftig geplanten Gewinnen, die das Unternehmen ausschütten könnte. Im Prinzip basiert es vor allem auf der Frage eines Investors, wann er sein Investment zurückbekommt und wie es im Vergleich zu einer vermeintlich risikolosen Geldanlage abschneidet. Für die erste Frage müsste man eigentlich nur die erwarteten Gewinne der nächsten Jahre aufaddieren und schauen, wann sie die Bewertungssumme erreichen. Macht ein Unternehmen also jedes Jahr 104 000 Euro Gewinn, wäre in drei Jahren ein Wert von 312 000 Euro erreicht. Drei Jahre sind hier eine übliche Zeitspanne, für ein Startup natürlich viel zu kurz.

Für den Vergleich mit anderen Geldanlagen schaut man sich dann den Zins einer Geldanlage mit hohem Risiko an und zieht diesen als sogenannten Kapitalisierungszins heran. Nun nimmt man eine »Abzinsung« vor, das heißt, man teilt den errechneten Ertrag aus der Finanzplanung durch 1 plus den Kapitalisierungszins – zumindest für das erste Jahr. Im Beispiel – mit einem Kapitalisierungszins von 4 Prozent – würde Jahr 1 also nur noch 100 000 Euro zur Bewertungssumme beitragen, für die Folgejahre müsste man die Abzinsung sogar noch potenzieren, für Jahr 2 ergäbe sich also:

$104\,000\text{ €} / (1{,}04)^2 = 96\,154\text{ €}$
und für Jahr 3:
$104\,000\text{ €} / (1{,}04)^3 = 92\,456\text{ €}$

Insgesamt also nur noch 288 610 Euro statt der oben grob errechneten 312 000 Euro. Je höher der Kapitalisierungszinssatz, mit dem man das Investment vergleicht, desto niedriger wird die Bewertung, die man noch zahlen kann, damit sich das Ganze lohnt[286].

DCF-Methode(n): DCF-Methoden verfolgen prinzipiell den gleichen Ansatz wie das Ertragswertverfahren, nur arbeitet man hier nicht mit dem prognostizierten Gewinn, sondern mit den sogenannten »Free Cash Flows« – im Deutschen auch Zahlungsüberschüsse genannt. Dies sind die »echten« Geldmittel, die dem Unternehmen in einem gewissen Zeitraum zur Verfügung stehen – Abschreibungen oder Rückstellungen werden hier beispielsweise nicht berücksichtigt. Vor allem aber werden genau dann Umsätze und Kosten berücksichtigt, wenn sie wirklich angefallen sind, also beispielsweise wird der Umsatz für einen Kunden, der für ein Jahr im Voraus bezahlt, auch sofort voll miteinbezogen. Dagegen geht eine Warenlieferung für die Produktion direkt komplett ab und wird nicht pro Stück vom Umsatz abgezogen.

Wenn man so will, sind die Cashflows also ehrlicher, da man hier nicht so viel »herumrechnen« kann wie in der GuV, die dem Ertragswertverfahren zugrunde liegt.

Eine Abzinsung ähnlich dem Kapitalisierungszins gibt es auch hier, beim DCF nennt es sich Diskontierungsrate. Diese leitet man meistens von Vergleichen mit zum Beispiel der DAX-Performance oder einer Anleihenrendite ab, und auch sie beinhaltet einen Risikozuschlag. Gibt es Fremdkapital im Unternehmen, zieht man dieses normalerweise nach der Diskontierung – auch hier arbeitet man mit einem Zeitraum von circa drei bis fünf Jahren – wieder ab und erhält damit den Unternehmenswert[287].

Multiplikator-Methode: Die gängigste Anwendung wurde im Text bereits erklärt, allerdings muss man als Grundwert nicht zwangsweise den Umsatz nehmen, man könnte natürlich auch den Gewinn oder andere Kennzahlen wie die Anzahl der gewonnenen Nutzer heranziehen und mit einem Multiple multiplizieren.

Der direkte Vergleich mit anderen Unternehmen setzt allerdings voraus, dass man an diese Zahlen herankommt und die Unternehmen auch wirklich vergleichbar sind.

VC-Methode: Hier steht wie erwähnt die Frage im Mittelpunkt, für wie viel das Startup denn eines Tages verkauft werden könnte, also wird ein Exit anvisiert. Der Investor will jedoch auch die Dauer und das Risiko seines Investments berücksichtigt wissen. Es wird also überlegt, wie viel Geld das Startup braucht, wie stark es wachsen kann und wie lange es wohl bis zum Verkauf dauert.

Zunächst schaut man sich wieder ähnliche Unternehmen an, die bereits einen Exit durchgeführt haben, und bestimmt hier den Multiplikator – meistens wieder auf den Umsatz –, der zur Bewertung geführt hat. Dann schaut man in die eigene Finanzplanung und was diese hier zum wahrscheinlichen Verkaufszeitpunkt an Umsatz vorsieht und wendet den Multiplikator darauf an – schon hat man den prognostizierten Verkaufswert.

Nun schaut der Investor, wie viele Anteile er braucht, um seine gewünschte Rendite unter diesen Bedingungen zu verwirklichen.

Angenommen, für die Branche wird ein Multiple von 10 auf den Umsatz zum Exit ermittelt – vergleichbare Unternehmen sind also zum Zehnfachen ihres Umsatzes verkauft worden. Der Investor möchte sein Geld innerhalb von fünf Jahren nach Möglichkeit verdoppeln. In fünf Jahren will das Startup einen Umsatz von 2 Millionen Euro erwirtschaften – würde also auf einen Exit von 20 Millionen Euro hoffen. Dafür wird nun aber ein Investment von 1 Million benötigt, der Investor will dann aber in fünf Jahren 2 Millionen ausbezahlt bekommen. 2 Millionen von 20 Millionen Exit-Wert entsprächen – ohne weitere Verwässerung – 10 Prozent des Unternehmens. Man einigt sich also auf einen »Deal« von 1 Million für 10 Prozent und daher eine Post-Money-Bewertung von 10 Millionen Euro.

Zeit für ein Beispiel, um dieses gerne als »Balanced-Scorecard-Methode« bezeichnete Verfahren zu illustrieren. Wer hier allerdings doch nicht so tief einsteigen will, springt nun gerne bis hinter die letzte bunte Tabelle.

Mein Startup RetteDieWelt ist ein Onlineshop für nachhaltige Produkte[288], als besonderen Clou will ich die Produkte passend zu Räumen in einem Haus sortieren, damit die Kunden ihren Haushalt zielgerichtet nachhaltig einrichten können. Meine Website teilt sich also in verschiedene virtuelle Räume auf, und im Badezimmer finde ich am Waschbecken zum Beispiel nachhaltige Pflege wie Mellow Noir[289] oder die Abschmink-Waschies[290], an der Toilette den Papierbefeuchter von Bideo[291] und in der Badewanne oder Dusche das feste Duschgel

Duschbrocken[292]. Diese Aufteilung ist mein Wettbewerbsvorteil, mein »Unique Selling Point« oder auch kurz USP.

Um eine Bewertung zu ermitteln, schaue ich mir jetzt vor allem andere Onlineshops an, die sich auf nachhaltige Produkte spezialisiert haben. Hier erfahre ich von zweien – WeltRetter und NachhaltigZuHause –, deren Bewertungen in einer früheren Phase herauszufinden sind. Mein RetteDieWelt-Shop steht nun ungefähr dort, wo sie damals standen, und sie sind zu dieser Zeit mit 750 000 Euro und 550 000 Euro bewertet worden. Ich finde zum Glück auch ihre damaligen Umsätze heraus und kann so ermitteln, dass die Multiples auf den Umsatz hier bei Faktor 3,75 und Faktor 7 lagen.[293] Da ich meinen Shop für viel innovativer halte und auch innerhalb des ersten Jahres auf einen ähnlich hohen Umsatz wie NachhaltigZuHause gekommen bin, reicht mir diese Herangemeinsweise aber natürlich nicht.

Ein weiterer Shop namens NachhaltigOhneEnde ist vor Kurzem für satte 10 Millionen Euro verkauft worden. Das ist ein Multiple auf den Umsatz von Faktor 5.

Ich finde aber bei meiner Konkurrenzrecherche auch einen Heim-Deko-Shop, der ebenfalls ein Konzept mit virtuellen Räumen verfolgt. Dieser wurde mit 2 Millionen Euro bewertet, als er schon etwas reifer war als mein Shop jetzt. Zu diesem Zeitpunkt machte er 200 000 Euro Umsatz, die Bewertung entsprach also einem Umsatz-Multiple von 10. Das merke ich mir.

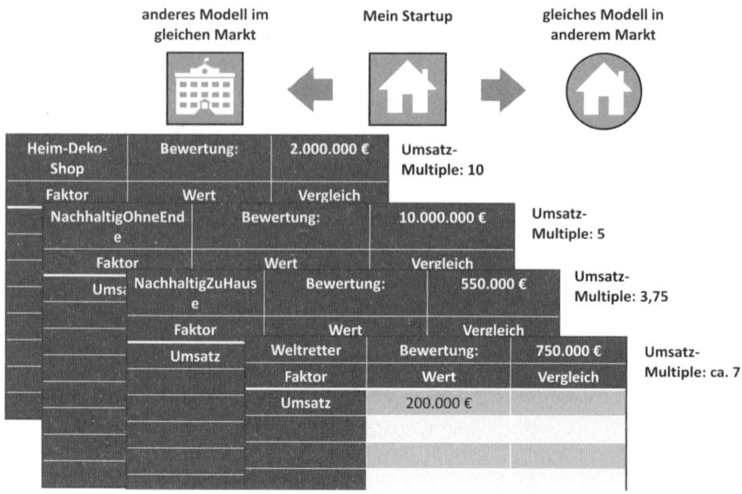

Abbildung 31: Schritt 1: Konkurrenzanalyse und Vergleichsobjekte

Alles zusammen gibt mir schon einmal ein grobes Gefühl, dass ich mit meiner Bewertung wohl auch zwischen 500 000 und 1 Million Euro landen werde, aber das ist mir eine viel zu große Spanne, um in die Diskussion mit meinem potenziellen Investor zu gehen. Ich will es noch wesentlich genauer wissen.

Also überlege ich, welche Faktoren wohl für mein Geschäftsmodell besonders aussagekräftig sind. Der Umsatz spielt bei einem Onlineshop natürlich immer eine Rolle. Ich glaube auch, dass gerade im Bereich Nachhaltigkeit die Anzahl der Produkte wichtig ist, die ich meinen Kunden bieten kann. Außerdem nehme ich mit dem durchschnittlichen Warenkorb und der Retourenrate noch zwei weitere wichtige E-Commerce-Kennzahlen hinzu.

Aber nicht von allen Marktteilnehmern kann ich alle diese Zahlen herausfinden. Dort, wo es Lücken in meiner Recherche gibt, muss ich entweder schätzen oder unterstelle einfach, dass sie hier den Wert des stärksten oder eines mittleren Konkurrenten erreichen. Dann gibt es noch weiche Faktoren, die ich miteinbeziehen will. So habe ich meinen technisch recht anspruchsvollen Shop selbst entwickelt, noch zwei tatkräftige Mitgründer und bereits eine ansehnliche Anzahl von Followern auf den Social-Media-Accounts. Die Konkurrenten waren dafür zur gleichen Zeit aber ein wenig weiter, was die Kooperationen mit den großen Marken angeht, das will ich nicht verschweigen. Damit schließe ich meine Faktorenliste, denn ich glaube, die Auswahl gut zu begründen.

Allerdings werden nicht alle gleich stark in die Bewertung einfließen, denn ich kann mir vorstellen, dass die meisten Investoren mehr Wert auf den Umsatz legen, als dass ich sie mit meiner niedrigeren Retourenquote beeindrucken kann. Schweren Herzens entscheide ich also, dass der Umsatz ganze 25 Prozent der Bewertung ausmacht, die Retourenquote aber nur 5 Prozent. Ich teile also 100 Prozent auf die Faktoren auf und überlege mir für jeden Faktor auch eine Argumentation, warum genau ich jetzt diese Gewichtung für ihn ausgewählt habe.

RetteDieWelt		
Faktor	**Wert**	**Gewichtung**
Umsatz	80.000 €	25 %
Anzahl Produkte	250	10 %
Warenkorb	30 €	5 %
Retourenrate	2,5 %	5 %
Technik	stark, intern	15 %
Team	stark	20 %
Follower	35.000	10 %
Kooperationen	1 mittlere, 3 kleine	10 %
	Σ	100 %

Abbildung 32: Schritt 2: Meine Vergleichswerte und Gewichtung

Nun nehme ich mir alle Referenzmodelle nacheinander vor und versuche abzuschätzen, wie mein RetteDieWelt-Shop im Vergleich so abschneidet. Als Erstes schaue ich mir an, wie ich gegen WeltRetter bestehen kann.

Mein Umsatz ist zwar schwächer und ich habe weniger Produkte und Kooperationen, aber mein Team ist wesentlich stärker und wir programmieren alles intern, was uns schon mittelfristig einen Vorteil geben sollte. Auch meine Social-Media-Power ist bereits größer und meine Retourenrate geringer. Den durchschnittlichen Warenkorb des Konkurrenten finde ich nicht heraus, also setze ich einfach voraus, dass wir hier gleich gut sind.

Ich muss nur bei jedem Vergleichswert überlegen, ob ich ihn wirklich ausrechnen kann oder ob ich hier einen »Ersatzwert« brauche. So habe ich zum Beispiel siebenmal mehr Social-Media-Follower, aber ein Vergleichswert von 700 Prozent würde das Ergebnis mehr zu meinen Gunsten verschieben, als es für eine gute Reichweite sinnvoll wäre. Das würden wohl auch die meisten Investoren sofort bemängeln. Also sage ich, dass ich in etwa doppelt so gut in Social Media bin und trenne mich von den genauen Follower-Zahlen.

	RetteDieWelt	WeltRetter		
Faktor	Wert	Wert	Vergleich	Gewichtung
Umsatz	80.000 €	200.000 €	40 %	25 %
Anzahl Produkte	250	500	50 %	10 %
Warenkorb	30 €	unbekannt	100 %	5 %
Retourenrate	2,5 %	15 %	200 %	5 %
Technik	stark, intern	mittel, extern	150 %	15 %
Team	stark	mittel	150 %	20 %
Follower	35.000	5000	200 %	10 %
Kooperationen	1 mittlere, 3 kleine	2 große, 3 mittlere	25 %	10 %
				100 %

Abbildung 33: Schritt 3: Bewertung des direkten Vergleichs (Beispiel WeltRetter)

Jetzt muss ich das Ganze nur noch ausrechnen bzw. dem Tabellenkalkulationsprogramm die richtige Formel dafür geben. Das sieht komplizierter aus, als es ist, denn eigentlich will ich nur wissen, mit was ich die Bewertung von WeltRetter multiplizieren muss, um auf meine eigenen zu kommen.

Ich habe aber gründlich festgelegt, welche Faktoren in diese Bewertungen mit einfließen und wie stark. Zum Beispiel liege ich mit meinem Umsatz bei nur 40 Prozent des Umsatzes von WeltRetter, und das macht auch noch 25 Prozent der Bewertung aus. 40 Prozent x 25 Prozent (0,4 x 0,25) ergibt 10 Prozent, das mache ich dann für jeden Faktor und addiere am Ende. So komme ich auf circa 105 Prozent. Im Vergleich liege ich also vor meinem Konkurrenten und sollte ein bisschen mehr wert sein. Meine bessere Technik, mein Team und meine Social-Media-Power haben es wohl doch noch rausgerissen.

Wenn ich es ganz genau nehme, komme ich in diesem Vergleich auf eine Bewertung von 787 500 Euro.

	RetteDieWelt	WeltRetter				
Faktor	Wert	Wert	Vergleich		Gewichtung	
Umsatz	80.000 €	200.000 €	40 %	x 105 % →	25 %	
Anzahl Produkte	250	500	50 %	x 105 % →	10 %	+
Warenkorb	30 €	unbekannt	100 %	x 105 % →	5 %	+
Retourenrate	2,5 %	15 %	200 %	x 105 % →	5 %	+
Technik	stark, intern	mittel, extern	150 %	x 105 % →	15 %	+
Team	stark	mittel	150 %	x 105 % →	20 %	+
Follower	35.000	5.000	200 %	x 105 % →	10 %	+
Kooperationen	1 mittlere, 3 kleine	2 große, 3 mittlere	25 %	x 105 % →	10 %	+
			105 %		100 %	

105 % x 750.000 € = 787.500 €

Abbildung 34: Schritt 4: Bewertung ausrechnen

Es gibt da aber noch die anderen Referenzmodelle, die nehme ich mir also ebenfalls vor und komme im Vergleich zu NachhaltigZuHause auf eine Bewertung von 665 750 Euro.

Beim Vergleich mit dem großen Shop NachhaltigOhneEnde muss ich allerdings sehr vorsichtig sein: Zwar sehe ich mein Kernteam und meine Technik im Prinzip als stärker an, ich vergleiche uns aber hier mit einem Unternehmen in einer ganz anderen Phase. Dieses wird also insgesamt schon ein größeres Team haben und auch in mancher Hinsicht bereits weiter sein, was die technische Infrastruktur angeht. Ich werte mich hierzu im Vergleich also ab, komme aber immer noch auf eine Bewertung von rund 2,6 Millionen Euro. Nun kann ich mir noch einmal alle Faktoren und Vergleiche ansehen, die ich gemacht habe, und reflektieren, ob ich hier nicht zu optimistisch war. Vielleicht braucht es beim Vergleich mit einem so viel reiferen Unternehmen noch weitere Faktoren, oder ich nehme eine Art Risikoabschlag vor, weil ich schließlich einfach noch nicht so weit bin. Ich kann mich aber auch entscheiden, das Ergebnis erst einmal zurückzustellen und es als Argumentationshilfe zu benutzen, dass dieser Markt gute Chancen bereithält und ich gut dafür aufgestellt bin.

Schließlich nehme ich mir noch den Vergleich mit dem Heim-Deko-Shop vor. Dieser ist mir wichtig, da im Bereich Nachhaltigkeit noch niemand mit virtuellen Shopräumen gearbeitet hat, und die Implementierung meines USPs recht aufwendig ist. Das soll auch die Bewertung widerspiegeln. Ich komme im Vergleich auch tatsächlich auf eine Bewertung von über 1 Million Euro.

Ich überlege, ob ich diesem Ergebnis mehr Gewicht geben möchte, da die Branche aber eben doch eine ganz andere ist, entscheide ich mich, die drei sinnvoll erscheinenden Ergebnisse einfach zu mitteln. Heraus kommt eine Bewertung von 857 750 Euro.

Unternehmen	Bewertung	Vergleichsbewertung
Weltretter	750.000 €	787.500 €
NachhaltigZuHause	550.000 €	665.750 €
Heim-Deko-Shop	2.000.000 €	1.120.000 €
	Durchschnitt	**857.750 €**

Abbildung 35: Schritt 5: Ergebnisse zusammenführen

Da dies schon ein Multiple auf meinen Umsatz von über 10 ist, runde ich ab und gehe mit 850 000 Euro als Bewertungsvorschlag in die Investorengespräche. Das wird nicht einfach, aber ich vertraue auf die genannten Faktoren meiner Innovationskraft und meines Wachstums in einem generell starken Markt. Auch liegt mein Multiple nur etwas höher als der des Heim-Deko-Shops, das bestärkt mich ebenfalls.

Die eigentliche Herausforderung bei dieser und ähnlichen Vergleichsmethoden[294] ist also die Argumentation. Für jeden gewählten Einflussfaktor sollte man gute Gründe haben, ebenso wie für diejenigen, die man nicht ausgewählt hat. Hier bietet mein Beispiel einiges an Angriffsfläche.

So sind zum Beispiel Wachstumsperspektiven oder weiterer Kapitalbedarf Faktoren, die viele bei solchen Balanced-Scorecard-Methoden grundsätzlich miteinbeziehen wollen. Manches ist Geschmacksache, letztendlich alles aber eine Frage der Argumente.

Auch die Vergleichswerte, die man nicht ausrechnen kann, wie Team- und Technologiestärke, muss man gut begründen können. Mein Team gegenüber den Konkurrenten von WeltRetter als 1,5-mal so gut einzuschätzen, war da vielleicht ein bisschen großzügig.[295]

Ebenso die Gewichtung der Faktoren, die Auswahl der Referenzunternehmen und die Ermittlung der eigenen Bewertung ganz am Ende muss man argumentieren können. Von manchem können die Investoren überzeugt werden, von manchem nicht. So werden wahrscheinlich Faktoren hinzugefügt und entfernt werden, jede Menge Werte geändert und vielleicht ganz neue Vergleiche gezogen, bevor man schließlich – und hoffentlich – eine Bewertung hat, mit der alle leben können. Es empfiehlt sich also dringend, vor dem Aufeinandertreffen mit Investoren mit den Werten und Faktoren zu »spielen« und verschiedene Möglichkeiten durchzuspielen. Argumente kann man schließlich nie genug sammeln.

In ihren Grundzügen kann man diese Methode tatsächlich auch in der Höhle erkennen. Viele GründerInnen nutzen ihre Vorbereitung mit mir auch schwerpunktmäßig für Bewertungsfragen. Bei DHDL haben sie jedoch keine Tabellenkalkulation zur Verfügung, was in normalen Investorengesprächen durchaus einmal genutzt werden kann.

Ich empfehle hier, die wichtigsten positiven Einflussfaktoren zu sammeln und in einer groben Struktur wiederzugeben. Bewährt hat sich hier der Aufbau: Vergangenheit – Gegenwart – Zukunft. Zunächst erzählt man, was bisher hineingeflossen ist: Investment und eigener Aufwand, aber auch spezielle Fachkenntnisse gehören dazu. Gegenwart steht für das, was man bis heute erreicht hat: Erwirkte Schutzrechte gehören genauso dazu wie Umsätze oder andere wichtige Kennzahlen. Und schließlich gibt man eine Prognose für die Zukunft, die aber auf dem bisher erreichten aufbaut. Also zum Beispiel prognostizierte Umsätze auf Basis der jetzigen Vertriebspipeline[296] oder Kundenwachstum auf Basis der jetzigen Funnel[297]. Prinzipiell darf man hier alles nennen, was irgendwie Relevanz hat und für das eigene Startup spricht.

Doch – wie sollte es auch anders sein – das war immer noch nicht alles. Sonst wäre es auch fast zu einfach. Es gibt noch Faktoren, die auch in diese Methode nicht hineinpassen und die auch immer wieder in und außerhalb der Höhle zur Sprache kommen. Auf drei besonders prominente Beispiele möchte ich hier kurz eingehen: der Fall, in dem eine Downround droht, wenn der Investor eine Sperrminorität haben will und, wenn der Investor – wie die Löwen – wesentlich mehr als nur Geld investiert.

Downround. Wie in Kapitel 1 beschrieben, spricht man dann von einer Downround, wenn die Bewertung der gegenwärtigen Runde niedriger ist als die der letzten Runde. Das hat für die früheren Investoren den unangenehmen Effekt, dass ihre Anteile sehr stark verwässert werden, was sie als unfair empfinden, da sie eigentlich das höhere Risiko eingegangen sind. Daher gibt es im Beteiligungsvertrag meistens eine Klausel namens »Downround Protection«, die dafür sorgt, dass die GründerInnen die rechnerisch durch die Downround verursachte Verwässerung diesem Investor »bezahlen« müssen.[298] Das kann auch viel werden, und es ist gar nicht im Interesse des neuen Investors, dass die GründerInnen nach der Investitionsrunde nur noch wenige Anteile haben. Denn so könnten sie das Unternehmen nicht mehr wirklich als »ihres« ansehen und nicht mehr entsprechend motiviert sein. Es kann daher durchaus passieren, dass sich ein neuer Investor auf eine höhere Bewertung einlässt, um eine Downround zu vermeiden. Startups sollten hier allerdings sehr wachsam sein, denn oft müssen sie diese gleich mehrfach an anderer Stelle bezahlen, etwa durch eine für sie unvorteilhafte Liquidationspräferenz (siehe Kasten). Allein der Begriff »Downround« hört sich zwar schon deprimierend an, manchmal ist es aber gar nicht unbedingt das Schlimmste, eine solche zu akzeptieren.

EXTRA-WISSEN:

Liquidationspräferenz: Eine Liquidationspräferenz (gerne auch mit »Liquipräf« abgekürzt) wird von Investoren sehr häufig verlangt. Dies bedeutet, dass sie im Exit-Fall, also wenn das Unternehmen weiter verkauft wird, zunächst ihre Investmentsumme zurückbekommen, bevor andere Anteilseigner – wohlgemerkt inklusive der GründerInnen – ihr Geld bekommen. Es kann auch sein, dass sie zunächst das Zwei- oder Dreifache ihres Investments zurück bekommen wollen, dann spricht man von einer zwei- oder dreifachen Liquidationspräferenz.

> Für ein Beispiel hat ein Investor 100 000 Euro für 10 Prozent in ein Unternehmen investiert, es läuft jedoch nicht ganz so wie erhofft, doch durch eine solide Technologie kann man das Startup für 500 000 Euro an einen Konkurrenten verkaufen. Eigentlich würde der Investor nur 50 000 Euro bekommen, mit einer einfachen Liquidationspräferenz bekäme er aber seine vollen 100 000 Euro. Mit einer dreifachen Liquidationspräferenz allerdings schon 300 000 Euro, den Gründern blieben in diesem Fall »nur« 200 000 Euro, nicht 450 000, die ihren 90 Prozent am Unternehmen entsprächen.
>
> Auch hier kann man wieder nur empfehlen, sich sorgsam mehrere Szenarien auszurechnen, um gut vorbereitet in die Verhandlungen zu gehen. Natürlich gibt es auch rund um diese Klausel wieder viele Varianten.[299]

Alternativ gelingt es den Neuinvestoren manchmal, die Altinvestoren von einem Verzicht auf ihre Downround Protection zu überzeugen. Man sagt dann auch gerne, dass die Altinvestoren ihre Downround Protection »waven«.

Man kann sich vorstellen, dass Neuinvestoren hier einen gewissen Druck ausüben können, vor allem wenn es keine alternativen Interessenten gibt. Wäre das Startup ohne das neue Investment am Ende, würden schließlich auch alle bisherigen Investoren ihr Geld verlieren.

Sperrminorität. Von einer Sperrminorität spricht man, wenn ein Anteilseigner wichtige Beschlüsse eines Unternehmens blockieren kann. So wird beispielsweise in Kapitalgesellschaften für wichtige Entscheidungen eine Mehrheit von 75 Prozent benötigt. Hat ein Investor hier mehr als 25 Prozent, kann er einen solchen Beschluss also auf jeden Fall verhindern, er muss bloß dagegenstimmen. Das kommt faktisch einem Vetorecht gleich, weswegen es auch gerne so bezeichnet wird.

In »Die Höhle der Löwen« ist diese Besonderheit schon häufiger zur Sprache gekommen, im Fall von CurveSYS[300] forderte Carsten Maschmeyer beispielsweise 25,1 Prozent.

> Carsten Maschmeyer: »Ich mach Ihnen kein Angebot, es sei denn, Sie akzeptieren 300 000 Euro für 25,1 (Prozent). Normal nehme ich immer 25, weil ich keine Spielchen will. Bei Ihnen möchte ich 25,1, dass, wenn wir uns mal wirklich fetzen, Sie dann richtig zuhören und aufmerksam zuhören und wir noch mal diskutieren. Und nicht: ›Ich hab das Sagen, Sie können machen, was Sie wollen, ich mache sowieso was ich will‹.«[301]

Für mich ist es vor allem ein starkes Signal, wenn ein Investor explizit 25,1 Prozent fordert. Denn man kann sich schon denken, dass sich jeder professionelle Investor eine Menge von Ausnahmen und zusätzlichen Mitbestimmungsrechten in den Beteiligungsvertrag schreiben lässt. Etwa dass jede Ausgabe, die über einer gewissen Summe liegt, zustimmungspflichtig ist. Je nach Phase des Startups liegt diese Summe bei »nur« 5000 Euro oder wesentlich darüber, einen Ferrari als Firmenwagen kann man sich also auf Kosten des Investors schon einmal nicht zulegen. Oder dass jede Anstellung über beispielsweise 50 000 Euro Jahresgehalt ebenfalls vom Investor genehmigt werden muss. Die Oma für ein fettes Gehalt beschäftigen und dann auf übertriebene Weihnachtsgeschenke zählen funktioniert also ebenfalls nicht.

Man sieht schnell, diese Regelungen sollen vor allem das Geld des Investors vor unpassenden oder unüberlegten Ausgaben schützen. Sie sind nicht dazu da, die GründerInnen zu gängeln. In der Praxis laufen die entsprechenden Prozesse dann oft sehr unkompliziert und formlos ab. Aber sie lassen Investoren eben ein bisschen besser schlafen.

Unterm Strich macht es oft kaum mehr einen Unterschied, ob es nun 25 Prozent oder 25,1 Prozent sind. Die Angst vor diesen letzten 0,1 Prozent ist also oftmals unbegründet. Wichtiger ist, sämtliche Klauseln des Beteiligungsvertrags aufmerksam zu lesen und zu verstehen, um zu merken, ob es ein Investor mit der Kontrolle nicht doch übertreibt. Grundsätzlich ist ein eigener Anwalt hier immer sehr empfehlenswert.

Umso spannender ist die Motivation, die der Investor für seine Forderung nach 25,1 Prozent der Anteile hat. Häufig ist es tatsächlich ein eher psychologisches Signal, das ein wenig zu forschen und gerne vorpreschenden GründerInnen bewusst machen soll, dass sie Verantwortung haben und der Investor bei vielem eben gefragt werden muss. Ein Signal, das vielleicht auch zur Reflexion anregen sollte.

Generell können Anteilsverteilungen und Mehrheiten, die entstehen oder gebrochen werden würden, ein Thema in Bewertungsverhandlungen sein. In jedem Fall ist es ratsam, den Grund für das Verhalten des Investors genauer zu erfragen, vielleicht kann man ja auch die eine oder andere Befürchtung entkräften und startet dadurch mit ein wenig mehr Vertrauen in diese Startup-Ehe.

Mehrwert des Investors. Nun kommt noch ein Thema, das man vielen GründerInnen in der Höhle gar nicht erst erklären muss. Und einigen so lange erklären kann, wie man will, es kommt schlicht nicht an. Über die Jahre habe ich an meiner Erklärtechnik so lange gefeilt, bis schließlich nur ein sehr kleiner, aber auch sehr hartnäckiger Rest übrig blieb, der sich wirklich gar nicht überzeugen lässt.

Es geht darum, dass einige Investoren – im Speziellen eben auch die Löwen – dem Startup im Investmentfall Mehrwerte bieten, die weit über die des Geldes hinausgehen. In den Profilen der Löwen habe ich das im Einzelfall näher beleuchtet. Doch es wäre unfair, wenn ein Investor, der neben Geld auch beispielsweise Vertriebskanäle oder Expertenwissen bietet, nicht doch ein paar mehr Prozente bekäme als ein reiner Finanzinvestor, oder?

Hierzu möchte ich noch ein wenig weiter ausholen. Denn warum macht es überhaupt Sinn, einen Investor hereinzuholen? Die Hoffnung des Startups ist ja, mit diesem Geld das Wachstum so stark anfachen zu können, dass die Anteile, die man als GründerInnen noch behalten hat, irgendwann viel mehr wert sind als das ganze Unternehmen ohne Investment. Man muss sich hier also auch ein wenig in die Denkweise eines Investors hineinfühlen. Dazu gehe ich aber erst einmal in eine Bäckerei, denn ich brauche Kuchen.

Im zugehörigen Beispiel steht ein Startup gerade erst am Anfang. Eventuell könnte man es ohne Investor schaffen, würde aber dann nur langsam wachsen, weil man fast kein Geld für Marketing hätte. Im besten Fall wäre das Unternehmen dann in drei Jahren rund 1 Million Euro wert. Der komplette Startup-Kuchen entspräche also 1 Million. Der Einfachheit halber nehme ich das als Bewertungsgrundlage.

Nun haben die GründerInnen aber große Pläne und glauben, mit 100 000 Euro einen erheblichen Wachstumsturbo zünden zu können. Ein Investor glaubt das und bietet dieses Investment für – wie immer in meinen Beispielen – 10 Prozent der Anteile an. In drei Jahren hofft man, mindestens doppelt so viel wert zu sein wie auf dem normalen Wege. Der Kuchen ist also nun 2 Millionen groß statt nur 1.

Im ersten Fall hätte man noch 100 Prozent der Anteile, könnte sich also den gesamten Kuchen einverleiben. Im zweiten Fall bekäme man »nur« 90 Prozent des Kuchens. Allerdings wären dies dann 90 Prozent von 2 Millionen, also 1,8 Millionen. Na, was klingt nun besser? Weniger von einem größeren Kuchen kann den Magen manchmal eben wesentlich besser füllen.

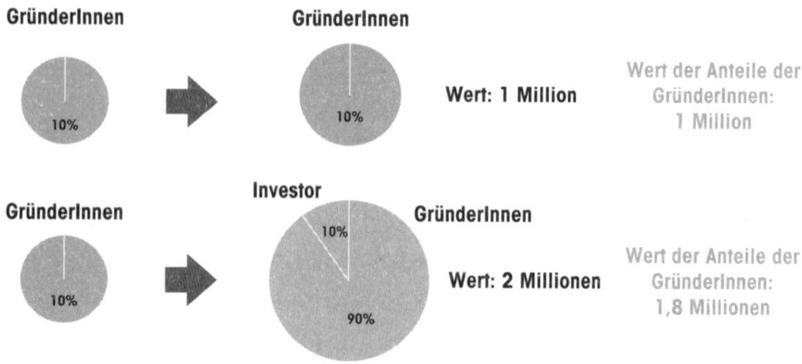

Abbildung 36: Investmentkuchen

Nun stelle man sich aber noch vor, der Investor würde nicht nur das Geld geben, sondern auch Kontakte in den Einzelhandel haben, sodass die Chancen, seine Produkte in die Regale zu bekommen, sich für das Startup vervielfachen würden. Oder es gäbe Synergien mit der Hauptfirma des Investors, sodass man hier zusätzliche Vertriebskanäle nutzen könnte. Der Startup-Kuchen könnte dann nicht nur auf 2 Millionen wachsen, sondern vielleicht auf 3 Millionen. Für den Investor bedeutet dies jedoch Arbeit, schließlich muss er seine Kontakte aktivieren oder seine Mitarbeiter für das Startup teilweise mit einspannen. Daher findet er es ungerecht, wenn er dann doch nur 10 Prozent vom nachher 3-Millionen-Kuchen bekommen soll. Er möchte 15 Prozent, also praktisch 5 Prozent für seine Zusatzleistungen. Die GründerInnen rechnen und kommen bei 3 Millionen Unternehmenswert und 85 Prozent Anteilen immer noch auf 2,55 Millionen Euro Wert ihrer zukünftigen Anteile. Oder eben ganz schön viel Kuchen.

Was dieses kleine Beispiel illustrieren sollte, muss man allerdings im Falle der Löwen noch einmal stark hochskalieren.

Denn was ist, wenn ein Investor ein komplettes Team mit einbringt, das dem Startup bei der Produktentwicklung, beim Design, Marketing und anderen Dingen hilft, die die GründerInnen in der

Form selbst noch nicht leisten können? Oder wenn er mit seinem Vertriebsteam dafür sorgen kann, dass ein Produkt, von dem bisher 10 000 Stück verkauft wurden, plötzlich zu Hunderttausenden oder sogar Millionen den Weg zum Verbraucher findet?

Frank Thelen, als die Gründerin von Jacky F. findet, dass durch das Angebot von Frank Thelen und Dr. Georg Kofler ihr Unternehmen vom Wert gedrittelt werden würde: »Das stimmt für uns beide nicht. Denn du musst auch unseren Mehrwert sehen. Und deswegen ist es unfair, nur das reine Kapital, sowohl für Georg als auch für mich, zu sehen.«[302]

Wenn man diese Extraleistungen bepreisen wollte, würde man oft sicherlich bei mehreren Hunderttausend Euro landen, was den Mehrwert der Löwen angeht. Ein Vergleich mit einer Bewertung eines Finanzinvestors wäre also nicht fair, ohne diese Mehrwerte miteinzubeziehen. Entscheidend ist hierbei aber weniger, wie viel Aufwand oder Kosten diese beim jeweiligen Investor verursachen. Sondern wie hoch der Wert für das Startup ist, also wie groß der Kuchen dadurch letzten Endes werden kann. Und das kann noch mal um ein Vielfaches mehr sein.

So wäre man bei einem voraussichtlichen 10-Millionen-Kuchen auch bei 40 Prozent für die Investoren immer noch mehr als gut beraten, das Angebot anzunehmen.

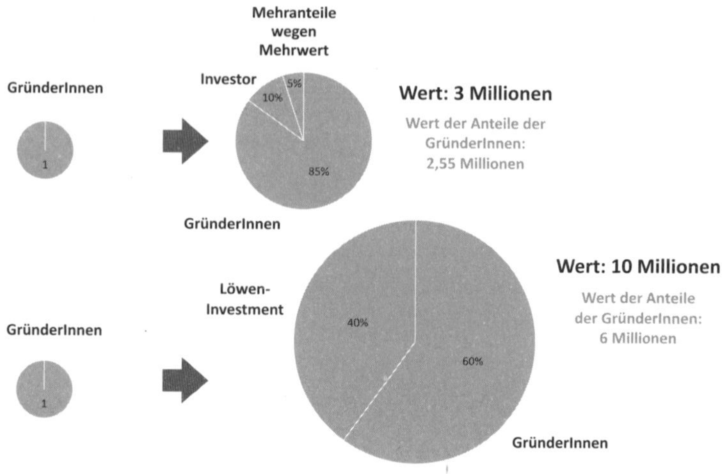

Abbildung 37: Investmentkuchen bei Investoren mit Mehrwert

Aber natürlich kann einem niemand die spätere Kuchengröße garantieren, man muss also wieder entscheiden, für wie hoch und wie wahrscheinlich man diese erachtet. Und dann je nachdem einen Risikoabschlag machen. Hier wird mal wieder eine solide Finanzplanung wichtig, in die man die zusätzlichen Mehrwerte des Investors einarbeiten kann. Wieder einmal sitzt man dann gemeinsam – oder auch abwechselnd – vor Tabellen und argumentiert, welche Werte und Kennzahlen man denn nun veranschlagen kann, bis alle zufrieden sind. Kann man sich gar nicht einigen, gibt es auch hier oft Mittel und Wege, zusätzliche Steuerungsmöglichkeiten wie beispielsweise Meilensteine einzubauen.

EXTRA-WISSEN:

Meilensteine: Normalerweise bauen die Investoren Meilensteine für das Startup im Beteiligungsvertrag ein. Besonders bei größeren Summen und sehr ambitionierten Wachstumsplänen ist dies üblich. Hier wird oft zu Beginn der Zusammenarbeit nur ein Teil der vereinbarten Investmentsumme ausbezahlt, weiteres Geld gibt es erst beim Erreichen bestimmter Meilensteine wie Umsatzgrößen. Verfehlt das Startup diese, hat der Investor das Recht, die Zahlung zurückzuhalten. Das kann im schlimmsten Fall zum Scheitern des Startups führen, GründerInnen sollten sich also gut überlegen, ob ihre Annahmen wirklich realistisch sind. Grundsätzlich kann man sich merken: Je höher die Bewertung (im Vergleich zum Marktüblichen), umso ambitionierter müssen auch die Meilensteine sein.

Doch es geht auch andersherum: Verspricht ein Investor eine messbare Zusatzleistung wie beispielsweise die Platzierung in einer bestimmten Anzahl von Handelsfilialen, kann man auch dies als Meilenstein setzen – nur eben für die andere Seite. Im Fall der Motorrad-Reinigungstücher von GentleMonkeys einigten sich die Gründer mit Ralf Dümmel auf 150 000 Euro für zunächst 25 Prozent. Allerdings sollten weitere 8 Prozent hinzukommen, wenn das Produkt wirklich in 10 000 verschiedenen Filialen Einzug gehalten hatte.

Eigentlich sollte das schon die GründerInnen überzeugen, dass sie sich keineswegs »unter Wert verkaufen«, wie ich von den Zweiflern oft zu hören bekomme. Denn man darf sich eben nicht nur auf den »Wert« fokussieren, den man mithilfe des Dreisatzes aus Investmentsumme und Prozentanteil berechnet. Dies gilt nur für reine Finanzinvestoren. Jeder Investor, der weitere Mehrwerte bietet, will diese aber auch irgendwo mit »eingepreist« sehen.

Gerade von Startups mit hoch skalierbaren Modellen höre ich jedoch oft den Einwand, dass sie weitere Finanzierungsrunden brauchen werden, und dafür auch noch genug Anteile bei ihnen liegen müssen. Ich habe ja bereits thematisiert, dass Investoren immer genug Anteile bei den GründerInnen verbleibend sehen wollen.

Die Löwen sind da natürlich nicht anders. Doch durch ihren zusätzlichen starken Mehrwert wird der Kuchen eben um so viel größer, dass zukünftige Finanzierungsrunden wesentlich kleiner, zu einem viel späteren Zeitpunkt oder auch gar nicht stattfinden müssen. So spart man sich natürlich auch einige Anteile, von denen man wiederum ein paar den Löwen geben kann.

Das kann man aber natürlich nur richtig einschätzen, wenn man die gut durchdachte Finanzplanung mit verschiedenen Finanzierungsrunden durchspielt. Bevor ich jetzt zu tief in meine geliebten Zahlenwerke abtauche: Man jongliert ein wenig mit verschiedenen Kuchengrößen und schaut, was es für Auswirkungen hat, je nachdem, wie man sie in Stücke schneidet und wie der Kuchen dann wächst.

Dr. Georg Kofler: »Man sagt ja, Geld verdirbt den Charakter. Das stimmt nicht. Geld legt ihn offen.«[303]

Wenn man das Ganze mal etwas oberflächlich zusammenfasst, landet man schnell wieder bei einem Szenespruch: »Ein Unternehmen ist genau so viel wert, wie jemand dafür zahlt.«[304] Denn egal welcher Methode man sich genau bedient, egal welchen Vergleich man heranzieht oder welche Sonderfälle vorliegen: Immer muss man sich einigen, wie stark die Bewertung von diesem oder jenem Faktor beeinflusst wird, ob man nicht noch andere Einflüsse miteinbeziehen müsste oder ob es nicht doch ausgleichende Wirkungen gibt. Bewertungsdiskussionen sind oft also Diskussionen um ganz viele Details, und darum, welche man auswählt und wie man diese zusammensetzt.

Ganz schön viele Einigungen notwendig, oder? Ja, und genau das nennt man Verhandlung. Eben nicht das Feilschen um das letzte kleine Prozent, sondern das Argumentieren der Einzelfaktoren. Schauen, was der anderen Partei wichtig ist. Bedenken ernst nehmen, im Zweifel noch mehr Arbeit hineinstecken, um dem anderen eine weitere Bezugsgröße zu liefern, die ihn vielleicht überzeugt. Poltern und unter Druck setzen ist unprofessionell und hat noch niemandem geholfen.

Ja, auch ich kenne die Horrorgeschichten, bei denen ein Investor die Verhandlungen derart lang gezogen hat, bis das Unternehmen fast kein Geld mehr hatte, und erst ganz knapp vor dem Bankrott einen Termin für die Unterzeichnung des Beteiligungsvertrags anberaumt wurde. Beim Notar dann wollte der Investor die doppelten Anteile haben, und das Startup sah sich außerstande abzulehnen, da es sonst direkt Insolvenz hätte anmelden müssen. Ein solch verachtenswertes Verhalten mag vorkommen, spricht sich in der Szene aber glücklicherweise auch meist so schnell herum, dass dieser Investor wohl die längste Zeit überhaupt Deals bekommen hat. Leider ist das für die Startups, die es betrifft, natürlich kein Trost. Umso mehr kann man nur eine gründliche Vorbereitung und Erkundigungen über den Investor empfehlen.

Um Unternehmensanteile handelt man nicht wie auf einem Basar. Die Löwen machen zum Beispiel bei zu großen Diskrepanzen in den Bewertungsvorstellungen oft erst gar kein Angebot. Ebenfalls sind sie bei schlecht argumentierten Gegenangeboten im Prozentbereich auch ganz schnell wieder raus.

Ich möchte an dieser Stelle keine Namen nennen, aber ein erstaunlich hoher Prozentsatz dieser »Feilscher« konnte den so erlangten Deal im Nachhinein nicht verwirklichen. Ich schätze, das kann auch daran liegen, dass die Beziehung zwischen GründerIn und InvestorIn so nicht gerade ideal beginnt und daher durch weitere Kleinigkeiten schnell entscheidend belastet werden kann. Das ist aber wirklich nur meine Theorie.

Statt Basarmethoden sind also Argumente gefragt, statt Verhandlungstricks eine solide recherchierte Datenbasis und statt oberflächlicher Show eine gewisse Empathie für das Gegenüber. Denn bei der Hochzeit eines Startups mag das Geld noch die größte Rolle spielen. Ob die Ehe aber glücklich wird, das entscheiden andere Faktoren.

Verhandlungsknigge

Nach den vielen Fragen der Löwen, die ich mir in diesem Buch angeschaut habe, ist dieses Kapitel vor allem den Fragen der GründerInnen gewidmet. Das Thema Bewertung ist oft das dringendste. Viele andere Fragen beziehen sich auf die einzelnen Thematiken und Inhalte, die ich hoffentlich auch abdecken konnte.

Doch fast genauso häufig werde ich gefragt: »Ruth, hast du eine Art Dos-und-Don'ts-Liste für die Verhandlung?« Bisher hatte ich die nicht, also wird es höchste Zeit, das in Angriff zu nehmen.

Die Fragen, um die ich mich jetzt kümmern möchte, sind also eher menschlicher als inhaltlicher Natur. Böse Zungen behaupten, das wäre für Mathematiker ein ganz neues Pflaster. Und es bedurfte anfangs tatsächlich einer gewissen Orientierung, wo dieser Aspekt nun einmal eine so große Rolle in meiner Arbeit spielte. Zum Glück hatte ich aber einige Erfahrungswerte aus meiner Arbeit für »die dunkle Seite der Macht« – wie man etwas ironisch in der Startup-Szene auch manchmal über Investoren spricht. Ich wusste also noch ganz genau, wie ich und manche meiner ehemaligen Kollegen auf viele Dinge reagieren. Zudem konnte ich jahrelang die Löwen ausgiebig beobachten, und natürlich auch eine Reihe von anderen Investoren. So sammelten und verdichteten sich ein paar »Best Practices«.

Nun habe ich also endlich diese häufig gestellten Fragen gesammelt und ausführlich beantwortet. Um am Ende daraus die heiß ersehnte Dos-and-Don'ts-Liste für Investorengespräche zu erstellen.[305]

Gibt es Fragen, auf die man unbedingt in bestimmter Weise antworten muss?
Ja, durchaus. Zunächst sollte man sich darauf konzentrieren, die Frage eines Investors auch wirklich zu beantworten. Der häufigste Fehler ist für mich hierbei, dass GründerInnen immer wieder auf ihr Produkt zu sprechen kommen und langatmig die Einzigartigkeit betonen. Das kann die Nerven des Gegenübers jedoch ganz schön strapazieren.

Auch gilt: Wenn ein Investor nach einer Zahl fragt, will er auch eine Zahl als Antwort hören! Die Frage nach den Umsätzen mit einem ausweichenden »Die sind noch nicht wirklich maßgeblich, weil …« zu beantworten, kommt oft gar nicht gut an. Viel besser ist es, zunächst die Zahl zu nennen, und dann die Ausführungen anzuhängen. Das wirkt professioneller und verbindlicher.

Etwa: »Bisher belaufen sich unserer Umsätze auf nur 2000 Euro. Allerdings haben wir uns auch nur auf die Gewinnung von Nutzern fokussiert und viele eigentliche Bezahlfunktionen noch gar nicht implementiert. So können wir nun Nutzer für circa 1 Euro gewinnen, was weit unter Branchenschnitt ist. Ab dem nächsten Quartal fokussieren wir uns dann stärker auf die Monetarisierung.« So gibt man transparent eine Schwäche zu, begründet diese und schießt direkt eine Stärke hinterher.

Was, wenn ich eine Zahl, nach der gefragt wird, einfach nicht weiß?
In Investorenverhandlungen außerhalb der Höhle sollte man normalerweise alles Wichtige dabeihaben, um im Zweifel kurz nachschauen zu können. Und das sollte man dann auch tun. Bei DHDL hat man diese Möglichkeit nicht. Hat man also etwas nicht im Kopf, bleibt einem nichts anderes übrig, als das zuzugeben. Eventuell kann man versuchen, die Enttäuschung des Fragestellers durch verwandte Zahlen etwas abzumildern: »Tut mir leid, die Conversion Rate habe ich leider gerade nicht im Kopf. Wir hatten aber letzten Monat insgesamt 200 zahlende Kunden.« So zeigt man, dass man nicht ganz planlos ist, und bemüht, etwas Verwertbares zu liefern.

Was kann ich tun, wenn die Investoren zu viel hin und her springen, ich aber noch nicht mit dem aktuellen Punkt fertig war?
Die Antwort hört sich einfach an, ist aber nicht immer leicht umzusetzen: die Kontrolle zurückgewinnen. Zwar sollte man einerseits eine gewisse Flexibilität mitbringen und sich nicht an ein Thema klammern, das für die Investoren schon längst abgehakt zu sein scheint. Andererseits darf man es ruhig sagen, wenn man nicht ganz fertig war. »Noch kurz ein Satz zum Geschäftsmodell, dann komme ich direkt auf den Cap Table« ist zum Beispiel ein völlig legitimes Mittel, um allzu heftig springende Investoren ein wenig zu bremsen. Romane sollte man dann zum fraglichen Punkt nicht mehr erzählen, sondern sich auf die wichtigsten Argumente konzentrieren.

Was mache ich mit Fakten, die wirklich nicht für mich sprechen?
Es hilft nichts. Spätestens in der Due Diligence kommt sowieso alles raus. Alles. Hat man also beispielsweise einen ungünstigen Cap Table, muss man das auch so sagen. Hat man eine Hoffnung auf Besserung, könnte man auf die entsprechende Frage zum Beispiel antworten: »Ja, wir haben leider zu früh sehr viel an einen Investor abgegeben, sodass dieser nun 25 Prozent unserer Anteile hält. Wir hoffen, ihn bei dieser Runde davon überzeugen zu können, zum Wohle des Unternehmens wieder ein paar Anteile abzugeben.«

Natürlich kann es sein, dass im schlimmsten Fall die Verhandlung beendet ist. Aber noch schlimmer wäre es, seine eigene Zeit und die Zeit des Investors zu verschwenden, wenn es sowieso keine Aussicht auf eine Zusammenarbeit gibt, so schade das sein mag. Die Zeit ist in die weitere Suche wesentlich sinnvoller investiert.

Was mache ich mit ausgesprochen positiven Aspekten, die nicht zur Sprache kommen?
Ich hatte das Thema schon einmal kurz angesprochen. Die wichtigsten Argumente, die für ein Investment in das eigene Startup sprechen, sollte man im Pitch stark platzieren. In der Höhle oder wenn einem

noch etwas einfällt, was man unbedingt zur Sprache bringen möchte, empfehle ich die »Politikertaktik«: Man beantwortet einfach die Frage, von der man gerne hätte, dass sie gestellt wurde. Allerdings sollte man sich dazu einen passenden Moment aussuchen. Will man beispielsweise seine sehr niedrigen Kundenakquisekosten platzieren, ist das bei der Frage nach den Schutzrechten eher nicht angebracht. Fragt ein Investor aber etwa ganz allgemein nach dem Marketing oder wie man bisher die Kunden gewonnen hat, ist das die perfekte Vorlage. »Wir nutzen vor allem Sponsored Posts auf Facebook für das Marketing, damit konnten wir Kundenakquisekosten von nur 5 Euro erzielen.«

Verpasst man den idealen Punkt oder gab es den nicht, nennt man ihn notfalls einfach so. »Was wir noch unbedingt erwähnen wollen, ist, dass unsere CAC bei nur 5 Euro liegen. Wir denken, dass wir dadurch zeigen, dass wir dem Wettbewerb etwas voraushaben und mittelfristig sehr profitabel arbeiten können.« Das ist immer noch besser, als etwas gar nicht zu sagen, das vielleicht sogar den Ausschlag geben könnte.

So »pusht« man praktisch die entsprechenden Punkte, reibt sie dem Investor also sprichwörtlich unter die Nase. Und das ist auch gut so.

Was ist, wenn ich etwas nicht richtig verstehe, was der Investor fragt oder sagt?
Dann unbedingt nachfragen! Egal ob es Begriffe sind, seine Argumente nicht logisch erscheinen oder eine Bedingung erklärungsbedürftig ist: Auch GründerInnen haben das Recht, alle ihre Fragen zu stellen, das Ganze ist keine Einbahnstraße. Das muss man sogar, wenn es zu einer guten Zusammenarbeit kommen soll.

Gerade wenn ein Investor seine Mehrwerte in der Bewertung berücksichtigt wissen will, sollte man nicht mit Fragen sparen. »In wie vielen Filialen könnte unser Produkt denn platziert werden?« oder »Welche Einrichtungen des Labors würden uns denn dann zur weiteren Entwicklung zur Verfügung stehen?« sind völlig normale Fragen, auch wenn es sich zunächst ein wenig komisch anfühlen mag. Die Löwen beispielsweise haben auf solche Fragen noch nie komisch reagiert. Die meisten strategischen Investoren freuen sich sogar, ihre Mehrwerte noch einmal in aller Breite darlegen zu können, was man auch immer wieder bei DHDL beobachten kann. Also: Immer höflich bleiben natürlich, aber bloß keine falsche Scheu!

Was, wenn ein Investor etwas behauptet, das wir widerlegen können?
Dann widerlegt es! Je wichtiger der Punkt ist, desto entschiedener sollte man das tun. Natürlich immer höflich bleiben, aber ruhig bestimmt sagen: »Entschuldigung, aber das ist eher so …« Und dann die guten Argumente bringen. Behauptet ein Investor beispielsweise, der Markt wäre zu klein, sollte man das auf jeden Fall zu entkräften versuchen, wenn man anderer Meinung ist![306] Denn solche Dinge sind schließlich entscheidungsrelevant für ein Investment.

Bei »Die Höhle der Löwen« ist es sogar doppelt wichtig, vor allem, wenn es sich um das Argument des Ausstiegs handelt. Denn es könnte sogar sein, dass andere Löwen sich davon beeinflussen lassen. Kann man das Argument aber entkräften, findet man vielleicht noch in einem der anderen Löwen einen Partner. Manchmal steigt aber auch jemand wieder ein, der eigentlich schon raus war, man kann nie wissen.

Wie verhalte ich mich in der Verhandlung, wenn ich ein Gegenangebot machen will?
Ich empfehle das Vorgehen nach den Eckpfeilern: Dankbarkeit – Begründung – Gegenangebot. Zunächst will man honorieren, dass es überhaupt ein Angebot gibt. Dann kommt der essenzielle Teil: unbedingt sinnvoll begründen. Ein »Das ist uns aber zu wenig« ist keine Begründung. Hierbei kann man sich auch erst einmal auf die ein, zwei wichtigsten Punkte beschränken, wenn es dann Diskussionsbedarf gibt, wird man das schon merken. Aus der Begründung abgeleitet kann man dann das Gegenangebot präsentieren.

Etwa: »Vielen Dank noch einmal für das Angebot, das freut uns wirklich sehr! Allerdings finden wir, dass es noch nicht wirklich berücksichtigt, wie weit wir es allein geschafft haben. Zum Beispiel sind ja die Patente bereits erteilt, und wir haben es bis an den Markt mit guten ersten Kundenresonanzen gebracht. Daher würden wir statt 30 Prozent gerne 25 Prozent anbieten und hoffen sehr, Sie dennoch als Partner gewinnen zu können.« So zeigt man gleichzeitig Wertschätzung und Selbstbewusstsein, und außerdem Interesse an einer echten und respektvollen Partnerschaft.

Duzen oder siezen?
Das ist eine gar nicht so irrelevante Frage, denn schließlich wird in der Startup-Szene viel geduzt, aber nicht jeder findet das gut. Die wenigsten Investoren sind heutzutage sauer, wenn man sie einfach duzt, allerdings gibt es eine Reihe von eher »altmodischen« Business Angels mit Konzernvergangenheit, für die sich das eher komisch anfühlt.

Erst einmal abwarten ist eine gute Strategie, wird man vom Investor geduzt, darf man natürlich zurückduzen. Kommt man in eine Situation, in der man unsicher ist, was angebracht ist, ist es auf jeden Fall höflicher nachzufragen. Das kommt bestimmt nicht komisch an, und dann sind alle auf der sicheren Seite. Denn wer weiß, vielleicht macht sich die andere Seite gerade ähnliche Gedanken?

✔ DOs	✘ DON'Ts
Einen Plan zur Verbesserung präsentieren	Fragen nicht beantworten
Seine wichtigen Zahlen wissen (oder sofort nachschauen können). Alle!	Auf die Frage nach einer Zahl nicht mit einer Zahl antworten
Die Verhandlung auch mal höflich moderieren	Verpassen, seine wichtigsten Argumente zu platzieren
Ungünstige Zahlen mit kurzen Erläuterungen ergänzen	Zahlen erfinden, die man nicht weiß
Bei Fragen fragen	Bei Themenwechseln unflexibel sein
Wenn nötig, auch höflich widersprechen	Ungünstige Fakten umgehen
Wertschätzung, aber auch Selbstbewusstsein zeigen	Ein Gegenangebot ohne Begründung unterbreiten
Sensitiv mit »du« und »Sie« umgehen, im Zweifel nachfragen	

Abbildung 38: Dos und Don'ts der Investorenverhandlungen

Damit sollten die wichtigsten Fragen abgedeckt sein. Wenn die Liste auch regelmäßig aktualisiert werden muss. Ich hoffe aber, zumindest ein paar Inspirationen und Denkanstöße gegeben zu haben.

KAPITEL 5

Abschluss

Jetzt bin ich durch. Fast.

»Was gibt's denn noch?«, könntest du nun fragen. Denn, liebe Leserin, lieber Leser, ich habe eine umfangreiche Reise mit dir gemacht. In die Tiefen der Startup-Welt sind wir eingedrungen, haben Licht in den ein oder anderen Winkel des Gesellschaftsrechts gebracht, uns ganz ausführlich den Investmentprozess vorgeknöpft und »Die Höhle der Löwen« eingehend auf Realitätsnähe überprüft.

Noch tiefer sind wir abgetaucht in die Kunst, Investoren zu entschlüsseln, was sie sagen, was sie damit meinen, wie man sie am erfolgversprechendsten analysiert, wie man mit ihnen umgeht und verhandelt.

Wir haben Bäumen beim Wachsen zugeschaut, bunte Bilder gemalt und mit Kuchen nur so um uns geworfen. Also, was sollte jetzt noch fehlen? Erst einmal ein großer Dank an dich. Fürs Lesen, Nachvollziehen, Dabeibleiben.

Und dann noch ein mit großem Dank an das gesamte DHDL-Team verbundener Hinweis darauf, dass dieses Buch natürlich aus meiner Sicht entstanden ist und daher vor allem die Verhandlungsaspekte unter die Lupe nimmt. Und natürlich die Vergleiche zur restlichen Startup-Szene, wie ich sie als Gründerin und auch als Investorin bisher wahrgenommen habe. Eine Sendung wie »Die Höhle der Löwen« besteht jedoch aus so vielen Komponenten, aus so vielen großartigen Fachleuten in ihrem Bereich und einfach aus so vielen tollen

Menschen, dass hieraus wohl noch viele Bücher entstehen könnten – und es würde nie langweilig werden. Ich bin unglaublich glücklich und stolz, dass ich seit vielen Jahren ein Teil der Löwenfamilie sein kann – und dieses Buch schreiben durfte.

Dann möchte die Mathematikerin in mir am liebsten noch ein paar Zahlenthemen ansprechen, die Hochschuldozentin noch ein paar übergeordnete Konzepte loswerden, die Feministin noch einmal eine Lanze für weibliche Gründerinnen brechen und die Unternehmerin noch ein paar ihrer Erfahrungen weitergeben.

Aber das würde jetzt zu weit führen, deswegen habe ich all diesen Herzen in meiner Brust ein Ultimatum gestellt: Sie mussten sich auf ein paar ganz wenige Dinge einigen, die wir dir noch mitgeben wollen. Und überraschenderweise sind die sehr wenig mathematisch, belehrend, idealistisch oder unternehmerisch.

Zunächst wollte ich mit diesem Buch rüberbringen, wie anders Startups funktionieren im Vergleich zu etablierten Unternehmen. Von der Motivation ihrer GründerInnen über ihre Ziele und ihre Art zu Wachsen bis hin zu ihren Bedürfnissen und Herausforderungen. So vieles ist und läuft hier so anders, und man muss nicht alles besser finden.

Mir liegt vor allem am Herzen, dass mehr Menschen verstehen, was sich in dieser Startup-Szene tut, damit GründerInnen der nächsten Generationen endlich weniger Steine in den Weg gelegt werden. Nicht nur finanziell und bürokratisch. Wie sehr das nötig ist, habe ich zur Genüge thematisiert. Sondern auch gesellschaftlich. GründerInnen in frühen Phasen werden immer noch oft belächelt, bekommen unglaublich schwer eine Wohnung oder einen Kredit. Natürlich hören sich manche Vorhaben tatsächlich seltsam oder sogar lächerlich an, aber ich kann jeder und jedem versichern: Man weiß nie, was daraus wird. Jahre später gab es – oft mit nur wenigen Anpassungen im Geschäftsmodell – den Durchbruch, und einstige Erbauer von Luftschlössern führen nun ein solides Unternehmen und haben gute Arbeitsplätze geschaffen.

So haben die Gründer von Airbnb ursprünglich einmal Luftmatratzen in Studentenwohnungen mit Frühstück vermietet – wovon man heutzutage nichts mehr erkennt. Sehr treffend werden sie daher auch mit dem Satz zitiert: »Die schlechteste Idee, die jemals funktioniert hat.«[307]

Akzeptieren wir also, dass wir mit unserer Einschätzung falschliegen können, respektieren wir den Mut dieser Menschen, und machen wir es ihnen nicht noch zusätzlich schwer.

Und außerdem ist es mir wichtig, ebenso ein bisschen mehr Verständnis für Investoren und ihr Vorgehen zu vermitteln. Denn natürlich wollen sie Geld verdienen, sonst würden sie eine Wohltätigkeitsorganisation gründen (was auf einige im Übrigen ebenso zutrifft). Wir haben viele gute und professionelle Investoren in Deutschland, die mit GründerInnen auf Augenhöhe zusammenarbeiten und die großartige neue Unternehmen mit aufbauen. Unsere momentan sieben Löwen sind dafür tolle Beispiele.

Aber für Investoren muss es nun einmal auch ums Geldverdienen gehen, und daher haben sie ihre bewährten Auswahlmechanismen. Und selbst wenn sie alles getan haben, wenn alles analysiert, wieder und wieder neu berechnet, auf links gedreht und validiert ist, werden sie für die endgültige Entscheidung nie die absolute Gewissheit haben. Da bleibt ihnen nur eines: ihr Bauchgefühl.

Judith Williams: »(…) Es geht viel ums Bauchgefühl: Wenn es da nicht kitzelt, warum sollte man dann investieren?«[308]

Und dieses Bauchgefühl besteht wohl aus so vielen Faktoren, dass man es nie vollständig entschlüsseln wird. InvestorInnen sind eben auch Menschen.

Neben all dem, worauf wir aufpassen müssen, was wir als GründerInnen, InvestorInnen, JournalistInnen oder einfach als Gesellschaft in Bezug auf das Gründen in Deutschland besser machen müssen und können, ist es mir wichtig, den Spaß an der Sache nicht zu vergessen. Die Arbeit in der Startup-Welt hält so viele Lieblingsmomente für mich bereit, dass ich gar nicht zum Arbeiten kommen würde, würde ich sie alle aufschreiben wollen.

Etwa den, als einer Gründerin wie Ebru, die nach fünf langen Jahren der Bewerbung bei DHDL endlich mit Haselherz[309] vor den Löwen stehen darf, die Freudentränen kommen. Und dann uns Zuschauern, wenn Ebru auch noch ihren Traumdeal bekommt.

Ob ich tief bewegt bin, wenn ein Gründer auf die Frage, warum er sein Startup zur Vermeidung von Überproduktion in Bäckereien macht, antwortet, dass er der Folgegeneration eines Tages eine vernünftige Antwort auf deren Frage geben will, wie er versucht hat, den Planeten für sie zu erhalten.[310]

Ob ich herzhaft über Carsten Maschmeyers Wortwitze wie »Ich find Sie ja dufte, aber als Investor bin ich kurz davor zu verduften«[311] lachen muss oder über Ralf Dümmels Absagegrund »Das passt nicht ins Regal«[312] – die wohl unbestreitbarste Absage aller Zeiten.

Oder ob ich eben einfach meinen Teil dazu beitragen kann, dass großartige GründerInnen und Produkte, die das Potenzial haben, die Welt ein kleines Stückchen besser zu machen, ihre Chance bekommen.

In all diesen und noch vielen, vielen weiteren Momenten geht mein Herz auf, und ich weiß, wofür ich – im Zweifel auch mal wieder um 4:30 Uhr – aufgestanden bin.

Und daher freue ich mich – und ich bin mir ganz sicher, dass ich hier auch für jeden anderen aus der Löwenfamilie spreche – wir freuen uns nach wie vor über jede Mail mit einem kleinen Dankeschön von GründerInnen, mit denen wir gearbeitet haben. Denn diesen mutigen Menschen, die es gewagt haben, sich und vor allem ihr Business der vollen Kritik der erfahrenen Löwen und der breiten Öffentlichkeit zu stellen, geholfen zu haben, ist nach wie vor etwas ganz Besonderes.

Abschließen möchte ich daher auch mit meinem Lieblingszitat aus der Sendung, das so schön den unternehmerischen Mut ehrt:

Dr. Georg Kofler: »Unternehmertum hat eben auch was mit Mut zu tun. Wisst ihr, was Mut ist? Mut ist zu springen, während die anderen noch die Hosen voll haben.«[313]

Mit diesem Buch bin auch ich gesprungen. Denn was hier drinsteht, ist mein Wissen, meine Arbeit, die ich möglichst vielen Menschen zugänglich machen wollte. Denn wenn nur eine Gründerin oder ein Gründer neue Inspiration findet, nur ein Zuschauer oder eine Zuschauerin sein/ihr Herz für UnternehmerInnen – oder sogar das Unternehmertum – entdeckt, dann war es das sicherlich wert.

Aber wie das so ist in der Startup-Welt: Auf die großen Themen folgen die kleinen, auf das unbezahlbare Gefühl eines abgeschlossenen Projekts oder einer Mammutaufgabe das operative Tagesgeschäft. Und das ist gut so. Ich will meine GründerInnen schließlich nicht warten lassen.

Denn: Neue GründerInnen braucht das Land!

Danksagung

Mein erster Dank gilt meiner Lektorin Antje, die mir unermüdlich und scheinbar zu fast jeder Tages- und Nachtzeit zur Seite stand, nicht nur fachlich, sondern das ein oder andere Mal sehr beruhigend und mit all ihrer Erfahrung. Gerade als Erstautorin bin ich unglaublich dankbar, eine solche Expertin an meiner Seite gehabt zu haben. Danke, dass du so viel mehr gemacht hast, als man erwarten darf!

Und dann natürlich Thomas, auf dessen Grundidee das Konzept dieses Buches beruht und ohne den es so wohl nie entstanden wäre. Darüber hinaus warst du über zahlreiche – je nach Pandemiephase – Essen, Coffee-to-go-Spaziergänge und Kurznachrichten mein größter Kritiker und Input-Geber, wie auch eigentlich immer schon bei allen meinen Startup- und Berateraktivitäten. Danke, dass ich auch dieses Mal wieder auf deine Expertise, deine Erfahrung und deinen Einfallsreichtum setzen durfte!

Eine riesige Unterstützung bei der Recherche war meine Mitarbeiterin Alina, die mittlerweile fraglos ein wandelndes DHDL-Lexikon darstellt. Danke fürs völlig beschwerdelose wieder und wieder Anschauen von Folgen, Pitches, eine schier unermüdliche Recherche und ganz viel Probelesen!

Danke an meinen besten Vater der Welt, der nicht nur viel Input und ebenfalls Recherchehilfe geleistet hat, sondern vor allem eine moralische Unterstützung und so unzählige »Du machst das schon« geliefert hat, wie es sich eine Tochter nur wünschen kann.

Danke an meinen großartigen Freund Jesco, der mir von Tipps zum richtigen Schreibprogramm bis Feedback zu Schreibstil, Wording, Ton etc. unglaublich viel mitgegeben hat, was sich als wertvoll oder zeitsparend herausgestellt hat. Und nebenbei das Autorenfoto verantwortet hat. Danke aber vor allem für deine moralische Unterstützung, deinen Rückhalt, deine Ermutigung, deinen Trost, deine unerschütterliche Geduld mit mir oder auch mal eine Ablenkung, und vor allem dafür, dass du auf magische Weise immer zu wissen schienst, was genau ich gerade brauchte!

Danke an Mirek und Tobias von der Sony, die sich meine Idee nicht nur unvoreingenommen angehört haben, sondern sie auch praktisch von Anfang an unterstützt haben. Einen speziellen Dank auch noch einmal an Mirek, der unermüdlich Input zum Inhalt geliefert und maßgeblich die Koordination des ganzen Projekts unterstützt hat. Einen Riesendank für die unzählige Zeit und dein Engagement, das du in dieses Projekt gesteckt hast!

Danke an Johannes und Gianna von der Penguin Random House Verlagsgruppe, die ebenfalls schon sehr früh an das Projekt geglaubt haben. Ich bin wirklich sehr dankbar für die überaus angenehme Zusammenarbeit!

Danke an Linn von der Sony für die vielen Jahre vertrauensvoller Zusammenarbeit! Wahrscheinlich war es genau diese, die mich dazu inspiriert hat, meine Erfahrungen aus der Arbeit für DHDL zu verdichten und mehr Menschen zugänglich zu machen.

Und natürlich darf auch ein Riesendank an die HauptdarstellerInnen dieses Buches nicht fehlen: die Löwen! An dieser Stelle also ein ganz großes Dankeschön an die Löwen und ihre Teams, dafür, dass sie mir ihre Investmenthöhlen ein Stück öffneten, mir ihre Sichtweisen und Ziele, ihre Erfahrungen und Entscheidungen erläuterten und ausführliches Feedback zu den von mir erstellten Profilen gaben. Ich bin unglaublich dankbar, einer der wohl sehr wenigen Menschen zu sein, der die Chance hatte, all diese Informationen aus erster Hand zu bekommen!

Danke an Christiane und Andrea von der Sony, dass ihr euch damals entschieden habt, mich Teil der Löwenfamilie werden zu lassen! Und natürlich ebenso für die tolle Zusammenarbeit über all die Jahre! Die Arbeit für »Die Höhle der Löwen« hat mich nicht nur fachlich, sondern auch persönlich extrem reifen lassen, und das hält immer noch an (und macht auch immer noch wahnsinnig Spaß)!

Danke an Phillip von der Sony, der besonders in der frühen Phase viel Input und Feedback zu den ersten Profilen gegeben hat. Und natürlich ebenfalls für die tolle, nun schon jahrelange Zusammenarbeit!

Danke an abermals Linn sowie an Tim und Anika, stellvertretend für die gesamte Redaktion der Sony, und alle, die in den letzten fünf Jahren einmal Teil davon waren! Danke für die tolle Zusammenarbeit, aus der gerade in den letzten Jahren viele Inspirationen für dieses Buch gekommen sind!

Danke an Astrid von der Sony, dass du dieses großartige Format ins deutsche Fernsehen gebracht hast. Nicht nur ich würde es sonst sehr vermissen!

Und generell gilt mein Dank allen Sony- und Vox-Mitarbeitern sowie allen »Freien«, die ich im Rahmen von »Die Höhle der Löwen« kennenlernen und mit denen ich arbeiten durfte. Ich hoffe, ihr seid mir nicht böse, dass ich euch nicht alle namentlich aufzähle! Seid gewiss, ich bin sehr dankbar, dass ich euch kennenlernen durfte!

Danke an Sylvia und die AdAlliance für die Unterstützung des Vorhabens praktisch von Anfang an.

Danke an Micha von Stickerstars für das ausführliche Update und dass er mit seinem Team ein Geschäftsmodell entwickelt hat, das schon seit einigen Jahren als ein solch spannendes Modell in meinen Hochschulvorlesungen herhalten muss! Danke auch an alle anderen GründerInnen, die mir nach DHDL immer noch mal ein Update geben, wie es ihnen ergangen ist, ich hätte euch am liebsten alle im Buch aufgenommen!

Danke an Axel, Frederic, Christian und alle anderen, die mir Input bei meiner Recherche zu einzelnen Themen geliefert und einem meiner zahlreichen Aufrufe nach Informationen gefolgt sind, auch wenn ich gar nicht alles verarbeiten konnte!

Danke an Alexander von deutsche-startups.de, der mir die Gelegenheit gab, erst so richtig mit dem Schreiben über mein Fachgebiet und DHDL anzufangen. Die zahlreichen Artikel, die ich auf eurer Plattform veröffentlichen durfte, haben mir so viele Möglichkeiten gegeben, mich auszuprobieren und Feedback von der Szene zu erhalten, dass hier wohl der Grundstock gelegt wurde, damit ich mir ein Buch überhaupt zutraue.

Danke an Veronika, die mir nicht böse war, dass so einige Treffen diesem Buch zum Opfer gefallen sind, und die sogar im Urlaub klaglos schon einmal vorgegangen ist zum Strand. Wein?

Und natürlich geht ein Riesendank an alle meine KundInnen, PartnerInnen, UnterstützerInnen und FreundInnen, insbesondere der letzten Jahre. Viele von euch haben mich schon lange darin bestärkt, mein Wissen endlich mal in Buchform zu gießen. Ein großes Sorry, dass es so lange gedauert hat!

Endnoten

1 M&A steht für Mergers and Acquisitions, also Prozesse, in denen entweder zwei Unternehmen zusammengeführt werden (=mergen) oder ein Unternehmen ein anderes kauft.

2 Methodologie von Eric Ries, genauer wird das im ersten Kapitel erklärt.

3 Sinngemäß, die Begründung ist, wer nicht in der Lage ist, ein Netzwerk bis zu ihm aufzubauen, ist auch nicht in der Lage, das nötige Netzwerk aufzubauen, das ein Unternehmen zum Erfolg braucht: https://www.cnbc.com/2017/07/13/marc-andreessen-advice-for-start-up-founders.html

4 Mehr Informationen z. B. unter: https://www.deutsche-startups.de/lexikon/due-diligence/

5 Staffel 5, Folge 8

6 Beim Pitch von Pazls nach Erörterung ihrer geplanten Vertriebswege. Staffel 5, Folge 2

7 Grundlage für diesen oft genannten Umstand ist eine Arbeit des Psychologen Prof. Albert Mehrabian, z. B. https://www.der-rhetoriktrainer.de/blog/nonverbale-kommunikation-das-mehrabian-missverstandnis/

8 Ruth Cremer: »richtiggutbewerben.de: Wie viele Drogenwitze verträgt ein Pitch«, https://www.deutsche-startups.de/2020/09/15/richtiggutbewerben-drogen/

9 Pitch von Zasta, Staffel 9, Folge 5

10 Beim Pitch von werksta.tt, Staffel 9, Folge 4

11 Staffel 9, Folge 5

12 Mehr zu dieser Thematik gibt es in Kapitel 2 »Wie Investoren das Geschäftsmodell checken«.

13 In Deutschland sind nur knapp 16 Prozent aller GründerInnen weiblich: https://www.businessinsider.de/gruenderszene/business/female-founders-monitor/, eine ältere Quelle hat es auch einmal verglichen: https://www.merkur.de/leben/geld/hoehle-loewen-vox-viele-deals-sind-dhdl-wirklich-geplatzt-zr-10770150.html

14 »A Startup is a human institution designed to deliver a new product or service under conditions of extreme uncertainty.« http://www.startuplessonslearned.com/2010/06/what-is-Startup.html

15 Osterwalder & Pigneur: »Business Model Generation«

16 Beschrieben im Buch von Erik Ries: »Lean Startup«

17 »Fail fast, fail cheap«, vgl. https://www.inc.com/jim-schleckser/how-to-fail-early-fail-cheap.html oder auch: https://unternehmer.de/management-people-skills/164450-innovationsmanagement-von-morgen-interview

18 https://www.prisma.de/news/Carsten-Maschmeyer-In-Deutschland-hat-man-Angst-Fehler-zu-machen,17452461

19 Staffel 5, Folge 4

20 Basierend auf Eric Ries: »Lean Startup«

21 Auf die anderen gehe ich später noch ein.

22 Den unterschiedlichen Unternehmensformen widme ich mich später noch im Detail, an dieser Stelle reicht es, sich zu merken, dass es sich um eine sog. Kapitalgesellschaft handeln muss.

23 Der vorgestellte Mechanismus ist nicht unbedingt ein üblicher, aber einfach nachzuvollziehen. Einen Überblick üblicher Methoden findet man z.B. hier: https://capmatcher.com/verwaesserungsschutz-down round-protection-startup-investor/

24 hier gibt es natürlich verschiedene Möglichkeiten, und man ist hier völlig frei in der Gestaltung.

25 Staffel 8, Folge 3

26 https://t3n.de/news/online-gruenden-estland-paradies-689222/

27 Details und Kriterien z. B. hier: https://www.lohi.de/news/article/privatverkauf-im-internet-wo-sind-die-steuerlichen-grenzen.html

28 vgl. https://www.gruenderkueche.de/fachartikel/unternehmensformen-im-ueberblick/

29 vgl. https://www.fuer-gruender.de/wissen/existenzgruendung-planen/recht-und-steuern/rechtsform/gbr-gruenden/

30 vgl. https://www.gruenderkueche.de/fachartikel/unternehmensformen-im-ueberblick/

31 vgl. https://gruenderplattform.de/rechtsformen/eingetragener-kaufmann

32 vgl. https://www.ionos.de/startupguide/gruendung/rechtsformen-fuer-den-onlineshop/

33 Mehr Infos zur Haftung z. B. hier: https://www.starting-up.de/recht/unternehmerhaftung/privatvermoegen-schuetzen.html

34 Versuch einer Visualisierung, so stelle ich es mir vor, um mir die Unterschiede zu verdeutlichen.

35 Hier gibt es allerdings einiges zu beachten, vgl. z. B. https://www.deubner-steuern.de/themen/gmbh-gruendung/sachgruendung-gmbh.html

36 vgl. https://va-ra.com/gruendungskosten-bei-gmbh-und-ug-wer-zahlt-was/

37 Mehr dazu und worauf man achten muss: z. B. unter https://www.fuer-gruender.de/wissen/unternehmen-gruenden/unternehmen-anmelden/handelsregister/achtung-abzocke/

38 z. B. Zalando, vgl. https://www.businessinsider.de/gruenderszene/allgemein/zalando-aktiengesellschaft-ag/

39 Ein paar grundsätzliche Infos und einen Vergleich zur deutschen GmbH gibt es z. B. hier: https://www.handelskammerjournal.ch/de/deutsche-gmbh-oder-schweizer

40 vgl. https://www.unternehmenswelt.de/gmbh-und-co-kg.html

41 https://www.gruenderkueche.de/fachartikel/unternehmensformen-im-ueberblick/

42 vgl. https://www.fuer-gruender.de/wissen/existenzgruendung-planen/recht-und-steuern/rechtsform/

43 vgl. https://www.buchhaltungsbutler.de/umwandlung-ug-gmbh/

44 vgl. https://www.urheberrecht.de/nutzungsrecht/

45 vgl. https://wirtschaftslexikon.gabler.de/definition/lizenz-38383

46 Ein Statement des Gründers dazu findet sich z. B. unter: https://www.dhdl.info/gruender/aspira-clip/

47 Details dazu z. B. hier: https://www.obladen-gaessler.de/markenrechtsverletzung/

48 Eine detailliertere Diskussion dazu findet sich unter: https://www.deutsche-startups.de/2020/10/20/nui-cosmetics-markenaufbau/

49 Mehr Details zum Designschutz z. B. unter: https://www.ra-plutte.de/designschutz/

50 https://www.bluepatent.com/de/faq/gebrauchsmuster_auf_patent_erweitern

51 Kosten im Detail z. B. auf: https://legal-patent.com/patentrecht/was-kostet-eine-patentanmeldung/

52 https://www.businessinsider.de/gruenderszene/media/dhdl-cblash-deal-geplatzt/?interstitial_click/

53 Details zum Schutz von Software findet man z. B. hier: https://www.embedded-software-engineering.de/wie-laesst-sich-software-schuetzen-praxisleitfaden-zu-patenten-und-ip-schutz-a-928424/
mehr zur Offenlegung z. B. hier: https://www.dpma.de/patente/anmeldung/index.html

54 Hier findet man eine ausführliche Anleitung, wann Rezepte überhaupt schützbar sind: https://de.wikihow.com/Ein-Rezept-patentieren

55 vgl. https://www.res-media.net/faq-zum-urheberrecht-fuer-unternehmen/

56 Natürlich gibt es auch hier Sonderfälle und Ausnahmen.

57 vgl. https://www.diemarkenrechtler.de/Markenrecht/Schutzrechte-IP-/schutzrechte-ip-.html

58 z. B. unter: https://www.urheberrecht.de

59 vgl. auch https://www.vc-magazin.de/blog/2020/01/16/patente-die-core-assets-von-start-ups-und-unternehmen/, allerdings mit einer sehr kritischen Betrachtung

60 Staffel 5, Folge 2

61 Staffel 6, Folge 4

62 Mehr Informationen unter: https://www.bfarm.de/DE/Medizinprodukte/Aufgaben/DiGA/_node.html

63 Staffel 9, Folge 6, allerdings war die Eintragung hier noch nicht erreicht worden.

64 Zwar nicht gerade neu, aber immer noch ein Überblick: https://www.businessinsider.de/gruenderszene/allgemein/oeffentliche-foerdermittel-startups/

65 Eine ganz gute Übersicht bietet: https://gruenderplattform.de/entrepreneur/ausgruendung-aus-der-hochschule

66 z. B. hier: https://gruenderplattform.de/finanzierung-und-foerderung/finanzierung-finden/finanzierungsmoeglichkeiten/crowdinvesting oder https://www.bafin.de/SharedDocs/Veroeffentlichungen/DE/Fachartikel/2014/fa_bj_1406_crowdfunding.html

67 vgl. https://www.deutsche-startups.de/2021/09/28/stur-crowdfunding-bewertung/

68 Staffel 5, Folge 5

69 Details hierzu noch in Kapitel 4

70 Staffel 5, Folge 6

71 vgl. https://www.deutsche-startups.de/2016/04/04/holdingstrukturen-auch-fuer-start-ups-geeignet/

72 vgl. https://www.brennecke-rechtsanwaelte.de/Das-Recht-der-GmbH--Teil-25--Gesellschafterversammlung-Zeitpunkt-der-Einberufung-Verzicht-auf-Ladung-Frist-und-Form_211156

73 vgl. https://www.firma.de/firmengruendung/die-gmbh-gesellschafterversammlung-das-muessen-sie-wissen/

74 Staffel 7, Folge 1

75 vgl. https://cf-mb.de/news/aktuell-details/der-exit-wie-kann-ich-meine-anteile-zu-geld-machen

76 Staffel 5, Folge 9

77 Staffel 6, Folge 1

78 Man merke sich diesen bekannten Szenespruch gerne, ich komme noch ein paarmal darauf zurück.

79 https://rp-online.de/nrw/staedte/kreis-heinsberg/sport/max-rongen-erkelenz-ist-fitnesstrainer-ernaehrungsberater-und-jungunternehmer_aid-47179377

80 Staffel 6, Folge 9

81 Beim Pitch von klang^2, Staffel 8, Folge 4

82 Details zu diesem Fall hier: https://www.deutsche-startups.de/2021/04/27/steadify-zahlen-dhdl/

83 Zu finden in: Sheryl Sandberg, Lean In: Women, Work, and the Will to Lead

84 vgl. https://arbeits-abc.de/flache-hierarchien/

85 Beim Pitch von Steadify, Staffel 9, Folge 6

86 Sehr schön auf den Punkt gebracht hier: http://math.space.or.at/presse/zugbruecke.html
87 Staffel 10, Folge 6
88 Staffel 9, Folge 12
89 Staffel 9, Folge 11
90 Staffel 10, Folge 1
91 Details zum Fall Lambus auch: https://www.deutsche-startups.de/2021/06/02/lambus-silicon-valley-startup/
92 Staffel 8, Folge 1
93 Staffel 8, Folge 1
94 Staffel 9, Folge 4; https://www.n-tv.de/leute/tv/Daten-sind-das-neue-Ol--article22484660.html
95 Staffel 7, Folge 3
96 Beim Pitch von Rost Delete: Staffel 7, Folge 1
97 Beim Pitch von Flapgrip, Staffel 8, Folge 1
98 Beim Pitch von Trinity, Staffel 5, Folge 2
99 Wer das Thema noch etwas vertiefen will, liest gerne hier nach: https://www.deutsche-startups.de/2018/09/07/irrglauben-finanzplanung/
100 Vgl. https://www.youtube.com/watch?v=tgtD0w5i0B4
101 Details auch hier: https://www.deutsche-startups.de/2019/09/19/stickerstars-hockeystick-fehlt/
102 https://wedding.stickerstars.de/produkt
103 https://business.stickerstars.de/produkt
104 https://www.ycombinator.com
105 https://www.techstars.com
106 RBVC strebt zum Beispiel kommerzielle Kooperationen an und will auch aktiv dabei helfen, solche zu etablieren: https://www.rbvc.com/investment-strategy/
107 https://www.dmsfactory.com/glossar-b2b-b2c-b2g/
108 https://trello.com
109 https://slack.com/intl/de-de/
110 https://atomico.com
111 https://www.statkraftventures.com
112 Details folgen natürlich in Nicos Profil.
113 https://www.auxxo.de/catalysts
114 Zahlen zum Thema z. B. hier: https://www.starting-up.de/news/wettbewerbe-initiativen-studien/vcs-for-female-founders.html

115 Staffel 9, Folge 7
116 Staffel 8, Folge 2
117 Mehr findet sich dazu z. B. hier: https://www.roedl.de/themen/startup-esops-vsops-personal-mitarbeiter
118 Staffel 2, Folge 6
119 https://wirtschaftslexikon.gabler.de/definition/blue-ocean-strategie-120549
120 https://www.emanuel-woehrl-stiftung.de
121 https://www.spiegel.de/wirtschaft/unternehmen/air-berlin-unternehmer-hans-rudolf-woehrl-hat-angebot-fuer-airline-abgegeben-a-1163522.html
122 Staffel 4, Folge 7
123 https://introverwaltung.de/intro-invest-gmbh/
124 https://www.deutsche-startups.de/2017/08/15/neu-loewin-dagmar-woehrl/
125 Angebote im Verhältnis zu Pitches, bei denen sie dabei war
126 Beitrag »Wiederbesuch Grace« in Staffel 5 Folge 5
127 Staffel 5, Folge 9
128 Staffel 5, Folge 8
129 Staffel 6, Folge 4
130 Staffel 4, Folge 3
131 Staffel 5, Folge 2
132 Staffel 4, Folge 11
133 https://www.dagmar-woehrl.consulting/top-magazin-frankfurt-19-04-2021/
134 https://www.augsburger-allgemeine.de/wirtschaft/Die-Hoehle-der-Loewen-Dagmar-Woehrl-Den-Acht-Stunden-Tag-koennen-Gruender-vergessen-id42582086.html
135 Staffel 8, Folge 1
136 https://www.infranken.de/lk/nuernberg/hoehle-der-loewen-dagmar-woehrl-ueber-geschaeftsideen-politik-und-auftreten-art-2868814
137 Staffel 9, Folge 8
138 Staffel 9, Folge 6
139 https://www.dagmar-woehrl.consulting/beraten/
140 Podcast »Go Girl, go!« von Judith Williams, Folge 7
141 vgl. https://www.stern.de/wirtschaft/die-hoehle-der-loewen/nils-glagau-im-interview--als-der-dhdl-juror-im-kloster-lebte-8850826.html

142 Weitere Informationen zu Holdings gibt es im Kasten in Kapitel 2.
143 https://isaac-nutrition.de
144 https://www.nils-glagau.de
145 https://www.wirtschaftsforum.de/interviews/wir-sind-fuer-die-gruender-mehr-als-nur-ein-investor
146 Staffel 8, Folge 4
147 Staffel 9, Folge 10
148 Staffel 9, Folge 3
149 Im persönlichen Gespräch
150 Staffel 9, Folge 2
151 Steht für den deutschsprachigen Raum Deutschland, Österreich (Austria) und die Schweiz (Confoederatio Helvetica)
152 Wiederbesuch in Staffel 10, Folge 6
153 https://www.prisma.de/news/Nils-Glagau-Das-ist-der-neue-in-der-Hoehle-der-Loewen,24466636
154 Anzahl der Angebote im Verhältnis zur Anzahl der Fälle, in denen der Löwe überhaupt anwesend war. Also wie oft er ein Angebot machte, wenn er dabei war.
155 Im persönlichen Gespräch
156 Staffel 10, Folge 6
157 Staffel 9, Folge 7
158 Staffel 10, Folge 1
159 Staffel 6, Folge 5
160 vgl. https://www.tvspielfilm.de/news/stars/exklusiv-zu-die-hoehle-der-loewen-nils-glagau-verraet-uns-den-perfekten-pitch,9947843,ApplicationArticle.html
161 Staffel 10, Folge 8
162 https://www.businessinsider.de/gruenderszene/allgemein/gast-investor-dhdl-georg-kofler/
163 https://www.vip.de/cms/die-hoehle-der-loewen-ohne-judith-williams-deshalb-vertrat-dr-georg-kofler-sie-4127711.html
164 https://www.businessinsider.de/gruenderszene/allgemein/gast-investor-dhdl-georg-kofler/
165 OMR-Podcast, Folge 386
166 https://www.gpbrokers.ch/7cvy9xlb/6cc153-social-chain-group-münchen-adresse

167 Klemens Handke: Hertha-Investor Windhorst holt Höhle-der-Löwen-Juror Georg Kofler in den Aufsichtsrat. In: Business Insider. 11. Februar 2021, abgerufen am 28. September 2021

168 https://www.wiwo.de/unternehmen/dienstleister/die-hoehle-der-loewen-darum-macht-georg-kofler-jagd-auf-start-ups/22974306.html

169 Georg über die Zusammenarbeit der unterschiedlichen Unternehmen innerhalb der Social Chain bei den Verhandlungen mit Werksta.tt, Staffel 9, Folge 4

170 Medienmitteilung der Social Chain AG vom 13.09.2018

171 https://entirely.media/marketing/business-news/uk/north-west/manchester/social-media-marketing-agency-social-chain-raises-2-million-investment4811

172 https://www.socialchain.com/en/articles/georg-kofler-wird-hauptaktionaer-und-vorstandschef-der-social-chain-group-ag

173 Hier noch ohne die DS Gruppe

174 Beim Pitch von TwerXout, Staffel 5, Folge 4

175 Staffel 10, Folge 4

176 Pfannenhelden.de

177 Staffel 9, Folge 4

178 Staffel 5, Folge 6

179 Staffel 5, Folge 8

180 Staffel 8, Folge 2

181 Staffel 5, Folge 8

182 Beim Pitch von GoLeygo, Staffel 5, Folge 5

183 Staffel 6, Folge 4

184 Staffel 6, Folge 4

185 Staffel 8, Folge 5

186 https://www.socialchain.com/articles/nachhaltiges-startup-vytal-zurueck-in-der-hoehle-der-loewen

187 u. a. Paudar, Ein Stück Land, Bideo und werksta.tt

188 z. B. Maybrit Illner mit Robert Habeck und Peter Altmaier

189 https://www.deutsche-startups.de/2020/09/08/vly-hype-bewertung/

190 vgl. https://www.deutsche-startups.de/2020/09/29/vytal-bewertung-dhdl/

191 https://brutkasten.com/georg-kofler-dhdl-interview/

192 Zu Judith Williams beim Pitch von Vytal, Staffel 8, Folge 5

193 Staffel 8, Folge 5

194 Staffel 9, Folge 12
195 Im persönlichen Gespräch
196 https://brutkasten.com/georg-kofler-dhdl-interview/
197 Staffel 6, Folge 1
198 Staffel 5, Folge 4
199 Staffel 5, Folge 4
200 Finanzguru in Staffel 7, Folge 4
201 Staffel 8, Folge 6
202 https://www.welt.de/wirtschaft/article216108578/Ranking-2020-Das-sind-die-1000-reichsten-Deutschen-Exklusive-Liste.html
203 »Die Millionärsformel – Der Weg zur finanziellen Unabhängigkeit«, »Selfmade – Die Erfolgsformel«, »Die sechs Elemente des Erfolgs – Souverändern Sie Ihr Leben« auf https://carsten-maschmeyer.de
204 https://www.alstin1.de/index.html#portfolio
205 »Maschmeyer erwägt Öffnung seiner Fonds«, Artikel im Handelsblatt vom 12.2.2021
206 https://carsten-maschmeyer.de
207 https://www.alstincapital.de
208 https://www.alstincapital.de/#home
209 https://www.seedandspeed.com/about-us#investmentfocus
210 https://www.mgv.vc/about
211 https://brutkasten.com/carsten-maschmeyer-dhdl-achte-staffel-interview/
212 bzw. dem seiner Familie
213 »Maschmeyer erwägt Öffnung seiner Fonds«, Artikel im Handelsblatt vom 12.2.2021
214 »Maschmeyer erwägt Öffnung seiner Fonds«, Artikel im Handelsblatt vom 12.2.2021
215 Beim Pitch von »Der wachsende Kalender«: Staffel 9, Folge 7
216 Staffel 9, Folge 11
217 Staffel 5, Folge 6
218 Staffel 5, Folge 5
219 Staffel 5, Folge 8
220 Staffel 9, Folge 5
221 https://www.capital.de/karriere/ex-rennfahrer-nico-rosberg-65473
222 https://www.theguardian.com/sport/2021/mar/31/nico-rosberg-to-do-good-you-need-to-get-out-there-you-cant-sit-in-a-cave

223 https://what3words.com/de/about-us/
224 https://thoughteconomics.com/nico-rosberg/
225 https://www.business-punk.com/2019/05/rosberg-gruender-wirds-nicht/2/
226 https://greentechfestival.com/london/
227 https://e-formel.de/extreme-e/allgemeine-informationen.html
228 https://www.rosbergxracing.com/about
229 https://thoughteconomics.com/nico-rosberg/
230 https://thoughteconomics.com/nico-rosberg/
231 https://www.greenwindowagency.de
232 https://www.futurepositivecapital.com
233 Staffel 8, Folge 8
234 Staffel 10, Folge 2
235 Staffel 9, Folge 1
236 https://unric.org/de/17ziele/
237 https://www.dhdl.info/loewen/nico-rosberg/
238 https://www.businessinsider.de/gruenderszene/business/nico-rosberg-dhdl-loewe-investor-interview/
239 https://www.capital.de/karriere/ex-rennfahrer-nico-rosberg-65473
240 https://www.forbes.com/sites/alexwood/2019/06/07/life-in-the-fast-lane-with-nico-rosberg/?sh=13f287175ab0
241 Staffel 9, Folge 9
242 www.businessinsider.de/gruenderszene/business/nico-rosberg-dhdl-loewe-investor-interview/
243 https://www.businessinsider.de/gruenderszene/business/nico-rosberg-dhdl-loewe-investor-interview/
244 https://www.businessinsider.de/gruenderszene/business/nico-rosberg-dhdl-loewe-investor-interview/
245 »Vom Ruhestörer zu Möbel Kraft« – Special Edition Hamburger Abendblatt
246 bis einschließlich Staffel 10
247 https://www.basicthinking.de/blog/2021/10/25/ralf-duemmel-interview-dhdl-jubilaeum/
248 »Die Entdeckung des Löwen«, Special Edition Hamburger Abendblatt
249 OMR-Podcast #61
250 Staffel 9, Folge 1 beim Pitch von BenetoFoods
251 Staffel 5, Folge 10

252 Special Edition Hamburger Abendblatt – S. 62
253 s. Kapitel 2
254 zum Thema rechtliche Auseinandersetzungen vgl. Kapitel 2
255 s. Kapitel 2
256 Staffel 5, Folge 4
257 Staffel 4, Folge 7
258 Staffel 3, Folge 2
259 Wiederbesuch Staffel 10, Folge 7
260 Staffel 5, Folge 6 beim Pitch von Pook
261 https://www.stern.de/lifestyle/leute/ralf-duemmel-ein-loewe-verlaesst-im-tv-stinksauer-das-studio-30716700.html
262 laut https://de.style.yahoo.com/markus-lanz-hohle-der-lowen-investor-schwarmt-von-klopapier-092359641.html bei Markus Lanz
263 Wiederbesuch in Staffel 9, Folge 3
264 Ein Beispiel ist in-trading, wo es um das Bedienen von Onlinemarktplätzen geht. Hier war die DS Gruppe erst Kunde, dann Investor. Mittlerweile gehört es sogar zur Gruppe.
265 Staffel 9, Folge 6 beim Pitch von aumio
266 OMR Podcast, Folge 61
267 Staffel 7, Folge 1
268 Staffel 7, Folge 4
269 Staffel 8, Folge 3
270 Staffel 5, Folge 6
271 Podcast »Beauty & Beyond«, Folge vom 5.2.2021
272 vgl. zum Beispiel https://www.handelsblatt.com/karriere/kein-geld-fuer-gruenderinnen-frauen-haben-es-in-der-start-up-welt-immer-noch-schwer/25967820.html?ticket=ST-129571-7VMyqsAjTvP2mtlWBcHM-cas01.example.org
273 Pressemitteilung vom 19.10.2020, über https://www.judithwilliams.com/pages/pressemitteilung
274 https://www.onlinehaendler-news.de/online-handel/haendler/29808-dhdl-investorin-judith-williams-hoehle-loewen
275 https://t3n.de/news/dhdl-startup-frank-thelen-little-lunch-1328613/
276 https://www.focus.de/finanzen/nahrungsergaenzungsmittel-hersteller-hoehle-der-loewen-millionen-deal-fuer-judith-williams-und-start-up-bitterliebe_id_12791735.html
277 Zum Gründer von »Mellow Noir«, Staffel 9, Folge 9

278 Details und Tipps dazu gibt es in Kapitel 1, ein paar Zusatztipps stelle ich regelmäßig hier zur Verfügung: https://www.youtube.com/channel/UCY1XQUyOHPsnzKIeC9Vd_bA

279 Staffel 5, Folge 11

280 Beim Pitch von Volatiles, Staffel 5, Folge 1

281 https://www.controllingportal.de/Fachinfo/Unternehmensbewertg/Ertragswertverfahren.html

282 Vor allem IDW S 1, erwähnt zum Beispiel in einem Artikel von zwei Steuerberatern in Startup Valley, Ausgabe 03/2019

283 https://wirtschaftslexikon.gabler.de/definition/discounted-cashflow-verfahren-54535

284 https://sumup.de/rechnungen/lexikon/cashflow/

285 Eine sehr ausführliche Erklärung gibt es hier: https://www.digitalbusinessmodelling.com/post/vc-methode-für-start-up-bewertungen-am-beispiel-airbnb

286 Ein paar mehr Details, aber trotzdem mit verständlichen Erklärungen gibt es z. B. hier: https://www.companisto.com/de/academy/recht-steuern-und-hilfsthemen/unternehmensbewertung

287 Für Spezialisten: Ich habe mich hier vor allem auf Verfahren der Bruttokapitalisierung konzentriert, da man mit der Nettokapitalisierung wieder sehr nah am Ertragswertverfahren ist.

288 Den ich leider frei erfunden habe und der auch nur der Illustration dienen soll, sämtliche Ähnlichkeiten mit real existierenden Unternehmen sind rein zufällig.

289 Staffel 9, Folge 9

290 Staffel 5, Folge 4

291 Staffel 9, Folge 1

292 Staffel 7, Folge 6

293 Multiples werden gerne stark gerundet. Die Umsätze der Shops liegen für mein Beispiel bei 200 000 Euro sowie circa 75 000 Euro, siehe Abbildung 31.

294 Dies ist nur eine Möglichkeit von vielen, die ich gerne verwende. Mehr Details, gerade auch zur Faktorenauswahl, gibt es z. B. hier: https://startup-finanzieren.com/qualitative-startup-bewertung/

295 In dem Beispiel gibt es – mit Absicht – einige Ansatzpunkte für Diskussionen, wer also ein wenig üben will, ist herzlich eingeladen, das Ganze einmal gründlich auf links zu drehen!

296 Damit ist gemeint, wie viele potenzielle Kunden es gibt, mit denen man bereits in Kontakt ist. Hier ist der Punkt, an dem die fast abgeschlossenen Verträge auch ihren Wert bekommen!

297 siehe Kapitel 2 für den detaillierten Funnel-Aufbau

298 In Kapitel 1 ist alles auch noch mit Beispiel erklärt, hier nur ein kurzer Recap.

299 siehe z. B.: https://www.glns.de/aktuelles/newsletter/2016/venturecapitalexit/

300 Staffel 5, Folge 6

301 Noch mal zur Erinnerung, in Kapitel 2 wurde dies noch in einem etwas anderen Zusammenhang erwähnt.

302 Staffel 5, Folge 1

303 Beim Pitch von Forest Gum, Staffel 8, Folge 4

304 Der Ursprung dieses Spruchs geht wohl auf den römischen Dichter Publilius Syrus (um 50 v. Chr.) zurück, vgl. https://www.brandeins.de/corporate-publishing/mck-wissen/mck-wissen-pricing/definitionen-und-zitate

305 Die wie immer auch eher »Work-in-Progress« ist ;-)

306 In diesem Beispiel setzt das allerdings voraus, dass man bereits verstanden hat, was die andere Seite unter einem »kleinen Markt« überhaupt versteht!

307 https://www.stern.de/wirtschaft/zehn-jahre-airbnb--von-der-luftmatratze-zum-tourismus-giganten-8199606.html

308 https://www.prisma.de/news/Die-Hoehle-der-Loewen-2018-Judith-Williams-spricht-ueber-die-5.-Staffel,19631297

309 Staffel 9, Folge 6

310 Justus von Werksta.tt, Staffel 9, Folge 4

311 Beim Pitch von CAPS, Staffel 5, Folge 11

312 im Fall von Sleeperoo, Staffel 5, Folge 4

313 Beim Pitch von The Makery, Staffel 9, Folge 10

Register

3Bears 255

Abflussfee 238, 243
Absagegründe 149, 262 f., 269 f.
– Carsten Maschmeyer 207 ff.
– Dagmar Wöhrl 158 f., 161
– Georg Kofler 188 f.
– Judith Williams 253
– Nico Rosberg 226, 228
– Ralf Dümmel 240 f., 243, 308
Accelerator 134, 140, 144
AER 175
AG siehe Aktiengesellschaft
ajuma 143, 174
Aktiengesellschaft 72
ALSTIN Capital 202
Andreessen, Marc 19
Angel siehe Business Angel
Ankerkraut 109
Anteilsverteilung, Fragen zur 97 ff.
ArtNight 194
aspUraclip 79, 235
aumio 87, 325

B'n'Tree 252
B2B siehe Business to Business
B2C siehe Business to Customer
B2G siehe Business to Government
Balanced-Scorecard-Methode 278 ff.
Beneto Foods 221, 324
Bewertung 271 ff.
– Berechnungsmethoden 272 ff.
– Downround 287 f.
– Mehrwert des Investors 290 ff.
– Sperrminorität 288 f.
Bewertungsmethoden
– Balanced-Scorecard-Methode 275, 278 ff.
– DCF-Methoden 272, 276 f.
– Ertragswertverfahren 272, 275 f.
– Multiple-Methode 273
– Multiplikator-Methode 273, 277
– VC-Methode 274, 277 f.
– Vergleichsfaktoren 275
– Vervielfachung des gegenwärtigen Jahresumsatzes 273
– zukünftiger Jahresumsatz 273
Bideo 193, 278, 322
Bildmarke, Schutz der 79
BitterLiebe 255
Blue-Ocean-Modelle 149
bootstrapped 53

Bottom-up-Ansatz 121 f.
Bounce-Rate 115
Break-up Fee 65 f.
Build-Measure-Learn-Circle 50 ff.
Business Angel 133, 139 f., 150
Business Model Canvas 47 f.
Business to Business 141
Business to Customer 141
Business to Government 141
Businessplan 20

CAC siehe Customer Acquisition Costs
Calligraphy Cut 256
Cap Table 60 ff.
CAPS 327
Cblash 83
Checklisten
– Anteilsverteilung 97 ff.
– bisherige Finanzierung 88 ff.
– Einschätzung der GründerInnen 107 ff.
– Geschäftsmodell 111 ff.
– Rechte 76 ff.
– Unternehmensform 66 ff.
Classplash 116
CLV siehe Customer Lifetime Value
CO'PS 172
Coffee Colorato 163
Commitment 86
Crowdfunding 94
Crowdinvesting 94
Curaluna 24, 189, 210
CurveSYS 99, 189, 289
Customer Acquisition Costs 114
Customer Lifetime Value 117

D2C siehe Direct to Customer
DaisyGrip 87
Darguner Klostervogt 270
DCF-Methoden 272, 276 f.
DD siehe Due Diligence
Deal, Investmentmodelle 54 ff.
Designschutz 79 f.
Direct to Customer 141
Discounted-Cash-Flow-Methoden siehe DCF-Methoden
Diskontierungsrate 277
Dos and Don'ts Investorengespräche 298 ff.
Downround 59, 287 f.
Downround Protection 59 f., 287 f.
DS Impact 233
Due Diligence 24 ff.
Dümmel, Ralf 30, 231 ff.
Duschbrocken 278

easyBeeBox 170
eatapple 208
eBall 210
Ein Stück Land 109, 270, 322
Einladung zum Pitch 21 f.
Einzelunternehmen 68
ello 197
Empfehlung 19
Employee Stock Option Plan 147
Erstkontakt 19 ff.
Ertragswertverfahren 272, 275 f.
ESOP siehe Employee Stock Option Plan
Event-Pitch 27 ff.
Evertree 170
Exit 55

Family Offices 138, 140, 144
Finanzguru 95, 322
Finanzierungsformen 90 ff.
Finanzplan 20
Firmenbewertung siehe Bewertung
Flapgrip 161, 319
FlowKiss 109
Förderkredite 92
Fördermittel, öffentliche 91 ff.
Forest Gum 327
Fragen siehe Investorenfragen
Free Cash Flows 276
Funnel 115 f.

GbR siehe Gesellschaft bürgerlichen Rechts
Gebrauchsmuster 81
Geistiges Eigentum 77
GentleMonkeys 295
Geschäftsmodell
– Darstellung des 37 f.
– Definition 47 f.
– Fragen zum 111 ff.
– Investor 126 ff.
– Skalierbarkeit 127 ff.
Geschmacksmuster 79
Gesellschaft bürgerlichen Rechts 68
Gesellschaft mit beschränkter Haftung 71
Gesellschafterdarlehen 93
Gesellschafterversammlung 102
gGmbH 73
gitti 45, 117, 211, 356
Glagau, Nils 165 ff.
GmbH siehe Gesellschaft mit beschränkter Haftung
GmbH und Co. KG 73
GoLeygo 322
Gomago 66, 67, 71
Grace Flowerbox 160, 320
Green MNKY 173, 175
GreenBill 163
GründerInnen
– Fragen zu 107 ff.
– gute 111, 119 f.
gUG 73
Gymbutler 244

HappyPo 160
Haselherz 308
HealthMe 174
Hockey Stick 130 f.
Holding 101
Hyconnect 221, 226, 228

iCapio 212
Inkubator 134, 140, 144
Institutioneller Investor 133, 134, 143, 144
Intellectual Property 77
Intellektuelles Eigentum 77
Intro 19
Intro Investment GmbH 164
Investierbarkeit, Fragen zur 66 ff.
Investitionssumme
– bisherige 89
– berechnen 90
Investmentmodelle 54 ff.
Investmentprozess
– Ablauf 19 ff.
– Due Diligence 24 ff.
– Einladung zum Pitch 21 f.
– Erstkontakt 19 ff.
– Investmentmodelle 54 ff.

– Pitch-Strukturen 27 ff.
– Term Sheet 22 ff.
– Unterschiede 26 ff.
– Vergleiche 25 f.
Investoren
– Checklisten der 64 ff.
– Erstkontakt 19 ff.
– Fragen der 66 ff.
– frühere 94 f., 104 ff.
– Geschäftsmodell 126 ff.
– Mehrwert durch 290 ff.
– Profile der 152 ff.
– Risikoaffinität 132 f.
– Sweet Spots 139 ff.
– Typen 133 ff.
– Vorbereitung auf 123 ff.
Investorenbild 124
Investorenfragen
– zu GründerInnen 107 ff.
– zu Rechten 76 ff.
– zum Geschäftsmodell 111 ff.
– zum Team 107 ff.
– zur Anteilsverteilung 97 ff.
– zur Investierbarkeit 66 ff.
– zur Unternehmensform 66 ff.
Investoren-Pitch 28 ff.
Investorenprofile siehe Profile
Investorentypen 133 ff.
– Übersicht 139
IP siehe Intellectual Property
IP-Schutz, Übersicht 82
Iss doch Wurscht 113

Kapitalerhöhung 57 ff.
Kapitalgesellschaften 70 ff.
Kapitalisierungszins 276
Kaufmann/-frau im Handelsregister eingetragen 69
Key Performance Indicator 268
KG siehe Kommanditgesellschaft
klang2 170, 318
Kofler, Georg 114, 181 ff., 296, 309
KOFU 243
KOHPA 158, 221, 228
Kommanditgesellschaft 73
Kommanditist 73
Komplementär 73
KPI siehe Key Performance Indicator
Kreditarten 91 ff.
Kundenakquisekosten 114

La Ribollita 160
Lambus 116, 208
Laufmaus 175
Lean Startup 13
Lean-Startup-Methodologie 49 ff.
Legacy and Partners 218
Limited Partners 136 f.
Liquiditätspräferenz 287 f.
Liquipräf 287
Little Lunch 252, 255
Loomaid 240

Mabyen 194, 255
Markenrecht 79
Markenschutz 78 f.
Markt, anvisierter 38 f.
Maschmeyer, Carsten 50, 118, 121, 199 ff., 271, 289
Medibino 87
MeDusch 200
Mehrwert des Investors 290 ff.
Meilensteine 295

Mellow Noir 278, 325
MGV (Maschmeyer Group Ventures) 201
MIMIK Skincare 103, 243
Minimum Viable Product 50, 52
Morotai 156, 160
Move it Mama 195
Multiple 273
Multiplikator 273
Multiplikator-Methode 273, 277
Music Traveler 118
MVP siehe Minimum Viable Product
MyEy 35
MySleepMask 226

nao 211
not less but better 143
Noveltea 241
NUI 45
Nutzungsrechte 78, 84 f.

Offene Handelsgesellschaft 69
OHG siehe Offene Handelsgesellschaft
Open Pitch Calls 20
Ortho Innovations 167

PartG siehe Partnerschaftsgesellschaft
Partnerschaftsgesellschaft 73
Patent 80 ff., 84
Patent Pending 82
Paudar 322
Pazls 314
Personengesellschaften 69, 73
Pitch
– Ablauf 33 ff.
– Einladung zum 21 f.
– Event-Pitch 27 ff.
– FAQ 43 ff.
– Investoren-Pitch 28 ff.
– Show-Pitch 27 ff.
– Startup-Pitch 31 ff.
– Themen 33 ff.
Pitch Deck 20 f.
Pitch-Events 20
Pitch-Präsentationsfolien 20
Pitch-Strukturen, Vergleich 29
Plantbreak 107
Pony Puffin 255
Pook 324
Pooling 106
Post-Money-Bewertung 58
Präsentationsfolien 20
Pre-Money-Bewertung 58
Pre-Pitch 10
Pre-Seed-Investment 133
Privatinvestor 133, 143
Problemdefinition 34 ff.
Problemlösung 35 f.
Profile
– Bedeutung der 125 ff.
– Carsten Maschmeyer 199 ff.
– Dagmar Wöhrl 154 ff.
– Georg Kofler 181 ff.
– Judith Williams 247 ff.
– Nico Rosberg 215 ff.
– Nils Glagau 165 ff.
– Ralf Dümmel 231 ff.
Prüfprozesse 24 ff.

Rechte 76 ff.
Reportings 62

richtiggutbewerben.de 32
Ries, Erik 47
Risikoaffinität 132 f.
Rock B(r)and 168
Rokitta's Rostschreck 237, 238
Rosberg, Nico 215 ff.
Rost Delete 319
Routago 114, 195
RubberBüx 162

SaaS siehe Software as a Service
Sanilu Clean 160
Scheitern, Notwendigkeit des 50
Schutzrechte 76 ff.
Schweizer, Jochen 152
Secondary 106
Secondary Purchase 106
seed+speed 201
Seed-Investment 133
Series A 135
Show-Pitch 27 ff.
Sirplus 190
Skalierbarkeit, Geschäftsmodelle 127 ff.
Skills4School 107, 196, 288
Sleeperoo 327
Smart Money 137
smartsleep 212
Social Chain AG 186
Software as a Service 141
Solmove 157
Sperrminorität 288 f.
Spooning Cookie Dough 160
Sporty Date 149
StartNow 254
Startup 13, 46 ff.
Startup-Fonds 136
Startup-Investoren-Beziehung 16
Startup-Pitch 31 ff.
– anvisierter Markt 38 f.
– Darstellung des Geschäftsmodells 37 f.
– individuelle Themen 40
– Problemdefinition 34 ff.
– Problemlösung 35 f.
– Team 41 f.
– Teaser 33 f.
– Wettbewerb 39 f.
Steadify 108, 318
Stickerstars 131
Storytelling 35
Straight Equity 55, 94
Strategischer Investor 135, 140, 150
STUR 189
Summersaver 45
Sweet Spot 17, 139 ff.
– Carsten Maschmeyer 210 ff.
– Dagmar Wöhrl 162 f.
– Georg Kofler 193 ff.
– Judith Williams 256 ff.
– Nico Rosberg 225 ff.
– Nils Glagau 172 ff.
– Ralf Dümmel 241 ff.
– Übersicht 145

Team
– Fragen zum 107 ff.
– Pitch-Thema 41 f.
– weicher Faktor 146 ff.
Teaser 33 f.
Technologie-Stack 149
TechStars 134
Term Sheet 22 ff.
The Makery 327

Thelen, Frank 95, 103, 120, 122, 149, 152, 288, 293
Top-down-Ansatz 120 f.
Tracktics 190, 196
Trinity 319
TwerXout 322

UG siehe Unternehmergesellschaft
Umsatzwachstum, exponentielles 130 f.
Unique Selling Point 278
Unternehmensbewertung siehe Bewertung
Unternehmensfinanzierung 88 ff.
Unternehmensformen 68 ff.
– bevorzugte 74 f.
Unternehmergesellschaft 72
Urheberrecht 84
User Journey 115
USP siehe Unique Selling Point

VC siehe Venture Capitalist
VC-Methode 274, 277 f.
Venture Capitalist 135 ff., 140, 144, 149
Verhandlung 266 ff.
– Dos and Don'ts 298 ff.
– Vorbereitung auf 15 ff.
Verhandlungstrainer 15 ff.
Vertrauen 16
Verwässerung 58
Vetorecht 289
Vly 189, 191
Volatiles 325
Vytal 190, 191, 194

Wachstum, exponentielles 130 f.
Wandeldarlehen 55 f.
Waschies 51, 199, 238, 278
Waterdrop 106, 159 f., 162
Werksta.tt 34, 189, 193, 314, 321, 322, 327
Wert-Hypothese 52
Williams, Judith 106, 112, 247 ff., 307
Wischhusen, Lencke 152
Wöhrl, Dagmar 108, 154 ff.

YCombinator 134
Yogaboard 250

Zahlungsüberschüsse 276
Zasta 314
Zulassung 87
Zuzahlung, freiwillige 58